Karl Buchgraber

ZEITGEMÄSSE GRÜNLAND-BEWIRTSCHAFTUNG

LEOPOLD STOCKER VERLAG
Graz – Stuttgart

Umschlaggestaltung: Werbeagentur Rypka GmbH, 8143 Dobl/Graz, www.rypka.at

Die Fotos und Abbildungen im Text wurden dem Verlag freundlicherweise vom Autor zur Verfügung gestellt.

Hinweis:
Dieses Buch wurde auf chlorfrei gebleichtem, unter den Richtlinien von ISO 9001 hergestelltem Papier gedruckt.
Die zum Schutz vor Verschmutzung verwendete Einschweißfolie ist aus Polyethylen chlor- und schwefelfrei hergestellt. Diese umweltfreundliche Folie verhält sich grundwasserneutral, ist voll recyclingfähig und verbrennt in Müllverbrennungsanlagen völlig ungiftig.

Buch-Nr. **46-185091**
Buchgraber, Karl **Zeitgemäße Grünlandbewirtschaftung**
© Copyright by Leopold Stocker Verlag; Graz 2018
ISBN 978-3-7020-1768-2

Layout: Werbeagentur Rypka GmbH, www.rypka.at
Druck und Bindung: Christian Theiss GmbH, 9431 St. Stefan

INHALTSVERZEICHNIS

Online-Inhalte

Mit diesem Link können Sie zusätzliche Onlineunterlagen für Powerpoint-Präsentationen herunterladen:

https://www.stocker-verlag.com/gruenlandbewirtschaftung/

Der Autor dieses Buches „Zeitgemäße Grünlandbewirtschaftung“, Univ. Doz. Dr. Karl Buchgraber, hat sich stets bemüht, die Fragen um die Grünlandwirtschaft rechtzeitig wissenschaftlich zu bearbeiten, um dann die Ergebnisse mit den praktischen Erfahrungen auf den Höfen und Regionen insbesondere in den Bergregionen je nach Bedarf umzusetzen.

Als Leiter des Institutes für Pflanzenbau und Kulturlandschaft an der HBLFA Raumberg-Gumpenstein war es ihm immer wichtig, die produktionstechnischen Fragen in der Grünlandbewirtschaftung im Einklang mit der ökologischen Sinnhaftigkeit zu betrachten. Zunehmend spielen auch klimarelevante Fragestellungen (Dürre, Hagel, Kälte, katastrophale Niederschläge etc.) sowie die Akzeptanz der Konsumentenschaft für das bäuerliche Wirtschaften und Überleben eine entscheidende Rolle. Kårl, wie ihn die meisten nennen, hat unzählige österreichweite Veranstaltungen (Wintertagung, Jägertagung, Dialog Landwirtschaft & Konsumentenschaft, Pferdetagung, Feldtage, Seminare und Vorträge im In- und Ausland etc.) organisiert und mit aktuellen Inhalten Impulse für die Praxis gegeben. Für den Lehrer Karl Buchgraber war es immer wichtig, das aktuelle Wissen an die Jugend weiterzugeben. So unterrichtet er seit über 20 Jahren an der Universität für Bodenkultur, an der Veterinärmedizinischen Universität in Wien, an der Freien Universität Bozen und an der HBLFA Raumberg-Gumpenstein. Die Landwirtschaftsmeister und Facharbeiter bekommen in ihrer Ausbildung von ihm in der Grünlandwirtschaft einen tiefen vernetzten Einblick in Theorie und Praxis. Karl Buchgraber versucht auch das umfassende Wissen praktisch in noch weniger entwickelten Ländern (Osteuropa, Balkan, Mongolei etc.) mit Ressourcen im Grünland und in der Viehwirtschaft zum Wohle der Bevölkerung direkt vor Ort umzusetzen.
Die wissenschaftliche wie auch beratende Unterstützung galt immer der bäuerlichen Familie und deren Wirken auf den Höfen. Im Jahre 1988 wurde die ÖAG (Österreichische Arbeitsgemeinschaft für Grünland- und Viehwirtschaft) gegründet, wo er 25 Jahre aktiver und sektoralübergreifender Geschäftsführer war. Für seine Arbeit im Dienste der Bauernschaft und Gesellschaft erhielt Karl Buchgraber den Gregor-Mendel-Preis, den Hans-Kudlichpreis und viele Auszeichnungen der Bundesländer. Karl Buchgraber ist langjähriger zertifizierter und beeideter Gutachter und er hat sich bei so mancher „Krise“ als ausgleichender Mediator und Experte für eine zielorientierte Lösung eingesetzt.

Die Wiesen, Weiden und Almen sind die bedeutendsten Kulturflächen in Österreich und auf unserer Erde und deswegen stehen sie auch wesentlich für die Ernährung, der Kulturlandschaft und für die vielfältigen ökologischen Ressourcen. Lernen wir das Schöne, Nützliche und Dynamische der Wiesen, Weiden und Almen richtig zu verstehen.

VORWORT

Die Grünlandbewirtschaftung im Alpenraum findet unter „benachteiligten“ Bedingungen in den schönsten Lebensräumen der Welt statt. Die oftmals kleinstrukturierten Bauernhöfe liegen in schwierigen Geländeformen, wo auch die Höhenlage mit kurzen Vegetationszeiten in rauer Wetterlage für Mensch und Tier eine tägliche Herausforderung darstellt. Die Grünland- und Viehbauern haben zu den alten Traditionen die neuen Techniken und Arbeitsweisen aufgenommen und so bei schwierigen Rahmenbedingungen eine ökologisch beispielgebende Leistung nicht nur für die eigenen Höfe, sondern darüber hinaus auch für den ländlichen Raum, ja für die gesamte Gesellschaft, erbracht. Die standortangepasste und umweltgerechte Bewirtschaftung ermöglicht eine Lebensmittelsicherheit und -qualität, die im Alpenraum und deren speziellen Regionen Zukunft hat. Dieser pflegliche Umgang mit der Natur hinterlässt auch eine reichhaltige und abwechslungsreiche Kulturlandschaft, die die Basis für den Tourismus und für das bäuerliche Einkommen darstellt.
Herr Prof. Anton Deutsch hat im Jahre 1970 den vielbeachteten „Bestimmungsschlüssel für Grünlandpflanzen“ sowie 1972 das Fachbuch „Pflanzenproduktion“ verfasst. Die Herren Univ.-Prof. Dr. Giselher Schechtner, Dr. Hans Neubauer, Dipl.-Ing. Erhard Czerwinka und Univ. Doz. Petrus Gruber legten in den letzten Jahrzehnten für die österreichische Grünlandwirtschaft die fachliche Basis. Im Jahre 1988 hat Karl Buchgraber, nachdem er vorher im Ackerbau tätig war, diverse neue Grünlandfragen in der Forschung an der HBLFA Raumberg-Gumpenstein mit der Kollegenschaft, insbesondere mit Univ. Doz. Dr. Erich Pötsch, Dr. Bernhard Krautzer und Ing. Reinhard Resch, wie auch mit der Praxis weiterentwickelt. PD Dr. Andreas Steinwidder und Dipl.-Ing. Walter Starz haben im Bio-Landbau insbesondere die Low-Input-Strategien in der Grünland- und Viehwirtschaft in der Praxis etabliert.

Im Jahr 1994 erschien die erste Auflage der „Zeitgemäßen Grünlandbewirtschaftung“, basierend auf den Erkenntnissen der genannten Grünlandexperten. Prof. Anton Deutsch und Ing. Gerhard Gindl haben sich damals als Mitautoren eingebracht. Die rasche Weiterentwicklung in den Produktionstechniken, Umweltstandards und geänderte agrarpolitische Rahmenbedingungen haben im Jahr 2004 eine völlig neue zweite Auflage mit Gerhard Gindl entstehen lassen. Die aktuellen wissenschaftlichen Ergebnisse der HBLFA Raumberg-Gumpenstein, die vielen praktischen Erfahrungen der Lehrer, Berater, Firmen und Landwirte sowie die übertragbaren neuen Erkenntnisse von internationalen Arbeiten wurden in dieses Fach- und Lehrbuch eingearbeitet. Möge dieses Fachbuch von den Grünland- und Viehbauern, von den Schulen und Beratungsstellen wie auch von den Lehrenden sowie Studenten an den Universitäten stark angenommen werden, damit der aktuelle Wissensstand in die praktische Grünlandwirtschaft eingehen kann. Dieses Grünlandwissen muss künftig im bäuerlichen Einklang mit der digitalisierten Welt gebracht werden.

Der Autor möchte sich mit diesem Buch bei den Grünland- und Viehbauern für ihre geleistete Arbeit auf ihren Höfen bedanken. Erst durch ihre ausdauernde und fachkundige Bewirtschaftung werden in Österreich rund 1,9 Mio. ha Grünland in produktiver Form erhalten und daraus qualitative Lebensmittel auf den täglichen Teller gebracht und auch die Kulturlandschaft vom Bauern und seinem Vieh erhalten. Die unzähligen Begegnungen mit den Grünlandbauern haben mich nicht nur inspiriert, sondern gaben mir auch Kraft für Innovationen und Perspektiven.

Graz, 2018 — Karl Buchgraber

A GRUNDLAGEN DER GRÜNLANDWIRTSCHAFT

In Österreich, aber auch in den übrigen Alpenländern, gewinnt die Bewirtschaftung des Grünlandes an ökologischer und langfristig betrachtet an wirtschaftlicher Bedeutung. Die Nutzung der oberirdischen Teile von Gräsern, Leguminosen und diversen Kräutern als Grundfutter, Weide, Heu, Gärheu oder Silage für den Wiederkäuer hat selbst unter den oft schwierigen Standort- und Wetterverhältnissen Tradition. Grünlandwirtschaft wird auch in Zukunft notwendig sein, um über eine produktive landwirtschaftliche Nutzung die Kulturlandschaft in ihrer Vielfalt zu erhalten.
Die Rahmenbedingungen, die national und von der gemeinsamen Agrarpolitik (GAP) der EU festgelegt werden, sind ausschlaggebend für den Erhalt des ländlichen Raumes in den benachteiligten Gebieten. Besonders in den Berggebieten sollten sie eine funktionierende und multifunktionale Land- und Forstwirtschaft fördern. Die Nutzungsaufgabe von Grünland in den letzten 50 Jahren in Österreich führte bei rund 550.000 ha Grünland zu Wald oder zur Versiegelung. Der sensible Grünlandraum sollte noch bewusster bewirtschaftet werden.

Wiesen, Weiden und Almen sind multifunktional ...

- für eine kräftige Durchwurzelung des Oberbodens, unter Grünland beste **Aggregatstabilität**, vielfältiges und aktives **Bodenleben**, beste **Lebendverbauung** und hohes **Wasser**- und **Nährstoffhaltevermögen**.
- für den **Erosionsschutz**, insbesondere in Hang- und Steillagen. Naturgefahren (Muren) und Nährstoffeinträge in Gewässer werden bei intakten Grünlandflächen hintangehalten oder vermieden.
- für bestes **Trinkwasser**. Der dichte Wurzelfilz über die gesamte Vegetationsperiode sorgt bei gezielter und ordnungsgemäßer Bewirtschaftung für ein sauberes Trinkwasser. Der Alpenraum ist das „Wasserreich" Mitteleuropas.
- für **Sauerstoffproduktion**. Die Wiesen, Weiden und Almen produzieren in der Photosynthese viel Sauerstoff. Grünland und Wald sorgen für beste Luftqualitäten. Im Alpenraum herrschen kühlere Temperaturen vor. Die Alpenregionen sind wichtige **Lebens- und Erholungsräume** sowie Zukunftsraum auch für den Sommertourismus.
- für eine hohe **Biodiversität** in **Flora** und **Fauna**. Die großen Unterschiede in den geologischen, topographischen und klimatischen Verhältnissen bei **individueller** und **mosaikträchtiger Bewirtschaftung** durch die Bauern liefern diese einzigartige Vielfalt im Alpenraum. Die Nutzungsaufgabe führt zur Verwaldung, die Biodiversität geht dadurch zurück.
- für rund **100.000 landwirtschaftliche Betriebe in Österreich**, die mit den raufutterverzehrenden Tieren das Grünlandfutter produktiv zu **Fleisch, Milch, Wolle und Leder** veredeln und dabei die **Kulturlandschaft** pflegen und erhalten.
- für eine gewisse **Nahversorgung und Verfügbarkeit von Lebensmitteln**, für eine Be- und Nachverarbeitung von Lebensmitteln und für **Arbeitsplätze** in der Landwirtschaft sowie in den vor- und nachgelagerten Bereichen, das ist die Basis für Regionalität und Authentizität des Landes sowie für die **Ernährungssouveränität Österreichs**.
- für die Erhaltung der Infrastruktur im Berggebiet und damit auch für die **Erholungs- und Tourismuswirtschaft.**
- für die **Seele der Kulturlandschaft**. Neben einem hohen Waldanteil ist jede offene Grünlandfläche auch für das ökologische Gleichgewicht (Natur, Wildtiere und Mensch) im Lebensraum entscheidend.
- für den Alpenraum und für Europa. Sie sind ein **elementarer und alternativloser Teil der Kultur- und Erholungslandschaft** mit ökologischer Produktionsleistung qualitativ hochwertiger Lebensmittel im Herzen Europas. Wunderschöne und abwechslungsreiche Lebensräume sollten auch künftig mit einer intakten „standortangepassten" Bewirtschaftung durch Bauernhand ihr Gesicht erhalten.

Wächst dieser Lebensraum förmlich zu, so ist er sowohl für die Bewohner als auch für die Bewirtschaftung verloren, so könnte dies unwiederbringlich und irreversibel sein. Und das muss mit aller Vehemenz verhindert werden, denn wir brauchen inmitten Europas diese Erholungsoase und es bietet dieses natürliche Umfeld der Bergwelt eine vorzügliche Basis für die ökologische und produktive Bewirtschaftung. Europa braucht künftig diesen wertvollen Lebensraum – und diesen besonderen ökologischen Produktionsraum.

In Österreich reicht das Grünland vom Boden- bis zum Neusiedler See und von den Niederungen bis in die Bergregionen.

Die Nahrungsmittelnachfrage wird langfristig weltweit steigen, der fruchtbare Boden wird flächenmäßig weniger und die Extremereignisse infolge der Klimaveränderung führen langfristig zu einer Verknappung der Erträge aus Ackerkulturen. Die Futtermittelpreise werden steigen und die raufutterverzehrenden Nutztiere (Rind, Ziege, Schaf, Pferd, Wildtiere, Alpaka etc.) werden wieder mehr mit dem heranwachsenden eigenen Grünland in der Kreislaufwirtschaft versorgt werden. Wiesen, Weiden und Almen dürfen nicht weiter zuwachsen, da eine künftige Versorgung mit Lebensmitteln sowie deren nachvollziehbare Verfügbarkeit nicht gegeben sein werden. Die Ernährungssouveränität wird für alle Länder, insbesondere für Österreich, einen hohen Stellenwert bekommen!

Grünland- und Viehwirtschaft sind ökologische und ökonomische Schlüssel zur offenen und gepflegten Kulturlandschaft im Alpenraum, die Lebensmittel daraus sind regional, bäuerlich und bodenständig.

„Der Bauer und sein liebes Vieh" sind naturgemäß in einen nährstoff- und jahreszeitlichen Kreislauf eingebettet. In den letzten 40 Jahren gab es verlockender Weise auch im Berggebiet und speziell in den Gunstlagen einen erhöhten Kraftfuttereinsatz, um eine höhere Milchleistung zu erzielen. Die Genetik der Kühe ist mittlerweile auf einem derart hohen Standard, dass es ökonomisch sinnvoll war, mit Kraftfutterimporten in den Betrieben das Einkommen zu steigern; ökologisch wurde damit das natürliche Ertragspotenzial auf manchen Betrieben überzogen. In diesem **Wettrausch der Leistungssteigerungen** beim Milchvieh gibt es durch das Umdenken im „**Low-input-System**" gerade für die Berglagen einen Ausweg. THOMET et al. (2002) hat mit viel Einsatz und Leidenschaft Systeme gepredigt und auch in die Praxis eingeführt. Kleinere Kühe mit einer höheren Flächen- und Energieeffizienz auf grasbasierter Fütterung sind das Ziel dieser in Europa „neuen" Richtung der Bewirtschaftung, insbesondere in den Berggebieten.

Der ländliche Raum und die kleinstrukturierte Landwirtschaft haben eine große Chance, wenn sie sich weiterentwickeln. Voll-, Neben- und Zuerwerbsbauern sowie Gemeinschaftsbauern im modernen Landmanagement in gefährdeten Regionen, in dem die noch wenigen Bäuerinnen und Bauern versuchen, ihre Fähigkeiten einzubringen, um dabei die nötige Bewirtschaftung zu gewährleisten. Die Gesellschaft, insbesondere der Tourismus, müsste für diese Entwicklung größtes Interesse haben, werden doch das wertvolle und nicht importierbare Gut „Kulturlandschaft" sowie die hoch qualitativen Lebensmittel aus dieser intakten Umwelt von heimischer Landwirtschaft erzeugt. Künftig sollten wir uns in den gefährdeten Regionen im Landmanagement weiterentwickeln, sonst könnte diese oft zu kleinstrukturierte Landwirtschaft gerade in den benachteiligten Gebieten ein unlösbares Problem werden.

1. GRÜNLANDFLÄCHEN IN ÖSTERREICH

In den Hauptproduktionsgebieten des österreichischen Alpenraumes, dem Hochalpengebiet, Voralpengebiet und Alpenostrand, nimmt das Grünland (Dauergrünland und Ackergrünland) etwa 80–100 % der landwirtschaftlichen Nutzfläche ein. Aber auch im Kärntner Becken, Alpenvorland, Wald und Mühlviertel sowie im südöstlichen Flach- und Hügelland liegt der Grünlandanteil noch bei 40–55 %.
Österreichweit bedeckt das Grünland inklusive der feldfutterartigen Gräser- und Kleemischungen 1,92 Mio. ha (vergleiche Tabelle 1).

Die Grünlandflächen liefern die Futtergrundlage für rund 2,0 Mio. raufutterverzehrende Großvieheinheiten (GVE = 500 kg Lebendgewicht) und tragen bei Aufrechterhaltung der standortangepassten Nutzung auch wesentlich zur hohen Biodiversität und zur offenen Kulturlandschaft in Österreich bei.

Die Grünlandfläche hat in den letzten 50 Jahren in Österreich um 25 % oder 550.000 ha abgenommen, zwei Drittel davon sind verwaldet, der Rest wurde verbaut oder versiegelt. Die verbaute Fläche hat in Österreich in diesem Zeitraum um 64 % zugenommen und die landwirtschaftliche Nutzfläche (Ackerland und Grünland) um 30 % abgenommen (vgl. Tab. 8).

1.1 Wirtschaftsgrünland

Die Wiesen und Weiden, die **mehr als zwei Nutzungen** (Schnittnutzungen oder Weidegänge) aufweisen, zählen zum Wirtschaftsgrünland. Der Großteil der Wirtschaftswiesen wird drei- bis viermal gemäht, manche werden in den besten Grünlandlagen auch fünf- bis sechsmal in der Vegetationszeit genutzt. Auf den guten Standorten des Wirtschaftsgrünlandes versucht der Grünland- und Viehbauer möglichst gute Futtererträge bei bester Futterqualität zu erzielen. Dadurch können die Milchleistungen und Fleischzuwächse aus dem eigenen Grundfutter (Weide, Grassilage, Gärheu und Heu) verbessert werden.

Wirtschaftsgrünland *– bestes Grundfutter für eine graslandbasierte Fütterung*

Mit der Zunahme der Schnitte auf über vier pro Saison **gehen die bodenständigen Obergräser** (Knaulgras, Wiesenschwingel, Timothe, Wiesenfuchsschwanz etc.) und somit auch der Ertrag **verloren**. Das Engl. Raygras oder Deutsche Weidelgras halten zwar den Vielschnitt aus, doch sind diese anfällig gegenüber Schneeschimmel. In den milderen Lagen, wo das Engl. Raygras über mehrere Winter überlebt und die Obergräser dem Vielschnitt zum Opfer gefallen sind, bleiben die Untergräser (Wiesenrispe, Gemeine Rispe), der Weißklee und gewisse Kräuter im Pflanzenbestand mit der Risikopflanze „Engl. Raygras“ insbesondere im Berggebiet übrig.

Tabelle 1: **Grünlandflächen für Futter und Kulturlandschaft in Österreich 2016 (Quelle: BMLFUW, 2017a)**

Wirtschaftsgrünland (mehr als zwei Nutzungen pro Jahr)	566.651 ha
Ökogrünland	1.205.623 ha
Extensives Grünland (weniger als drei Nutzungen pro Jahr)	303.733 ha
Almfutterflächen lt. AMA	335.222 ha
Almflächen mit Landschaftselementen und Wald	523.468 ha
Nichtgenutztes Dauergrünland	43.200 ha
Feldfutterbau und Wechselwiesen (ohne Silomais) auf Ackerflächen	147.732 ha
Gesamtfläche mit Grünlandkulturen	**1.920.006 ha**
Prozentuelle Aufteilung:	**62,8** Ökogrünland; **29,5** Wirtschaftsgrünland; **7,7** Feldfutterbau

1.2 Ökogrünland

Hier fallen die extensiven Bergwiesen, Streuwiesen, Streuobstwiesen, Hutweiden, Almweiden und Bergmähder sowie die temporär nicht genutzten Grünlandflächen hinein.

Das Ökogrünland mit 1,2 Mio. ha stellt die **weitaus größte „Kulturart“** in Österreich dar. Es fallen hier auch die Almflächen mit den so genannten „Landschaftselementen“ sowie mit Bewuchs mit Almrausch, Schwarzbeere, Grünerle, Latsche etc. mit über 500.000 ha hinein, die es gilt weiterhin mit dem Weidevieh zu bewirtschaften.

***Ökogrünland im Berggebiet** – vielfältig und kleinstrukturiert*

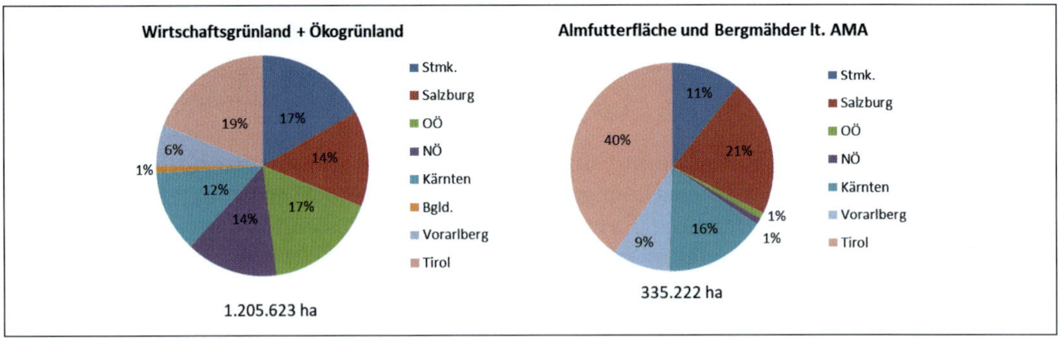

Grafik 1: ***Potenzielle Futterflächen in den Bundesländern Österreichs im Jahre 2016*** *(Quelle: BMLFUW, 2017a)*

Das Ökogrünland liefert geringe Erträge und oftmals auch nicht die besten Futterqualitäten. Die traditionelle Bewirtschaftung verlangt einen hohen Arbeits- und Maschinenaufwand, die durch die Erträgnisse nicht abgedeckt werden können. Auf den Almflächen wurden im Jahre

2016 die Almfutterflächen im Ausmaß von 335.222 ha gefördert, das sind nur mehr 39 % der Almkatasterfläche.

Der ökologische Wert dieser artenreichen „Grünlanddecke“ über unsere steilen Hänge, steinigen und moorigen Flächen ist im Hinblick auf Wasserqualität, Sauerstoffproduktion und Schutz vor Naturgefahren enorm hoch. Um den Charakter der österreichischen Lebensräume in den Berggebieten zu erhalten, braucht es die **standortangepasste Bewirtschaftung** der „Ökoflächen“. Die ein- bis zweimähdigen Wiesen sind meist die traditionellen Bergwiesen mit einer extrem hohen Artenvielfalt und Futtererträgen von 3.000–5.000 kg Trockenmasse pro ha. Diese Wiesen sind die Basis für unsere Bergbauern mit meist Biolandwirtschaft, Kreislaufwirtschaft und Mutterkuhhaltung sowie Schaf- und Ziegenhaltung. Damit dies auch weiterhin geschieht, braucht es gerade hier die Unterstützung der öffentlichen Hand und der Konsumenten. Grafik 1 veranschaulicht die Aufteilung der Grünlandflächen in den Bundesländern.

1.3 Feldfutterbau

Die schnellwüchsigen Feldfuttermischungen aus Gräser- und Klee- bzw. Luzernesorten werden aus Fruchtfolgegründen, aber auch wegen der optimalen Nutzung in Abstimmung mit den Ackerkulturen auf den umbruchfähigen Ackerböden in den Grünland- wie auch Übergangs- und Gunstlagen für ein bis fünf Jahre angebaut und drei- bis sechsmal pro Vegetationsperiode geerntet. Mit diesen Feldfuttermischungen können hohe Erträge und beste Futterqualitäten erzielt werden. Sollte der Frost, die Trockenheit oder die intensive Bewirtschaftung die Bestände geschädigt haben, so können diese Flächen, deren Böden durch das Feldfutter oder Wechselwiese gesundet sind, wieder mit einer Hauptackerkultur bestellt werden. Über 60 % des Feldfutters stehen in den Bundesländern Nieder- und Oberösterreich (siehe Grafik 2).

***Luzernegras**, ein wertvolles Feldfutter in den trockenen Lagen*

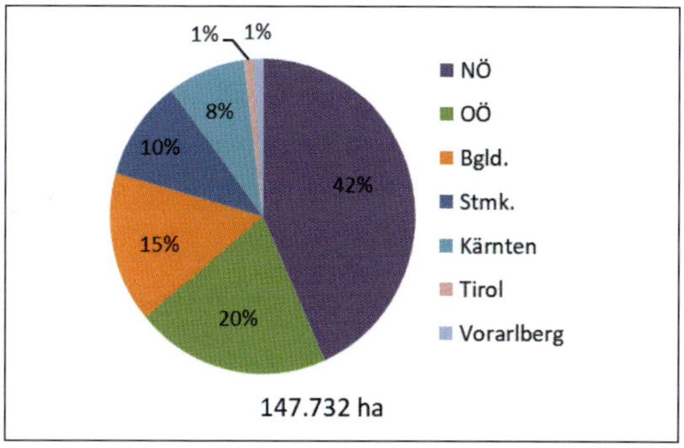

Grafik 2: ***Feldfutter und Wechselwiesen (ohne Silomais) in den Bundesländern Österreichs im Jahre 2016*** *(Quelle: BMLFUW, 2017a)*

Die ***Grünlandbetriebe sind klein strukturiert*** *und 70 % davon wirtschaften im benachteiligten Gebiet.*

Das Wirtschaftsgrünland macht nur 29 % vom Gesamtgrünland in Österreich aus. Das Ökogrünland (extensive Wiesen, Weiden und Almen) mit der hohen Biodiversität in den schönen Bergwiesen und Weiden liegt bei 63 % und stellt so gerade in den Berglagen ein wichtiges Element in der offenen Kulturlandschaft dar. 8 % der Grünlandfläche steht auf Ackerböden, wo die Feldfutterflächen ein hervorragendes Fruchtfolgeglied darstellen und diese ein hochqualitatives Grundfutter liefern.

2. STRUKTUREN BEI DEN GRÜNLAND- UND VIEHBETRIEBEN

2.1 Land- und forstwirtschaftliche Betriebe

In Österreich wurden im Jahre 2016 rund **145.000 Betriebe** in der Land- und Forstwirtschaft gezählt. Rund zwei Drittel der Betriebe basieren auf Grünlandwirtschaft und rund ein Drittel der Betreibe sind im Ackerbau, Obst-, Wein- und Gemüsebau tätig. Die Anzahl der Betriebe hat sich in den letzten 20 Jahren noch um 20 % verringert (vergleiche Grafik 3).

Von den rund **100.000 Grünlandbetrieben** in Österreich befinden sich im Jahr 2016 rund 60.000 Betriebe im sogenannten Berggebiet, im Jahre 1999 wurden davon noch 85.000 Betriebe gezählt (BMLFUW, 2017a).

Von den knapp **30.000 Milchviehbetrieben** in Österreich befinden sich 22.000 Milchviehbetriebe im Berggebiet, 8.000 Milchviehbetriebe stehen in so genannten Gunstlagen, wobei die Flächenausstattung und Tierzahlen gemessen an Großbetrieben in Europa oder USA etc. eher gering ausfallen. In den Erschwerniszonen 1 und 2 bewirtschaften 17.500 bzw. 19.500 Betriebe, in der Zone 3 sind noch 10.500 und in der schwierigsten Zone 4 noch 7.000 Betriebe, die ihre Flächen mit Viehhaltung bewirtschaften. Die meisten extremen Bergbauernhöfe befinden sich in Tirol (3.001), Kärnten (1.437), der Steiermark (1.296) und in Salzburg (1.079). Die durchschnittliche landwirtschaftliche Nutzfläche im Berggebiet liegt je Betrieb bei 15,3 ha, wobei die besseren Lagen bei rund 18,7 ha und die extremen Berglagen bei 8,4 ha im Jahre 2016 lagen (BMLFUW, 2017a).

Von den 145.040 landwirtschaftlichen Betrieben werden in Österreich 60 % im Nebenerwerb und 40 % im Haupterwerb geführt, je extensiver der Betrieb liegt und in je schwieriger Lage, desto eher muss ein Neben- oder Zuerwerb stattfinden, um den Betrieb wirtschaftlich abzusichern.

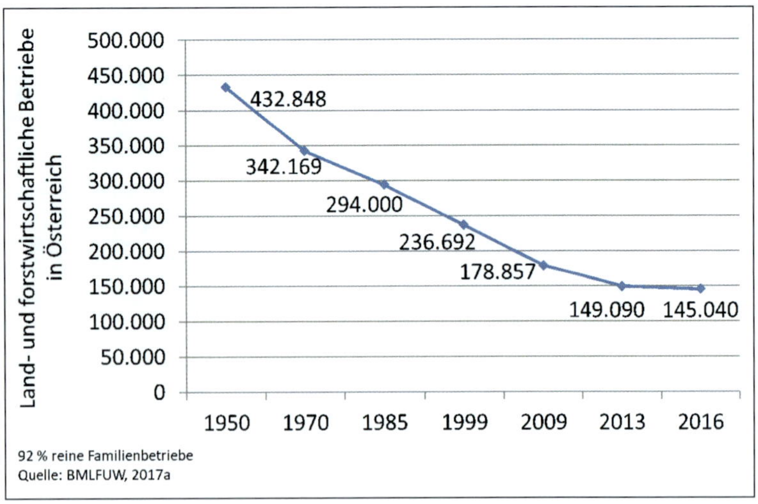

Grafik 3: ***Strukturveränderung in der österreichischen Land- und Forstwirtschaft in der Betriebsanzahl (1950–2016)***

92 % der land- und forstwirtschaftlichen Betriebe sind reine Familienbetriebe – die bäuerliche Familie stellt also das innovative und leistungsbreite Rückgrat für den Erhalt dieser kleinstrukturierten Land- und Forstwirtschaft dar.

Im Jahr 2016 gab es rund **60.000 Rinderhalter**, im Vergleich zum Jahr 1999 um 30 % weniger, wobei die Rinderzahl mit rund 2,0 Mio. etwa gleich blieb. Von den Rinderhaltern sind noch knapp 30.000 Milchviehbetriebe, die mit rund 500.000 Milchkühen knapp über 3,2 Mio. t Milch liefern. Etwa 11.000 Milchviehbetriebe lieferten dabei weniger als 50.000 kg Milch pro Jahr, nur rund 500 Betriebe lieferten im Jahr 2016 über 500.000 kg Milch, der durchschnittliche Milchviehbetrieb lieferte rund 100.000 kg pro Jahr ab. Die durchschnittliche Kuhzahl pro Milchkuhbetrieb lag 2016 bei 18 Kühen oder 32 Rindern. 30.000 Rinderhalter in Österreich halten rund 210.000 Mutterkühe in den eher extensiven Lagen. Bei den Mutterkuhbetrieben waren es 2016 durchschnittlich sieben Kühe pro Betrieb.

Knapp **15.000 Schafbetriebe** hielten im Jahre 2016 in Österreich rund 380.000 Schafe und rund **9.000 Ziegenbetriebe** hielten über 80.000 Ziegen. Bei den Schaf- bzw. Ziegenbetrieben lag die Anzahl bei durchschnittlich 26 bzw. neun Tieren.

Die rund **20.000 Pferdebetriebe** hielten 120.000 Pferde großteils für den Freizeitbereich. Rund 2.500 Halter hielten rund **40.000 Nutztiere** (Wildtiere, Lama, Alpaka etc.) sowie rund 25.000 Imker betreuten rund 380.000 Bienenvölker.

Die Tierhaltung bei allen Tiergattungen, die vom Grünland in Österreich leben, wird von Bauernfamilien durchgeführt, Massentierhaltungen finden bei Grünlandnutzern in Österreich keine statt.

Der durchschnittliche Tierbesatz pro Hektar bewegt sich bei rund 1 Großvieheinheit (GVE/ha), d. h., eine Kuh steht pro ha Grünland, wobei die Spannbreite von **0,1–2,0 GVE/ha** je nach Potenzial der Standorte und Zukauffutter geht. Der durchschnittliche Grünlandbetrieb weist etwa 20 ha in Österreich auf und besitzt großteils dazu noch Waldflächen.

2.2 Arbeitskräfte in der Land- und Forstwirtschaft

Haben im Jahr 1951 noch 1,6 Mio. Arbeitskräfte in der Land- und Forstwirtschaft in Österreich ihr tägliches Brot verdient, so nahm die Zahl innerhalb von 50 Jahren auf rund 575.000 ab. In den letzten 15 Jahren gingen rund 170.000 Arbeitskräfte oder 30 % in dieser Primärproduktion verloren. Es werden derzeit rund 10.000 Arbeitskräfte aus der Land- und Forstwirtschaft jährlich freigesetzt (siehe Grafik 4). Die Agrarquote liegt derzeit bei 4,8 %, d. h., von der arbeitenden Bevölkerung stehen noch durchschnittlich 4,8 % in der Land- und Forstwirtschaft, in manchen Regionen, insbesondere Tourismusregionen, ist dieser Prozentsatz bereits unter 1 % (vergleiche Grafik 5).

Die guten Grünlandtage werden noch von vielen Grünland- und Viehbauern bzw. -bäuerinnen besucht – sie sind interessiert und motiviert.

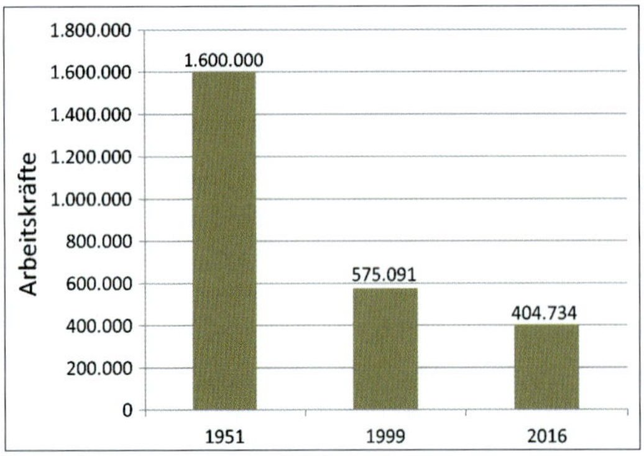

Grafik 4: ***Arbeitskräfte in der Land- und Forstwirtschaft in Österreich in den letzten Jahren (1951–2016),*** *Quelle: Statistik Austria 2017*

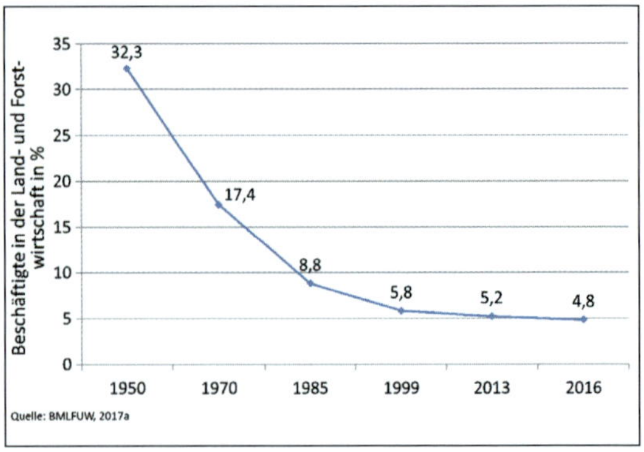

Grafik 5: ***Strukturveränderung in der österreichischen Land- und Forstwirtschaft in Bezug auf die Agrarquote (1950–2016)***

Die Land- und Forstwirtschaft sollte nicht weiterhin Arbeitskräfte freisetzen. Der ländliche Raum, die Kulturlandschaft, die Eigenversorgung und der Tourismus leiden darunter. Der Arbeitsplatz am „Bauernhof" braucht über das Produkt und die Wertschätzung der gesamten Leistungen eine Aufwertung.

Aus diesen komprimierten Strukturdaten geht hervor, dass es sich in Österreich um eine kleinstrukturierte, den natürlichen Erschwernissen angepasste Landwirtschaft handelt. Die Betriebe liefern nicht nur Milch, Fleisch, Holz etc., sondern bewahren die kostbare, gepflegte, vielfältige Kulturlandschaft als Produkt für den Konsumenten und die Gesellschaft.

3. BEDEUTUNG DES GRÜNLANDES

Grünland ist hauptsächlich dort verbreitet, wo Ackerbau nicht oder nur mit Vorbehalt möglich ist, sei es wegen der ungünstigen Bodenverhältnisse (Flachgründigkeit, hoher Steingehalt etc.), zu hoher Niederschläge oder Grundwasserstände, steiler Hanglage oder zu kurzer Vegetationszeit wie in den Höhenlagen.

3.1 Einkommen der Landwirte

Über 100.000 landwirtschaftliche Betriebe bezogen im Jahr 2016 ihr Einkommen aus der Arbeit in der Grünland- und Viehwirtschaft (Grafik 3).

Land- und forstwirtschaftliche Betriebe in Österreich wiesen 2016 Einkünfte aus der Land- und Forstwirtschaft von durchschnittlich € 28.042 auf, wobei Betriebe in nicht benachteiligten Gebieten € 37.715 und jene in benachteiligten Gebieten € 24.034 Einkünfte für die nachhaltige Bewirtschaftung sowie für die Familie zur Verfügung hatten (BMLFUW, 2017a). Bei den öffentlichen Geldern waren die wesentlichen Positionen die Betriebsprämie, die ÖPUL-Zahlungen sowie die Ausgleichszulage. Diese drei Fördermaßnahmen machten 2016 rund 92 % der öffentlichen Gelder für die Betriebe aus (BMLFUW, 2017a).

Das Wesentliche für den wirtschaftenden Bauern ist es, dass er mit seiner Familie am Hof mit Vieh, Wiesen, Weiden und Almen sowie Äckern, aber auch mit Wald über gute Preise möglichst

ausreichende Einkünfte erwirtschaftet. Das ist für den Bauern die unmittelbare Wertschätzung seiner Arbeit. Hier wird es künftig immer wichtiger werden, dass der Konsument bei seinem Einkaufsverhalten die besondere Qualität der bäuerlichen Produkte, die Pflege der Kulturlandschaft, die Erhaltung der Infrastruktur sowie alle ökologischen Leistungen durch die standortangepasste Bewirtschaftung auch honoriert. Durch beste und ehrliche Information sollte der mündige Konsument den Wert seiner Lebensmittel erkennen und danach kein Problem dabei haben, dass er trotz höherer Preise zum einheimischen/bäuerlichen Lebensmittel im Regal greift. In Grafik 6 wird darauf eingegangen, dass künftig die Konsumenten direkt das Einkommen der Bauern über das Produkt erhöhen sollen. Trotz allem wird ein außerlandwirtschaftliches Erwerbseinkommen für die Neben- und Zuerwerbslandwirte notwendig sein.
Bei höherer Wertschöpfung seiner Produkte kann der Bauer, die Bäuerin und auch die heranwachsende bäuerliche Jugend am Hof ihr Einkommen finden und „zuhause" bleiben, wo sich die Jugend bestens auf die Hofnachfolge vorbereiten kann.
Die Entgelte der öffentlichen Hand (EU, Bund, Länder) für die ökologischen und tierwohlrelevanten Leistungen sowie die Abgeltung der natürlichen Erschwernisse der Betriebe insbesondere in Berglagen sollten ein künftiges Bewirtschaften dieser Lebensräume ermöglichen.

Eine wertgeschätzte Bezahlung der Produkte durch den Konsumenten sollte den Bauern erreichen, damit dieser mit seiner Familie die künftigen Herausforderungen meistern kann. Die öffentliche Hand sollte jeden Betrieb, der eine ökologische und tierwohlrelevante Leistung oft in schwieriger Lage erbringt, unterstützen, wobei der Zukunftsbetrieb durchaus auch klein, bergig und familiär sein kann.

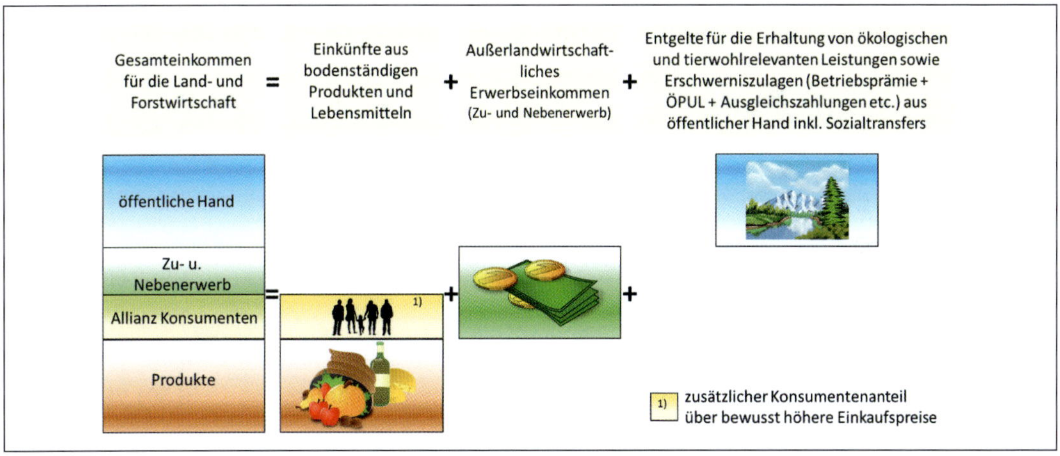

Grafik 6: ***Einkommenssituation in der Land- und Forstwirtschaft in Österreich für die Zukunft***

3.2 Grundfutter für die Veredelung

Die Wiesen, Weiden und Almen sowie die diversen Feldfutterkulturen liefern den weitaus größten Anteil des Futters für das raufutterverzehrende Vieh. Es werden davon in Österreich rund 2,0 Mio. Rinder, 120.000 Pferde, 378.000 Schafe und 82.735 Ziegen ernährt (BMLFUW, 2017a).

In durchschnittlichen Jahren, bei ausreichend Niederschlag und wenigen extremen Wettersituationen (Hagelschlag, Hochwasser, Trockenheit, Schädlingsbefall etc.) liefert das österreichische Grünland rund **6–7 Mio. t Trockenmasse (TM)** pro Jahr. Die durchschnittlichen Nettoerträge lagen dabei beim Wirtschaftsgrünland bei 7,0 t TM/ha und beim Feldfutter bei 9,0 t TM/ha, auf dem gesamten Grünland (Wirtschafts- und Ökogrünland) betrug im Jahr 2017 der durchschnittliche Trockenmasseertrag 3,3 t/ha (vergleiche Tabelle 2). Dieser Nettoertrag reicht österreichweit aus, um **durchschnittlich rund 0,8 GVE/ha aus dem Grünland zu ernähren**. In guten Grünlandjahren können standortangepasste Erträge mit durchaus guten Qualitäten (Energie und Rohprotein) erzielt werden. In trockenen Jahren können die Erträge in den „Trockengebieten“ um bis zu 80 % fallen. Diese Mindererträge wirken sich bis hin zur täglichen Versorgung der Tiere aus und können echte Krisensituationen am Hof auslösen. Das Wirtschaftsgrünland – 29 % von der gesamten Grünlandfläche – liefert rund 61 % des Futters, während das Ökogrünland mit 63 % Flächenanteil gerade 19 % vom Futter bereitstellt. Das Feldfutter (Rotklee- und Luzernegras) wie auch die Wechselwiesen mit 8 % Flächenanteil aus den Grünlandflächen hingegen produzieren rund 20 % des Grünlandfutters.

Qualitativ hochwertiges Grundfutter *hat für die österreichische Viehwirtschaft eine vorrangige Bedeutung.*

Tabelle 2: **Futtererträge, Protein- und Energieerträge aus dem Grünland Österreichs (2016)**

Nutzungsform	**Wirtschaftsgrünland**	**Ökogrünland** (extensive Wiesen und Weiden, Almen, Almflächen m. Landschaftselementen)	**Feldfutter und Wechselwiesen**	**Grünland gesamt**
Fläche in ha	566.651	1.205.623	147.732	1.920.006
REL %	29 %	63 %	8 %	100 %
Ertrag in t/ha	7.0	1.0	9.0	3.3
Futterertrag in t TM	3.966.557	1.205.623	1.329.588	6.501.768
REL %	61 %	19 %	20 %	100 %
Rohproteingehalt g/kg TM	140	90	170	137
Rohproteinertrag in t	555.318	108.506	226.030	889.854
REL %	62 %	12 %	26 %	100 %
Energiegehalt in MJ NEL/kg TM	5.6	4.9	5.9	5.5
Energieertrag in GJ NEL	22.213	5.908	7.845	35.966
REL %	62 %	16 %	22 %	100 %

Das **Wirtschaftsgrünland** produziert im Durchschnitt pro ha knapp 1.000 kg Rohprotein, insgesamt sind die Wirtschaftswiesen zu 62 % die Lieferanten von Rohprotein und Energie. Knapp 40.000 MJ NEL liefert das Wirtschaftsgrünland durchschnittlich pro ha. Etwa 26 % von den Gesamtrohproteinerträgen wie auch 22 % von den Energieerträgen stellen das Feldfutter und die Wechselwiesen zu der Versorgung der Wiederkäuer und Pferde bereit.
Das Ökogrünland liefert pro ha durchschnittlich mit 1.000 kg TM-Erträgen etwa 90 kg Rohprotein und knapp 5.000 MJ NEL/ha. Obwohl das Ökogrünland mit 1,2 Mio. ha die größte „Kulturform“ darstellt, vom Proteinertrag (12 %) und Energieertrag (16 %) kann es nur einen geringen Teil in die Futterleistung österreichweit einbringen (siehe Tabelle 2).

Der Anreiz für die Bewirtschaftung von Ökogrünland liegt für den Grünland- und Viehbauern nicht im Futter-, Rohprotein- und Energieertrag, sondern in dieser besonderen Grünlandfläche. Diese zu erhalten, sie in traditioneller Form zu bewirtschaften und damit im Kreislauf für Tier und Mensch in nachhaltiger Weise zu nutzen – auch das liegt in der Verantwortung der Grünland- und Viehbauern. Nachdem sich diese Bewirtschaftungsform bezogen auf die derzeitigen Preise für die Bauern nicht rechnet, braucht es die Hilfe der Konsumenten und der Gesellschaft.

3.3 Ökoleistungen des Grünlandes in Österreich

Neben den Futtererträgen zur Ernährung von 2.0 Mio. GVE und den daraus veredelten Produkten Milch und Fleisch als wertvolle Lebensmittel liefern die Wiesen, Weiden und Almen noch zusätzliche ökologische Leistungen.

❑ Kulturlandschaft und Lebensräume

Die Erhaltung der Kultur- und Erholungslandschaft sowie der vielfältigen Lebensräume ist eine Forderung unserer Gesellschaft, insbesondere der Tourismuswirtschaft. Der Landwirt ist im Wesentlichen derjenige, der mit seiner nachhaltigen Bewirtschaftung und Pflege diese Aufgabe erfüllen kann. Das „Bauernsterben“ in den Berglagen und im Hügelland hat allerdings dazu geführt, dass viele ursprünglich bewirtschaftete Gebiete bereits mit Wald zugewachsen sind. Jährlich gehen in Österreich Grünlandflächen von rund 4.000 ha in Wald über;

In den Übergangslagen prägen neben Wald und Ackerkulturen die Wiesen und Weiden das Landschaftsbild.

in den letzten 50 Jahren waren es insgesamt um die 550.000 ha, die zugewachsen sind oder versiegelt wurden.

Die von Bauernhand geschaffene Kulturlandschaft ist ein hohes Gut für unser Land.

Die fruchtbaren und über Jahrhunderte **kultivierten Flächen** sind nicht vermehrbar und **nehmen weltweit ab**, so dass bei steigender Weltbevölkerung bei Nahrungsmitteln ein massiver Engpass droht. Auch in Österreich wird die landwirtschaftliche Nutzfläche ständig durch Verkehrs- und Bauflächen konsumiert. Der gesamte **Flächenverbrauch** in Österreich **für Bauten und Verkehrsflächen** liegt **pro Tag bei rund 15–25 ha**, das sind jährlich zwischen 5.000 und 10.000 ha. Der Pro-Kopf-Flächenverbrauch bewegt sich in Österreich zwischen 7 und 12 m²/Jahr. Mittlerweile hat sich die verbaute Fläche in Österreich auf über 1 Mio. ha ausgeweitet. Die landwirtschaftliche Fläche hat sich in diesem Zeitraum um 29,4 % verringert (siehe Tabelle 3).

Tabelle 3: **Flächen in Österreich, Veränderungen in den letzten 50 Jahren (BMLFUW, 2017a)**

Staatsfläche	**8.387.800 ha**	**Veränderungen**
Land- u. forstwirtschaftliche Fläche	6.285.645 ha	– 11,1 %
Landwirtschaftliche Fläche	2.879.895 ha	– 29,4 %
Forstwirtschaftliche Fläche	3.405.750 ha	+ 14,0 %
Ödfläche	1.061.891 ha	± 0 (–)
Verbaute Fläche	1.040.264 ha	+ 63,5 %

Die zweite große Verminderung an landwirtschaftlicher Fläche findet durch den Übergang von extensiven Wiesen, Weiden und Almen **zu Wald** statt. Die Forstfläche hat in diesem Zeitraum um 14 % zugenommen.

Die Verwaldung des Grünlandes in den Bergregionen Österreichs beträgt zurzeit **rund 5.000 ha/Jahr** und könnte durch die Reduzierung der Milch- und Fleischwirtschaft in den Extensivlagen noch ansteigen.

Durch die Verbauung und Verwaldung sind in Österreich künftig pro Jahr rund 20.000 ha landwirtschaftliche Nutzfläche gefährdet, sofern kein Umdenken und Handeln erfolgt.

Grünlandflächen, die keine Nutzung erfahren, werden rasch verwildern und später in Wald übergehen. Die Artenvielfalt – sowohl bei Pflanzen als auch bei Tieren – ist bereits in dieser Übergangsphase wesentlich geringer als bei einer üblich bewirtschafteten Wiese, Weide oder Alm. In einigen Regionen und Seitentälern Österreichs wird diese rasche Entwicklung mit größtem Unbehagen beobachtet.

Die heutige Landschaft mit dem Wechsel zwischen Wald, Wiese, Weide, Alm, Ackerland, Wein- und Obstgärten sowie Gemüseland ist weitgehend der landwirtschaftlichen Nutzung zu verdanken. Der Landwirt leistet dauernd einen wesentlichen Beitrag zur Gestaltung und Erhaltung unserer Kulturlandschaft. Je mehr wir uns Grenzstandorten nähern, umso mehr tritt als Leistung das Produkt „Kulturlandschaft“ in den Vordergrund.

Eine offene, gepflegte und blühende Landschaft wird durch die ökologische Bewirtschaftung gesichert.

Eine ordnungsgemäße Pflege und Erhaltung der Grünlandflächen in allen Lagen sowie eine spezielle Betreuung wertvoller Pflanzen und Tiergesellschaften bedürfen einer finanziellen Abgeltung. Diese Leistungen sind ein Produkt der Landwirtschaft und werden von der Gesellschaft und vom Tourismus genutzt. **„Stirbt der Bauer – vergeht die Kulturlandschaft – verlieren wir unsere Identität – vergessen uns die Gäste.“** Dieses Szenario sollte nicht eintreten, da der ländliche Raum in seiner Gesamtheit schwerst betroffen wäre (BUCHGRABER, 2001).

Der Alpenbogen erstreckt sich nach der Alpenkonvention über die Fläche von 190.879 km^2. Die **landwirtschaftliche Nutzfläche** liegt **im Alpenraum bei 4,7 Mio. ha**, das sind nur rund **25 % des Alpenbogens**. In den Jahren 1980–2000 sind rund 13 % der landwirtschaftlichen Nutzfläche mit Wald zugewachsen oder verbaut worden. Etwa 370.000 landwirtschaftliche Betriebe bewirtschaften großteils in steilen Lagen die Wiesen, Weiden und Almen im Alpenbogen. 240.000 Betriebe haben im Alpenbogen in den Jahren 1980–2000 aufgehört zu wirtschaften, das sind alarmierende 40 %. Der Alpenbogen wird in acht Staaten ständig von rund 13 Mio. Personen bewohnt.

Die differenzierte Bewirtschaftung auf den unterschiedlichen Standorten bewirkt eine größtmögliche Artenvielfalt – das Mosaik der Bewirtschaftung.

Über 50 % des Alpenbogens liegen in Österreich und Italien. In Österreich befinden sich rund 90.000 landwirtschaftliche Betriebe im Berggebiet, also rund 25 % aller Bergbauern im Alpenraum und diese bewirtschaften rund 35 % der Grünlandflächen im Alpenbogen.

Viele Regionen im Alpenbogen sind von der **Landflucht** und der Bewirtschaftungsaufgabe ganz massiv betroffen.
In den Jahren 1990–2010 zeigten im Alpenraum 74 % der Gemeinden ein Bevölkerungswachstum, während die übrigen Gemeinden stark abfielen. Etwa 34 % der Alpenfläche wurde nach TASSER (2018) zu Entsiedlungsgebieten, aus denen sich der Mensch zurückzieht. Dieser Trend hat sich in den letzten zehn Jahren noch beschleunigt. Damit verschwinden zugleich alpine Kulturen mit einer langen Tradition und die früher so vielfältige, kleinräumige und lebenswerte Kulturlandschaft verwildert. Der Naturschutz mag sich über derartige Entwicklung freuen, doch birgt diese Urbanisierung wohl große Probleme.
In Österreich, Südtirol und der Schweiz ist diese Entwicklung dank einer offensiven Politik für einen intakten ländlichen Raum noch nicht so weit gediehen, obwohl auch hier viele gefährdete Regionen mehr und mehr geschlossene, monotone Kulturlandschaften aufweisen.

Hier braucht es die Erhaltung bzw. einen Ausbau der Infrastruktur, eine wirtschaftliche, virtuelle und digitale Belebung.

❑ Bodenfruchtbarkeit und Bodenerosionsschutz

Ein fruchtbarer Boden setzt sich aus einer Vielzahl von Bodenaggregaten zusammen, die Krümelstruktur besitzen. Zwischen den Aggregaten befinden sich die Bodenporen, die von Luft, Mikroorganismen und Wasser ausgefüllt werden. Die Pflanzennährstoffe im Boden sind nur teilweise an die Aggregate angelagert (adsorbiert), teilweise befinden sie sich in der wässrigen Bodenlösung. Die Wurzeln verkleben die Bodenaggregate miteinander durch ihre Wurzelausscheidungen (pektinähnliche Substanzen) und tragen somit wesentlich zur so genannten **Lebendverbauung** bei. Aus der Bodenlösung holen sich die Wurzeln ihr Vegetationswasser und die Nährstoffe. Die räumliche Anordnung der Aggregate bestimmt nun das Bodengefüge, auch Bodenstruktur genannt. Von der Stabilität der Aggregate sind viele Bodeneigenschaften abhängig.

Stabile Aggregate
- schützen die Bodenoberfläche vor Verschlämmung,
- gewährleisten eine hohe Infiltrationsrate und
- reduzieren dadurch den Oberflächenabfluss und damit auch den Bodenabtrag.

In einem **gut strukturierten Boden** erfolgt ein besserer Gasaustausch und die dort herrschenden günstigeren Feuchtigkeits- und Temperaturverhältnisse schaffen bessere Lebensbedingungen sowohl für die Pflanzen als auch für die Bodenorganismen. Letztere leisten ebenfalls durch ihre Ausscheidungen einen wesentlichen Beitrag zur Erhöhung der Aggregatstabilität.

Unter den mehrjährigen Kulturen (Wiese, Grünbrache, Kleegras und Gräservermehrung) entstehen bessere Lebensbedingungen für Mikroorganismen und andere Bodenlebewesen, was sich durch deren Aktivitäten positiv auf die Aggregatstabilität auswirkt, während bei Ackerkulturen durch den jährlichen Umbruch, die geringe Schattengare (der Boden ist nur kurzzeitig mit Pflanzen bedeckt) und die bewirtschaftungsbedingten geringeren Humusgehalte die Stabilität der Aggregate auf 20–30 % abfällt (vgl. Grafik 7).
Das Wasserspeicherungsvermögen insbesondere auf gesunden Grünlandböden – nicht verdichtet – ist auch nach Trockenperioden extrem groß, es kommt dadurch auch bei Starkniederschlägen zu geringeren Abflüssen.

Der ganzjährig bewachsene und durchwurzelte Grünlandboden weist eine hervorragende Bodenfruchtbarkeit mit bester Krümelstabilität auf – der wirksamste Schutz gegen Erosionen und Auswaschungen.

Der kompakte Wurzelballen einer Grünlandnarbe weist eine hohe Lebendverbauung auf.

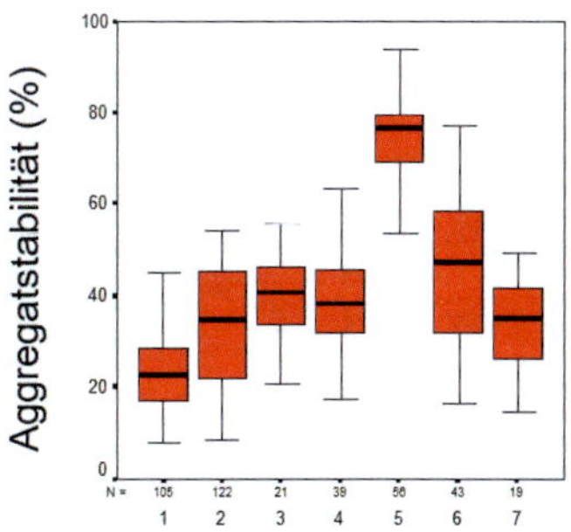

y-Achse: Aggregatstabilität (%)
x-Achse: Fruchtgruppen: 1 Hackfrüchte (Mais, Erdäpfel), 2 Getreide, 3 Kleegras, 4 Vermehrungsgräser, 5 Wiese im Ackerbaugebiet, 6 Grünbrache, 7 Raps

Grafik 7: ***Aggregatstabilität von Kulturen in den Ackergebieten Niederösterreichs, Oberösterreichs und der Steiermark im Durchschnitt der Jahre 1999–2001*** *(BUCHGRABER, EDER und TOMANOVA, 2003)*

Die **Dauerwiesen**, ob extensiv oder intensiv, zeigen eine **hohe Aggregatstabilität** von durchschnittlich über 95 % (vgl. Grafik 8).

Ein stabiler Boden (Aggregate, Humus, Nährstoffe, Gas- und Wasserhaushalt sowie Bodenleben) braucht eine pflegliche Bewirtschaftung, damit er nachhaltig Erträge mit zufriedenstellenden Futterqualitäten liefert. Grünland verhindert am wirksamsten Erosionen und Nährstoffauswaschungen und weist ein extrem vielfältiges und reichhaltiges Bodenleben auf.

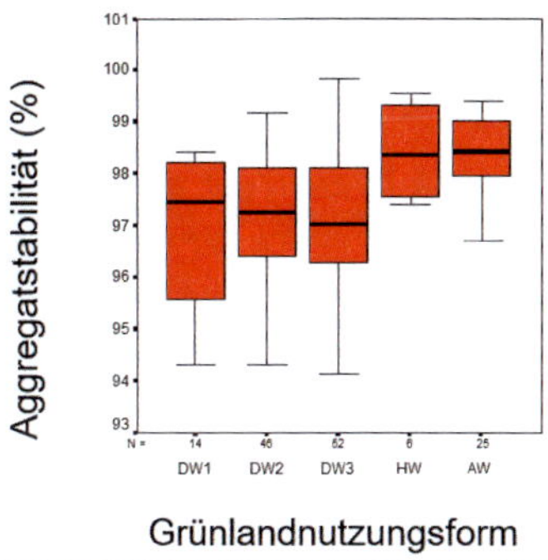

y-Achse: Aggregatstabilität (%)
x-Achse: Grünlandnutzungsform
Legende: DW1 Extensivwiese, 1 x genutzt, DW2 Wiese, 2 x genutzt, DW3 Wiese, 3 x genutzt, HW Hutweide, AW Almweide

Grafik 8: ***Aggregatstabilität von Grünlandnutzungsformen im absoluten Grünlandgebiet im Jahr 2001*** *(BUCHGRABER, EDER und TOMANOVA, 2003)*

❑ Kohlenstoffspeicher

Die Grünlandböden weisen durch die langjährige Kreislaufwirtschaft mit Tierhaltung und ein stabiles Ökosystem „Dauergrünland" einen hohen Humusgehalt – meist zwischen 5 und 10 % – auf. In diesem Humusanteil werden nach Gründigkeiten etwa 15 t Kohlenstoff/ha gespeichert. Man spricht hier im Zuge der CO_2-Emissionen von einer CO_2-Senke.

Blaiken, in sonst mit Grünlandpflanzen bewachsenen Steillängen in den Berglagen, sind oftmals Ausgangsfläche für Muren – auch eine Form der Nichtnutzung.

❑ Erhaltung wertvoller Pflanzen- und Tiergesellschaften

Die Grünlandwirtschaft mit ihren 1,2 Mio. ha Ökoland ist ein wichtiger Partner des Naturschutzes. Die schönen Wiesenflächen mit allen Übergängen vom Trockenrasen bis zur Feuchtwiese können nach dem Ermessen des Naturschutzes einen verschobenen Nutzungszeitpunkt aufweisen und eine ökologisch angepasste oder auch keine Düngung erhalten, damit das Ziel, naturnahe Lebensräume in unserer Kulturlandschaft zu erhalten, verstärkt erreicht werden kann. Mit der ausschließlichen „Wildnis in der Natur“, d. h. ohne Pflege und gezielte Nutzung, werden bestimmte Naturräume in ihrer Artenvielfalt eher verarmen und die Stabilität dieser Systeme leiden. Im ÖPUL, NATURA 2000 etc. sind Maßnahmen und Programme zur Erhaltung wertvoller Flächen und Regionen ausgewiesen. Die Artenvielfalt bei den Pflanzen auf Österreichs Grünland ist groß. Im Wirtschaftsgrünland können auf den Mäh- und Weideflächen rund 20–40 Arten pro 100 m^2 angetroffen werden. In den Extensivflächen (Hutweiden, einmähdige Wiesen, Almen) können insbesondere seltene und wertvolle Arten noch häufiger bonitiert werden.

Wertvolle Grünlandflächen gehen verloren und es droht eine zunehmende Verbuschung und Verwaldung.

Besonders wertvolle Pflanzen, auch „Rote-Liste-Arten“, müssen durch eine gezielte Bewirtschaftung erhalten werden.

Die große Vielfalt ist durch die unterschiedliche und großteils extensive Bewirtschaftung, durch die unterschiedlichen Voraussetzungen in puncto Boden, Klima und Höhenstufen vom Bregenzerwald bis hin zum Neusiedler See begründet. In Österreichs genutztem Grünland sind rund 3.000 Pflanzenarten vertreten. Diese können nur durch die Aufrechterhaltung einer **angepassten Nutzung** gesichert werden.

Mosaik der Bewirtschaftung

Die Wiesen und Weiden in Österreich weisen zu 60 % eine Größe von weniger als 0,5 ha auf, größere Einheiten befinden sich in den Gunstlagen, wobei Flächen mit 5 ha eher selten vorkommen. Die Standortsverhältnisse (Boden, Wasserverhältnisse im Boden, Klima – Temperaturen, Einstrahlung, Niederschlag, Wind, Höhenlage – Vegetationsdauer, Himmelsrichtung) sowie die äußerst unterschiedliche Bewirtschaftung auf den Betrieben (konventionell, biologisch, Tierbesatz von 0,1–2,0, Schnittzeitpunkt und Schnitthäufigkeit der Wiesen, Düngung mit Stallmist/Jauche oder Gülle, aber auch Kompost, Futterkonservierung Heu/Silage/Gärheu etc.) auf engstem Raum oder in den Regionen führt zu einem kleinstrukturierten Mosaik. Der wesentlichste Einfluss in diesem System „Grünland- und Viehwirtschaft“ sind die Bauern und Bäuerinnen sowie die bäuerliche Familie. Die Vielfalt und Prägung dieser „Bauers Leut“ ist extrem unterschiedlich innerhalb der Talschaft einer Region und stark differenziert zwischen Berg- und Gunstlagen. Dieses traditionelle Mosaik ist die wesentlichste Grundlage für die Artenvielfalt bei Pflanzen und Tieren sowie für das Erscheinungsbild der abwechslungsreichen Landschafts- und Lebensräume.

Mit der Aufgabe der Betriebe insbesondere in den Berglagen und besten Gunstlagen geht diese Vielfalt und dieses Mosaik der Bewirtschaftung mehr und mehr verloren.

❑ Sauberes Wasser

Viele Regionen weltweit und manche auch in Österreich leiden darunter, dass zu wenig oder nicht ausreichend Qualitätswasser für den menschlichen, tierischen und pflanzlichen Bedarf zur Verfügung steht. Österreich hat mit der Wasserrechtsgesetznovelle 1990 und der Trinkwasserverordnung bereits frühzeitig reagiert, die EU-Nitratrichtlinie regelt ab 2003 (Aktionsprogramm 2017) die Düngemengen und die Ausbringung in Bezug auf den Stickstoff aus dem Wirtschaftsdünger. Die Richtlinie für die sachgerechte Düngung (BMLFUW, 2017) ist die Grundlage für die Düngung der Grünlandnutzungsformen.

Die ökologische Bewirtschaftung des Grünlandes sichert beste Trinkwasserqualitäten.

Infolge der ganzjährigen Bedeckung des Bodens mit Grünlandpflanzen und der beinahe ganzjährigen Nährstoffaufnahme gibt es **keinen oder nur einen äußerst geringfügigen Nitrataustrag**. Hier ist das System „Immergrün" von Natur aus gegeben, und es bietet bei einer ordnungsgemäßen Düngung einen großen Nährstoffrückhalt (vergleiche Grafik 9). Das Trinkwasser darf **keine höheren Nitratwerte als 50 mg/l** aufweisen. Unter Grünland ist dies langfristig möglich, zumal die Bewirtschaftungssysteme in Österreich sehr ökologisch praktiziert werden.

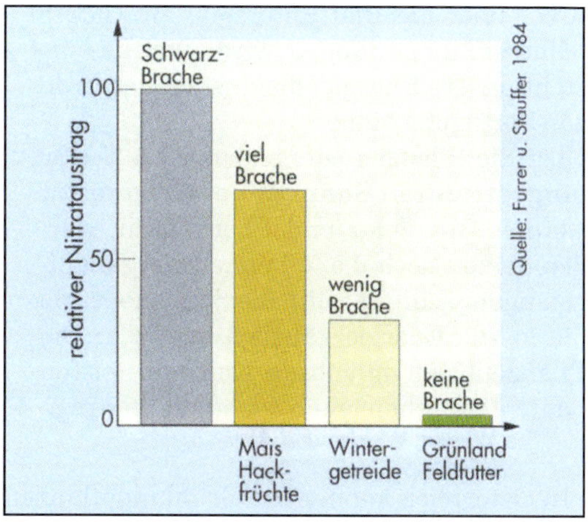

Grafik 9: ***Pflanzenbewuchs und Nitratauswaschung***

Ein permanenter Bewuchs mit Gräsern, Kräutern und Leguminosen lässt eine dichte Wurzelmasse in den Boden wachsen. Diese unterschiedlich tief wachsenden Wurzeln nehmen ab einer Bodentemperatur von 5–10 °C mineralisierte und gedüngte Nährstoffe, insbesondere Stickstoff, auf. Ein ganzjähriger Bewuchs mit Grünlandpflanzen und eine sachgerechte Düngung können die Nährstoffe bestmöglich nutzen, ohne dass sie ins Grundwasser gelangen.

Rund 43.000 ha Grünland sind derzeit nicht genutzt und stehen in der Nutzungsaufgabe. Obwohl diese Bestände nicht gedüngt werden, die heranwachsende Biomasse jedoch auch nicht verbraucht wird, findet die Mineralisation im Boden und der heranwachsenden Biomasse statt. Diese vorhandenen Nährstoffe werden meist in der Schneeschmelze vom Wasser in die Tiefe verlagert, ohne dass schon aufnahmefähige Wurzeln die Nährstoffe binden können. So fällt zur „Unzeit" aus dem natürlichen Mineralisierungsprozess Nitratstickstoff an, der ins Grundwasser gelangt.

Eine Nutzungsaufgabe des Grünlandes lässt den Pflanzenbestand an Vielfalt verarmen, lässt Nährstoffe aus dem Abbauprozess in tiefere Bodenschichten und schlimmer Weise auch ins Grundwasser gelangen.

Die **N-Höchstgrenze** gemäß Aktionsprogramm zum Schutz der Gewässer vor Verunreinigungen durch Nitrat (2017) aus landwirtschaftlichen Quellen liegt im Betriebsdurchschnitt bei **max. 170 kg/N/ha** im Wirtschaftsdünger und nach Abzug aller Verlustquellen. Bei Gründecken oder N-zehrenden Fruchtfolgen gilt als N-Obergrenze 210 kg/ha (BMLFUW, 2017). Die 50 mg Nitrat/l Wasser als Obergrenze sollten in Österreich im Grünland nie erreicht werden. Unter bewirtschafteten Wiesen und Weiden finden wir Nitratgehalte im Grundwasser von 1–3 mg/l, bei Nutzungsaufgabe kann das 10-fache ins Grundwasser gelangen, im Frühjahr bei der Schneeschmelze das 20- bis 30-fache.
Zwischenfrüchte sind im Begrünungsjahr aktiv angelegte Kulturen (inkl. Untersaaten) nach Hauptfrüchten, die spätestens im darauffolgenden Frühjahr umgebrochen werden und auf die eine aktiv angelegte Hauptfrucht folgt.
Hier gilt nach ÖPUL ein Verzicht auf mineralische N-Düngung, in Wasserschongebieten teilweise auch eine Düngung mit Wirtschaftsdünger. Es sind hier die vertraglichen und gesetzlichen Vorgaben einzuhalten.

❑ Sauerstoff- und Energieproduktion

Die Sonne gibt uns die Energie, die von den Pflanzen über das Blattgrün (Chlorophyll) assimiliert wird und mithilfe der Chlorplasten in den Pflanzenzellen mit Wasser (H_2O) über die Wurzeln und Kohlendioxid (CO_2) über die Blattunterseite zu Zucker (Glucose) umgewandelt wird. Daraus entsteht unsere Energie, die uns auf der Erde zur Verfügung steht.
Über die Pflanzen können rund **1,5 % der eingestrahlten Sonnenenergie genutzt** werden. Mit Solar und Photovoltaik werden derzeit noch 0,5 % Sonnenenergie aufgefangen. Künftig sollte die Sonnenenergie die fossile Energie gänzlich ersetzen. Die Pflanzenbauer mit ihren Kulturen leisten heute dazu schon einen wichtigen Beitrag.

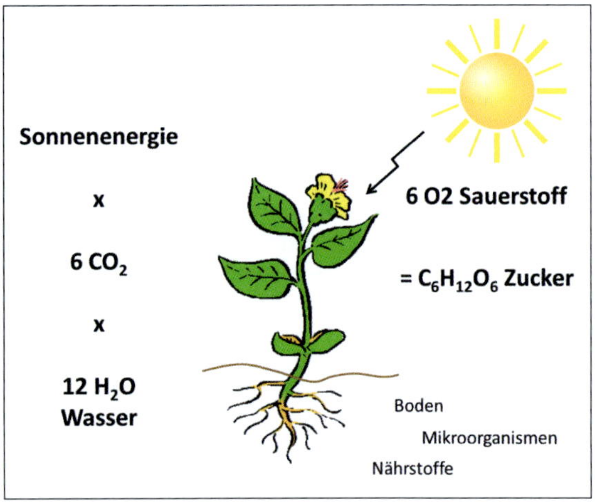

Grafik 10: ***Photosynthese – natürlicher Prozess für Energie und Sauerstoff***

In Österreich können die Grünlandpflanzen rund 36 Mio. MJ NEL pro Vegetationsperiode an Sonnenenergie abspeichern.

In diesem genialen und entscheidenden Energietransfer Sonne/Erde über die Pflanzen wird auch noch der für uns lebensnotwendige Sauerstoff (O_2) frei.

Der erwachsene Mensch braucht pro Tag bei normaler Aktivität rund 2 kg reinen Sauerstoff, dafür müssen wir rund 7 m^3 Luft durch unsere Lungen atmen. Pro Jahr und Person ergibt das rund 700 kg Sauerstoff.

Eine Dreischnittwiese mit einem Futterertrag von rund 7.000 kg TM/ha gibt auch etwa 7.000 kg Sauerstoff/ha in der Vegetationszeit ab. Das heißt, dass von einer Dreischnittwiese pro ha rund zehn Personen ihren jährlichen Sauerstoff erhalten. Das bewirtschaftete Grünland (viel aktive Blattmasse) liefert mindestens so viel Sauerstoff wie der Wald und aufgrund der längeren Vegetationszeit mehr als Ackerkulturen.

Die ausgezeichnete Solarfläche der Grünlandbestände sorgt für Energiespeicher, Proteinsynthese und Sauerstoffversorgung.

❑ Proteinlieferant

Im Grünlandfutter wird bei ausreichender Stickstoffversorgung der Pflanzen über Wurzeln/Boden/Mikroorganismen das ernährungswichtige Protein/Eiweiß synthetisiert. Das Eiweiß ist für die menschliche und tierische Ernährung enorm wichtig. Da Menschen die Grünlandpflanzen nicht direkt verwerten können, wandeln die Wiederkäuer (Rinder, Schafe, Ziegen, Wildtiere etc.) und die Pferde das Grünlandfutter und das enthaltene Protein in Milch- und Fleischeiweiß um, welches wir Menschen zu uns nehmen können. Das Grünland in Österreich liefert durchschnittlich **800.000 bis 1 Mio. t Rohprotein pro Vegetationsperiode**. Die Ackerkulturen bringen sich in die Proteinversorgung der Tiere, insbesondere Schweine und Geflügel, auch stark ein. Eine Proteinautarkie in Europa ist anzustreben.

4. ZIELE DER GRÜNLANDWIRTSCHAFT

Das österreichische Grünland hat in den letzten 70 Jahren in seiner Bedeutung für Bauern und Gesellschaft eine starke Wandlung erfahren. Wurden ursprünglich auch die noch so kleinen Grünlandflächen für Zugtiere (Pferde, Ochsen, Kühe etc.) und Milchtiere (Kühe, Ziegen und Schafe) auf allen Standorten eher mäßig genutzt, so fand in den Jahren 1970–2000 in den Gunstlagen eine Intensivierung der Nutzung und Düngung statt. Durch die Anhebung der Flächen- und Tierleistungen versuchte der Grünland- und Viehbauer sein Einkommen einigermaßen zu halten. In den Gunstlagen nahmen die Tierbestände infolge einer Vergrößerung der Betriebe sowie der Erhöhung der Milchkontingentausstattung (bis März 2015) besonders in den letzten Jahren zu. In den Bergregionen hat diese Strategie der höheren Produktionsleistung wegen der Steilheit der Flächen, der geringen Humusauflage, des raueren Klimas mit seinen kürzeren Vegetationszeiten und der ungünstigen Verkehrslage nicht gegriffen.

Aufgrund dieser topographischen und klimatischen Unterschiede entstehen **zwei große Bewirtschaftungsrichtungen** in der österreichischen Grünlandwirtschaft (vergleiche Grafik 11). Von den rund 1,9 Mio. ha Grünland, wobei rund 63 % als Ökogrünland, 29 % als Wirtschaftsgrünland und 8 % als Feldfutterbau gelten, werden in Österreich künftig

- rund 1,6 Mio. ha (80 %) mit einer extensiven bis mittleren Nutzung sowie einer kreislaufbezogenen Düngung und damit flächen- und ertragsangepassten Tierhaltung bewirtschaftet werden.
- Auf den restlichen 20 % der Grünlandflächen inkl. Feldfutterbau (Alpenvorland, Tal- und Beckenlagen) wurden vorwiegend in den letzten Jahren die Nutzung (4–6 Schnitte) und der Tierbesatz pro ha erhöht, wobei auch die Milchleistung über ein verbessertes Grundfutter sowie durch Kraftfuttergaben erhöht wurde.

Der Grünlandbetrieb mit seinem fast geschlossenen Kreislaufsystem ist die umweltverträglichste Form der Ökolandwirtschaft. In allen Nutzungsformen des Grünlandes (Wirtschaftsgrünland, Ökogrünland, Feldfutterbau) finden kreislaufkonforme Bewirtschaftungsweisen statt.

Künftig werden die Mutterkühe mit ihren Kälbern sowie die Schafe, Ziegen, Pferde und Wildtiere die eher extensiven Grünlandflächen nutzen.

Die Milchwirtschaft soll in den besseren Berglagen wie auch in den Gunstlagen nachhaltig gesichert werden. Die heimische Hochleistungskuh sollte möglichst viel Grundfutter aufnehmen – denn Kraftfutter verdrängt Grünlandfläche.

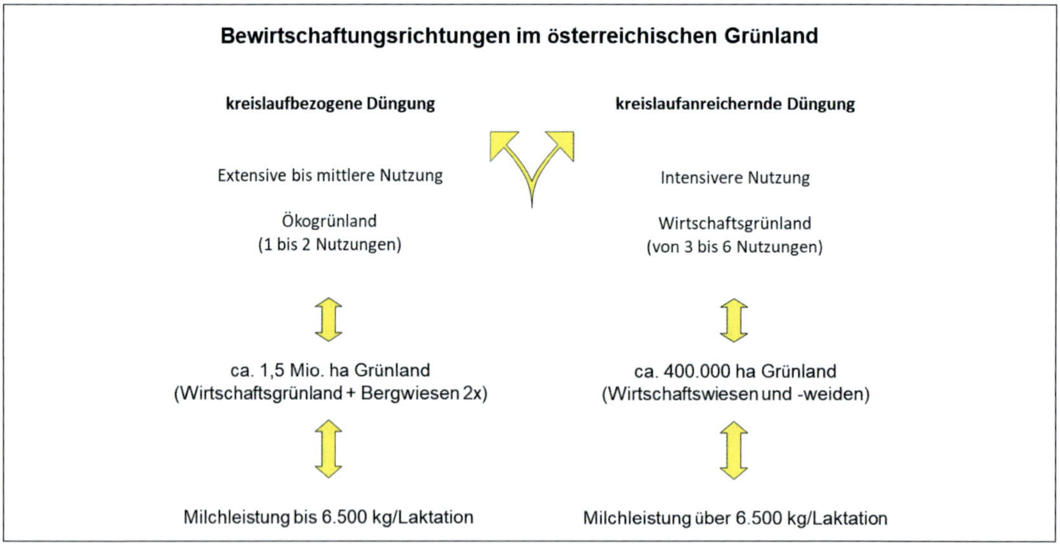

Grafik 11: ***Bewirtschaftungsrichtungen in der österreichischen Grünland- und Viehwirtschaft***

4.1 Bäuerliche, ökologische und konventionelle Grünlandwirtschaft

Die österreichische Grünland- und Viehwirtschaft hat sich aus dem Traditionellen in den Gunst- und Berglagen weiterentwickelt. Es wurden in den besseren Lagen und bei „größeren" Betrieben die „Kreisläufe" ab den 1980er Jahren im Tierbesatz, in der Futterkonservierung und in der Fütterung hochgefahren. Die Genetik wurde ständig bei allen Tiergattungen verbessert und die Leistungen angehoben (GRUBER und LEDINEK, 2017).

Trotz dieser Entwicklungen, die nur bei manchen Betrieben sehr weit gingen, werden heute die Grünland- und Viehbetriebe bäuerlich und großteils ökologisch-konventionell bewirtschaftet.
Rund 20 % aller Landwirtschaftsbetriebe werden biologisch und die restlichen Grünland- und Viehbetriebe bäuerlich/konventionell, keineswegs industrialisiert geführt.

Der österreichische Grünlandbauer und Viehhalter strebt eine hohe Qualität seines Grundfutters an, um damit auf wiederkäuergerechte Art möglichst hohe tierische Leistungen zu erzielen. Wir erreichen dieses **hochwertige Grundfutter** durch

- harmonische und dichte Pflanzenbestände,
- ausgewogene, standortangepasste Düngung,
- gezielte Nutzung im optimalen Vegetationsstadium,
- verlustarme Futterkonservierung,
- optimale Fütterungstechnik und Rationsgestaltung sowie
- richtige Zusammensetzung der Sämereienmischungen bei Neuansaaten bzw. Nachsaaten.

Blattreiche und ausdauernde Sorten weisen bei späterem Nutzungszeitpunkt auch noch gute Qualitäten bei stabilen Pflanzenbeständen auf.

Die Tiere sollten hochwertiges Grundfutter gut aufnehmen und bestens umsetzen (GRUBER et al., 2004). **Ein fortschrittlicher Landwirt erzeugt pro Kuh und Jahr zwischen 5.000 und 6.000 kg Milch aus dem Grundfutter**. Vor allem die Hochleistungsbetriebe mit mehr als 8.000 kg Milch pro Laktation sind auf beste Grundfutterqualitäten angewiesen. Dadurch werden die laufend nachwachsenden Grünlanderträge ökologisch sinnvoll und in einem betriebsinternen Kreislauf bestmöglich verwertet. Es kommt dadurch unter den vorherrschenden Bewirtschaftungsintensitäten in Österreich, die zwischen 0,1 und 2,0 GVE/ha im Grünlandgebiet liegen, zu einer schonenden Bewirtschaftung, die eine Artenvielfalt in der Pflanzen und Tierwelt ermöglicht. Künftig ist nicht nur die Tierleistung, sondern die Flächenleistung aus dem Grünland entscheidend (BUCHGRABER, 2005).

Die Milchleistung pro ha Grünland hängt vom natürlichen Ertragspotenzial der Fläche ab und die Kraftfutterimporte sollten sich mit unter 20 % (Energiebasis) in der bäuerlichen Bewirtschaftung in Grenzen halten. Die beste Kuh ist jene, die am Ende die höchste Leistung aus dem Grundfutter gegeben hat und möglichst viele Kälber gesund zur Welt gebracht hat.

❑ Nutzungstolerante Bestände

Betriebe mit Hochleistungstieren sahen in der häufigeren Mahd (5–6 Mal) durch die Vorverlegung des Schnittzeitpunktes auf „Ende Schossen" die einzige Chance, die Inhaltsstoffe im Grundfutter zu steigern. In den Nachsaatmischungen sind insbesondere bei den Obergräsern Sorten in Verwendung, die einen hohen Blattanteil auch beim ersten Aufwuchs aufweisen. Der höhere Blattanteil liefert dann mehr Energie, Protein, Rohfett, Mengen- und Spurenelemente. Auch bei späterer Mahd erhalten sie diese Qualität – es werden durch das Einbringen von blattreicheren Sorten die **Bestände nutzungstoleranter**. Die Vielschnittbetriebe sollten ihre Bestände dahingehend umbauen, so ersparen sie sich bei gleicher Futterqualität und höheren Erträgen ein bis zwei Schnitte/Jahr. Wer schon mal die ÖAG-Nachsaatmischung Ni in einer Neuansaat probiert hat, konnte die Erfahrung machen, dass der Blattreichtum auch beim Ähren- und Rispenschieben sehr hoch ist und auch die Inhaltsstoffe bei 6,5 MJNEL/kg TM und 160 g RP/kg TM liegen. **Diese „neuen" Mischungen in den „alten" Beständen wirken verbessernd und bauen diese in „moderne" Bestände um.** In diesem umgewandelten „modernen" Bestand ist auch ein erhöhter Kleeanteil enthalten, der zu höheren Proteingehalten führt. Im Normalfall (Na, Ni) werden Weiß- und Rotklee und auf besonders trockenen Lagen (Natro) auch die Luzerne in den ÖAG-Mischungen mit besten Sorten eingebracht.

Rechenbeispiel
Ein **10 % höherer Kleeanteil** im Bestand bedeutet rund 5 g RP/kg TM mehr. Bei einem Ertrag von 10.000 kg TM/ha bedeutet dies einen Rohproteinmehrertrag von 50 kg/ha. Bei 10 ha sind dies 500 kg RP, was eine Kompensation an Soja von 1.250 kg im Betrieb bedeutet – eine Kostenersparnis von rund € 1.000.

Es werden aber auch Nachsaatmischungen mit 50–80 % Rohrschwingel angeboten – aus pflanzenbaulicher Sicht ist das insbesondere als Aufbesserer in trockenliegenden Dauerwiesen der absolut falsche Weg und keineswegs für den Betrieb zielführend.

Das Ziel muss es für jeden Grünland- und Viehbauern sein, möglichst hohe tierische Leistungen aus dem Grundfutter zu erzielen.
Zeigen Wiesen und Weiden einen kompakten, stufigen und harmonischen Pflanzenbestand, dann können wir uns darüber freuen. Da brauchen wir keine Nach-/Übersaat und auch keine Sanierung infolge Gemeiner Rispe. Jene Betriebe, die ihre Bestände über Jahre standortangepasst bewirtschaftet haben, können leistungsfähige und qualitative Bestände ernten – es braucht auch hier immer ein wachsames Auge. Jede Übernutzung in den Dauerwiesen (mehr als 4 Schnitte) dezimiert die Obergräser und damit die Ertragsfähigkeit, die Grasnarbe öffnet sich für Gemeine Rispe & Co.

4.2 Biologischer Landbau am Grünland

Seit 1970 gibt es eine kontinuierliche und in den letzten Jahren enorme Steigerung in der Anzahl jener Betriebe, die ihre Bewirtschaftung im **biologischen Landbau** vornehmen. Waren es 1970 noch einige hundert Betriebe, so konnten 1989 über tausend, 1992 rund 6.000 und 2016 rund 21.820 landwirtschaftliche Betriebe mit dieser Landbauweise gezählt werden. Die landwirtschaftlich genutzte Biofläche ist gegenüber 2015 um 26.500 ha bzw. 5 % gestiegen. Von der gesamten landwirtschaftlichen Nutzfläche Österreichs wurden im Jahr **2016** rund **21,9 % nach der biologischen Wirtschaftsweise** bearbeitet.
83 % der Biobetriebe hielten Vieh, wobei der durchschnittliche GVE-Bestand bei 20 lag. Die Biobetriebe hielten rund 20 % der gesamten Milchkühe Österreichs, 28 % der Schafe, 52 % der

Ziegen und 1–2 % der Schweine und Hühner (BMLFUW, 2017a). Der Bio-Milchanteil liegt bei 17 %, wobei die Biomilch mit 552.389 t zur Verarbeitung und Vermarktung gebracht wird. Der Großteil der Biobetriebe wirtschaftet als Grünland- und Viehbauern, obwohl in den letzten Jahren Zuwachsraten im Ackerbau zu verzeichnen waren. In den letzten Jahren sind ökologisch-konventionell geführte Grünlandbetriebe wieder in die biologische Produktionsweise umgestiegen. Einige hundert landwirtschaftliche Betriebe in Österreich wirtschaften nach den bio-dynamischen Grundsätzen nach Rudolf Steiner.

Innerhalb Europas nimmt Österreich mit seinem Anteil an bewirtschafteter Biofläche derzeit **die erste Position** ein. Wie sich der biologische Landbau in den osteuropäischen Staaten (Polen, Ungarn etc.) entwickeln wird und welchen Einfluss dieser auf die Vermarktung von Bioprodukten haben wird, gilt abzuwarten. Das Potenzial an Flächen und Arbeitskräften ist groß.
Mit dieser Ausrichtung auf Bioproduktion seitens der österreichischen Bauern, mit einer Verbesserung der Marktsituation für biologisch erzeugte Produkte sowie mit einer Förderung der Biobetriebe und deren Maßnahmen, könnte die Anzahl der Biobetriebe durchaus aus dem Potenzial ökologisch-konventioneller Betriebe noch erhöht werden.

Biobetriebe zeigen in ihrer gelebten Kreislaufwirtschaft, welch wertvolles Potenzial in Haus und Hof steckt.

Die österreichische Landwirtschaft produziert ihre Produkte in biologischer Wirtschaftsweise oder in einer ökologisch-konventionellen Bewirtschaftung in bäuerlichen Familien. Die Auflagen sind streng und die Kontrollen am Hof durch AMA und BioAustria laufend gegeben. Im Bereich der Grünlandwirtschaft gibt es derzeit keine Massentierhaltung und industrialisierte Landwirtschaft.

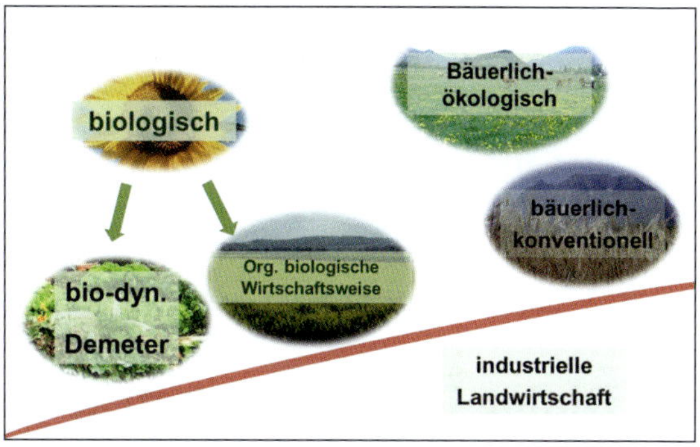

Grafik 12: ***Höchste Qualität aus bäuerlicher Bewirtschaftung versus industrielle Landwirtschaft***

Die Bio- und bäuerlich-ökologischen Produkte haben eine spezielle Qualität und verdienen eine höhere Wertschätzung. Der Konsument sollte diese Zusammenhänge verstehen lernen und den Einkauf am Regal bewusst nach diesen Kriterien auch mit höheren Preisen tätigen. Der Preisdruck über industrielle Produkte aus anderen Ländern ist groß und bringt unsere bäuerliche Landwirtschaft in Schwierigkeiten.

4.3 FarmLife – Bewertungsinstrument für Ökoeffizienz

Ökoeffizienz in der Landwirtschaft verpflichtet sich zum standortangepassten, leistungsorientierten und nachhaltigen Einsatz von Betriebsmitteln mit dem Ziel, Verluste zu reduzieren. Die an den Betrieb angepasste Optimierung muss sowohl ökologischen als auch ökonomischen Erfordernissen Rechnung tragen.

Der Einsatz des **Betriebsmanagement-Werkzeugs FarmLife** auf den heimischen Betrieben wird zu einer Verbesserung der Ökoeffizienz beitragen. Das nutzt den teilnehmenden Betrieben. Durch die Analyse und Bewertung von Betriebsausstattungen und Nährstoffkreisläufen kann der **Betriebsmitteleinsatz optimiert** werden. Die Ausstattung des Betriebes mit Maschinen und Gebäuden wird ebenso einer vergleichenden Bewertung zugeführt wie der Einsatz von Futter- und Düngemitteln. Ein besonderer Schwerpunkt liegt auf der einzigartigen Risikoanalyse beim Einsatz von Pflanzenschutzmitteln. Die Wirtschaftlichkeitsanalyse wird mit einer Vollkostenrechnung abgedeckt.
FarmLife-Betriebe haben die Chance, entscheidende Kennzahlen aus allen Betriebsbereichen vergleichend zu bewerten. Stärken und Schwächen werden sichtbar und zeigen so den Handlungsbedarf für die Zukunftsplanung auf (HERNDL et al., 2016).

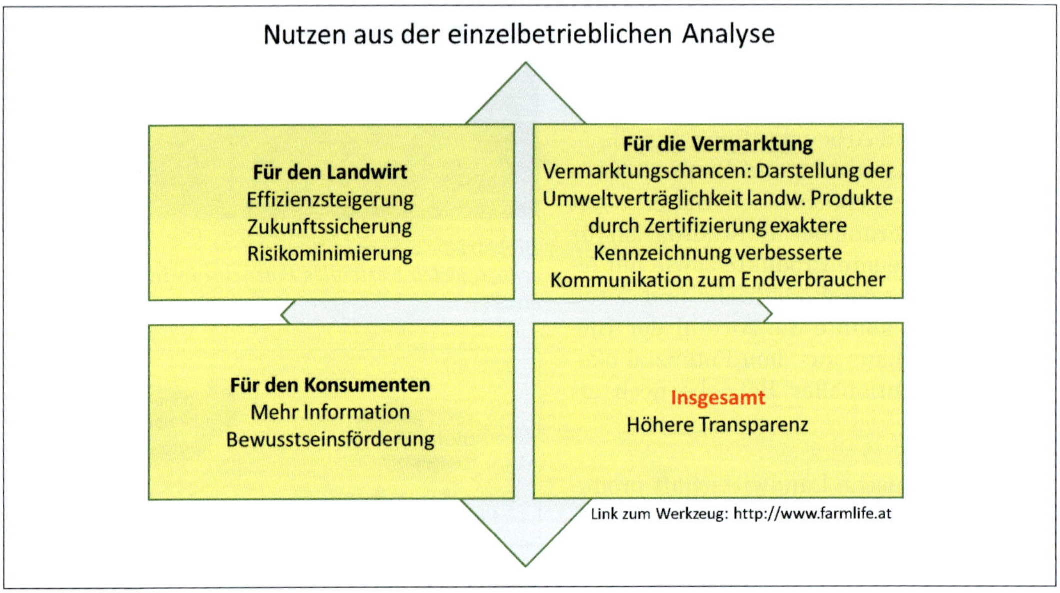

4.4 Dialog Landwirtschaft & Konsumentenschaft

Die Bevölkerung, insbesondere im urbanen Bereich, hat sich in den letzten Jahrzehnten nicht mehr mit dem Entstehen der Lebensmittel beschäftigt. Wir wurden zum „Konsumieren“ erzogen, wobei nicht die Qualität, sondern die Quantität im Vordergrund stand. In der Zeit der großteils nationalen Märkte (vor 1995) konnte der Konsument an heimische Produkte gebunden werden. Heute, im globalen Markt, treffen sich Produkte aus aller Welt im Regal, wo sich der Konsument großteils nur nach den Preisen verhält, ohne den Hintergrund der Produktion zu hinterfragen oder verstehen zu wollen.
Nachdem die österreichisch kleinstrukturierte Land- und Forstwirtschaft andere ökologische und soziale Standards in den bäuerlichen Betrieben aufweist als industrialisierte Großbetriebe mit ständigen Fremdarbeitskräften, sollte hier den mündigen und bewusst lebenden Konsumenten die wertvolle Arbeit der Landwirte und bäuerlichen Jugend einfach und ehrlich näher gebracht werden (BUCHGRABER, 2013).

Der Bauer und die Bäuerin sollen sich bei ihrer Arbeit über die Schulter schauen lassen und mit den Konsumenten laufend kommunizieren und oft über schwerverständliche Arbeits- und Verhaltensweisen beiderseits diskutieren.

Im Jahr 2016 wurde dazu die österreichweite Tagung „Dialog Landwirtschaft & Konsumentenschaft“ in St. Wolfgang am See ins Leben gerufen (BUCHGRABER, 2016 + 2017), wo Impulse für dieses Miteinander entstanden. Schule am Bauernhof, Urlaub am Bauernhof, Tag der offenen Stalltür, Seminare für Ernährung und Landwirtschaft, vor allem LandschafftLeben (www.landschafftleben.at), und AMA sowie Aus- und Weiterbildungsprogramme des LFI und der LK sind wichtige Aktivitäten, um hier einen vertrauensvollen Wissensstand bei den Konsumenten herbeizuführen.

Der Dialog soll im Kindesalter beginnen und täglich mit unseren Konsumenten geführt werden.

Was nützt es, wenn die bäuerlich, ökologisch, tiergerecht denkende und handelnde Landwirtschaft von den Konsumenten so nicht erkannt wird und diese zu Billigprodukten greifen? Eine Allianz Landwirtschaft & Konsumentenschaft ist entscheidend für den Fortbestand unserer eigenen Lebensmittelversorgung, Kulturlandschaft und Tourismuswirtschaft.

4.5 Landwirtschaft und sektorales Zusammenwirken

Die Land- und Forstwirtschaft hat in Österreich als Landbewirtschafter und Eigentümer eine größere Bedeutung. Im vorigen Jahrhundert stand die Land- und Forstwirtschaft im Zentrum und bestimmte in der Regel, was am Land passierte. Der heutige ländliche Raum und auch das Hineinwirken in die Gesellschaft brauchen eine Öffnung und einen laufenden Dialog zwischen den Sektoren. Das vernetzte Denken und Handeln über die Sektoren hinaus muss von allen gelernt werden und muss im ländlichen Raum als „Normalität“ Einzug halten.

Wenn es um gemeinsames Handeln und Entwickeln geht, so sollte sich jeder Sektor im Interesse etwas zurücknehmen, damit das Gemeinwohl eine Chance bekommt.

Dieses Aufeinanderzugehen, Eingehen, Zuhören und Diskutieren fehlt meist noch. Es soll in allen Sektoren die „Ego-Mentalität“ zugunsten einer gemeinsamen Strategie abgelegt werden.

Akzeptanz und Respekt vor den Akteuren anderer Sektoren sind Voraussetzung für ein Miteinander. Langfristige und zukunftsweisende Lösungen können nur entstehen, wenn ausdiskutierte gemeinsame Lösungsansätze verwirklicht werden – zu denen alle stehen können.

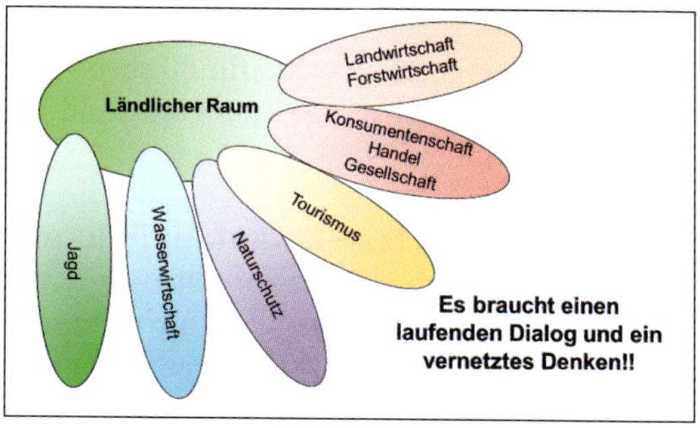

Grafik 13: ***Sektorales Zusammenwirken und vernetztes Miteinander***

Nicht die unterschiedlichen fachlichen Zugänge zu den Themen sind das Problem, sondern oftmals Befindlichkeiten, Eitelkeiten und Machtansprüche. Können diese menschlichen Hürden im Entwicklungsprozess einigermaßen beseitigt werden, steht einer streitfreien und lösungsorientierten Zielsetzung nichts mehr im Wege.

Die Land- und Forstwirtschaft braucht diesen Dialog genauso wie die anderen Sektoren, wollen wir dem ländlichen Raum und somit der Land- und Forstwirtschaft eine Zukunft geben.

5. NUTZUNGSFORMEN DES GRÜNLANDES

Das Grünland unterscheidet sich in seiner botanischen Zusammensetzung, in der Art der Nutzung und in der Zielsetzung der Bewirtschaftungs- bzw. Erholungsfunktion.

5.1 Dauergrünland

- Wiesen mit mehr als zwei Nutzungen, Kulturweiden und Mähweiden (**Wirtschaftsgrünland**)
- Bergwiesen (ein- und mehrschnittig), Streuwiesen, Hutweiden, Streuobstwiesen, Biotopflächen und Almen (**Ökogrünland**)

Das Dauergrünland kann beweidet oder gemäht werden und zeichnet sich durch ein breites Artenspektrum in den verschiedensten Pflanzengesellschaften aus.

Dauergrünland setzt sich in der Regel vielfältig zusammen und wird als Wiese, Weide oder Mähweide genutzt. Flächen, die **länger als zehn Jahre ohne Umbruch** permanent eine Pflanzendecke tragen, gehören bereits zum Dauergrünland. Bei den Wiesen werden die extensiven Bergwiesen (ein- und zweischnittige Wiesen) und die drei- bis sechsmalig genutzten Wiesen unterschieden. Bei den Weiden gibt es die Kulturweiden mit den unterschiedlichsten Weideformen (Kurzrasenweide, Portionsweide, Koppelweide etc.) und die extensiven Hut- und Almweiden.

5.2 Wechselgrünland

- Feldfutterartig für vier bis fünf Jahre
- Danach Übergangscharakter vom Feldfutter in die Dauerwiese

Die Wechselwiesen weisen in den ersten Jahren feldfutterartige Bestände auf und können in den folgenden Jahren in Dauergrünland übergeführt werden.

Wechselgrünland besteht **anfänglich aus feldfutterartigen Pflanzenbeständen**, die einer Nutzung von vier bis fünf Jahren standhalten. Danach wird die Fläche wieder großteils als Acker genutzt. Die Form des Wechselgrünlandes mit einem fließenden Übergangscharakter zum Dauergrünland wird aus wirtschaftlichen (hoher Ertrag in den ersten Jahren) und ökologischen (kein Umbruch für das Dauergrünland notwendig) Gesichtspunkten nur dort genutzt, wo der Bewirtschafter künftig auf den Ackerstatus verzichten will.

5.3 Ackergrünland (Feldfutterbau)

- Kurzfristiger Feldfutterbau (ein bis zwei Nutzungsjahre)
- Mittelfristiger Feldfutterbau (drei bis vier Nutzungsjahre)
- Zwischenfruchtfutterbau

Rotklee- und Luzernegräser setzen sich aus den jeweils besten Sorten zusammen. Sie können zwischen ein und fünf Jahre genutzt werden.

Der Feldfutterbau (bzw. Ackergrünland) bietet die Chance, besonders leistungsfähige Arten von Grünlandpflanzen zur Futterproduktion heranzuziehen, auch wenn sie nicht bodenständig (z. B. Raygräser) sind. Dadurch sind besonders hohe Erträge und eine Verbesserung der Futterqualität zu erzielen. Auf entsprechenden Standorten und bei richtiger Durchführung ist der Feldfutterbau daher **auf guten Standorten wirtschaftlich attraktiver als die Dauergrünlandwirtschaft**. In Grenzlagen des Silomaisanbaues stellt der Anbau von Klee und Feldgräsern eine sinnvolle Alternative dar. Der günstige Einfluss auf die Fruchtbarkeit der Ackerböden, besonders im Fall leguminosenreicher Bestände (Bindung von Luftstickstoff) bei kostengünstiger Futtererzeugung, zeichnet diese Art der Grundfutterproduktion auf eigenen Flächen besonders aus. Auf trockenen, umbruchfähigen Standorten löst der Feldfutterbau mit Luzerneanteilen die Dauerwiesen allmählich ab.

6. PRODUKTIONSBEEINFLUSSENDE FAKTOREN

Die Kenntnis der produktionsbeeinflussenden Faktoren ist eine wichtige Voraussetzung und eine wertvolle Hilfe für die erfolgreiche Gestaltung der Grünlandbewirtschaftung und in weiterer Folge auch der Viehwirtschaft. Die Ausrichtung der Bewirtschaftung eines Betriebes hängt wesentlich von diesen elementaren Grundlagen ab.

In diesem Kapitel werden die naturbedingten Faktoren besprochen, die sowohl für den Feldfutterbau als auch für die Dauergrünlandwirtschaft von Bedeutung sind. Es ist effizient, Flächen je nach Standortspotenzial umweltgerecht zu nutzen – es sollten dabei die natürlichen Grenzen (Boden, Mikrobiologie im Boden, Erosion, Nährstoffe, Grundwasser, Pflanzenbestand, Schnitthäufigkeit, Tierbesatz pro ha, Kraftfutterimporte, Tierleistungen, Emissionen etc.) nicht überschritten werden.

Allgemeine Ertragsfaktoren

Faktoren, die naturbedingt kaum änderbar sind und daher eine Anpassung verlangen:	Faktoren, die nur fallweise veränderbar sind und bei einer Veränderung eine langfristige Planung verlangen:	Faktoren, die verhältnismäßig einfach und rasch geändert werden können:
• Klima und Wetter • Bodenverhältnisse Standort, Neigung und Exposition der Fläche	• Grundstückslage zum Hof • Form und Größe der Grünlandfläche	• Pflanzenbestand • Nutzung • Düngung • Pflege • Krautregulierung • Nachsaat/Sanierung
⇳	⇳	⇳ ⇳ ⇳

Alle Ertragsfaktoren muss der Betriebsführer in seine Überlegungen einbeziehen. **Der wesentlichste Faktor ist ein ökologisch denkender und marktorientierter Betriebsführer.**

6.1 Klima und Klimafolgen

Die **Niederschlagsmenge** und die **Niederschlagsverteilung** sind speziell in der Grünlandbewirtschaftung im Hinblick auf Bestandesführung, Futterkonservierung und Fütterungsart wichtig. Im absoluten Grünlandgebiet Österreichs liegen die Jahresniederschläge meist über 800 mm; ein hoher Anteil der Niederschläge fällt im Durchschnitt der Jahre vorwiegend während der Sommermonate von Mai bis September. Unter 800 mm Jahresniederschlag ist es auf ackerfähigen Standorten günstiger, Feldfutterbau mit wenig trockenheitsempfindlichen Futterpflanzen zu betreiben.

Überflutete oder ausgedorrte Grünlandflächen zeigen, welche Kraft und Vernichtung das Klima / Wetter auf die Kulturen ausüben kann.

Die derzeit herrschende Klimaveränderung bringt es mit sich, dass extreme Trockenperioden mit hohen Temperaturen auch in Österreich auftreten. Was bisher nur im Pannonikum (Jahresniederschlag unter 500 mm) bekannt war, dringt vom Südosten Österreichs immer weiter ins Landesinnere vor.

Die Niederschlagskarte von SCHAUMBERGER (2018) zu den durchschnittlichen Niederschlägen 2006–2017 (siehe Grafik 14) zeigt, wie unterschiedlich die Niederschläge in Österreich ausgefallen sind. Österreich zeigt demnach einen **Trockengürtel** im Norden, Osten und Süden. Das Mühl- und Waldviertel sowie das Weinviertel, Marchfeld, Burgenland, die Südoststeiermark, Südkärnten sowie Osttirol weisen kaum 800 mm Jahresniederschlag auf, viel eher liegen sie zwischen 500 und 700 mm. In diesen Regionen sind die Sommermonate Juni, Juli und August mit sehr heißen Temperaturen (auch über 35 °C) und geringen Niederschlägen absolut **limitierend für einen Grünlandbewuchs**. Dürre insbesondere auf den seichtgründigen Südhängen führt zum „Ausbrennen" der Flächen und zu Ertragsausfällen. Die Österreichische Hagelversicherung hat vor zwei Jahren eine Dürreindex-Versicherung im Grünland mit Erfolg eingeführt.

Auf insgesamt 54 Versuchsparzellen im Grünland werden seit 2014 an der HBLFA Raumberg-Gumpenstein weltweit einzigartige Freilandexperimente mit den Klimafaktoren „Temperatur, CO_2 und Niederschläge/Trockenstress" in unterschiedlichen Variationen durchgeführt.
Mit namhaften Partnern werden neue Erkenntnisse im System Boden–Pflanze–Atmosphäre hinsichtlich Klimafolgenforschung auch für die praktische Grünlandwirtschaft erwartet (PÖTSCH, 2017).

Ziel mit der Grünlandbewirtschaftung muss es sein, auch auf den „trockenen" Standorten Österreichs, wo es umweltökologisch nicht sinnvoll ist umzubrechen, die Wiesen und Weiden zu erhalten. Die Herausforderungen dabei werden die Dürreperioden in den Sommermonaten (Som-

Freilandexperimente zur Klimafolgenforschung am Grünland an der HBLFA Raumberg-Gumpenstein

merloch) sein. Hier muss es gelingen, diese Wiesen- und Weidebestände **nach und nach auf trockenresistente Pflanzenarten und Sorten umzubauen**, damit diese die Dürreperioden überleben und im Spätsommer/Herbst wieder ergrünen und Ertrag bringen. Die ÖAG-Nachsaatmischungen „Natro und Nawei" sind für trockene Standorte ideal und sollten nach Trockenschäden eingesetzt werden.

In den bisher kühleren Berglagen wird es künftig wärmer und wüchsiger, für das Grünland nicht unbedingt ein Nachteil, wenn da nicht eine zu warme und trockene Frühjahrswitterung zu einer geringeren Bestockung der Gräser führen wird, ebenso zu einer früheren Vegetation generell. Die Bestockung im Grünland braucht möglichst lange kühle und nasse Perioden im Frühjahr, dann entstehen untergrasstarke, bodengrasstarke erste Aufwüchse. Diese intensive Bestockungsphase der Gräser gibt es nur im Frühjahr. Ein Striegel mit Nachsaat/Übersaat vor der Bestockung würde diese stimulieren.

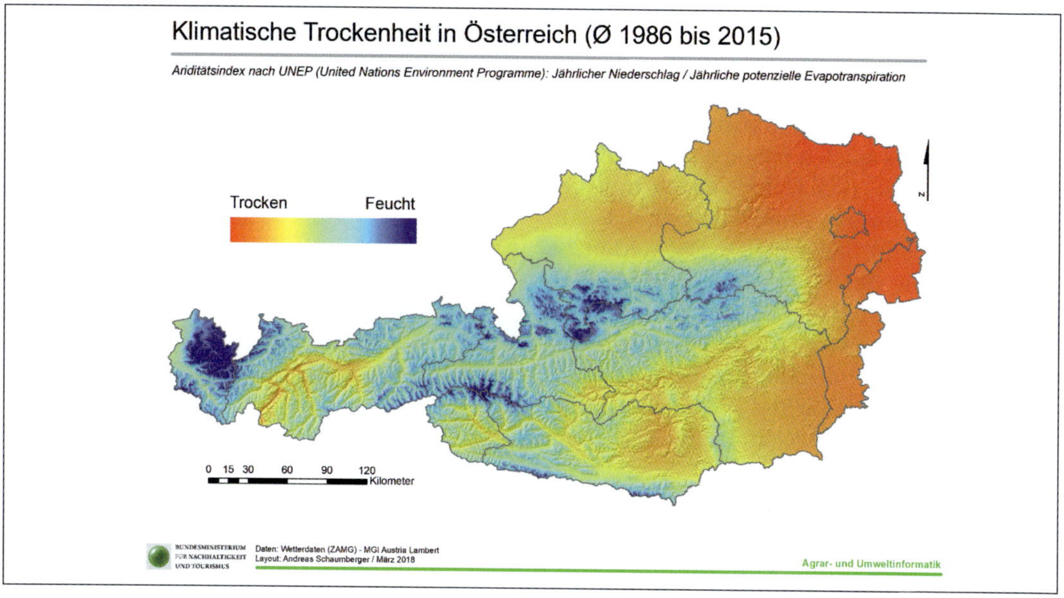

Grafik 14: ***Durchschnittliche Niederschlagssumme von 2006–2017*** *(SCHAUMBERGER, 2018)*

In den Grünlandgebieten macht uns auch die lange Vegetationsperiode bis hinein in den Dezember, ohne dass es zu Bodenfrost kommt, Sorgen. Wir wollen doch mit den Pflanzenbeständen nicht zu hoch in den Winter gehen, da hier insbesondere beim Raygras die Schneeschimmelgefahr ansteigt. Die ideale „Nachweide" kann wegen der vielfachen Streulage der Flächen nicht überall stattfinden.

Da ein **früheres Frühjahr** und ein **späterer Herbst** die Vegetationszeit um ca. 14 Tage durchschnittlich deutlich verlängert, steigt bei Beibehaltung der Nutzungsfrequenzen die Schnittanzahl insbesondere in den Gunst- und Übergangslagen auf über vier bis zu sechs Nutzungen. Diese Nutzungshäufigkeit halten aber unsere **Obergräser** (Knaulgras, Goldhafer, Wiesenschwingel etc.) wegen **Schnittempfindlichkeit** nicht aus. Das Englische Raygras hält wohl dieser Schnitthäufigkeit stand, doch bei Schneelage kann der Schneeschimmel zuschlagen. Der Ausweg könnten „Moderne Grünlandbestände" sein.

Erschwerend kommt hinzu, dass rund 70 % der Grünlandflächen in Österreich südexponiert sind, da unsere Vorfahren eher warme Südlagen gerodet haben, um Haus, Hof und Heuflächen in warmer Lage zu haben.

Die durchschnittliche Tagestemperatur nimmt mit zunehmender Höhenlage ab. Dadurch verkürzt sich die **Wachstumszeit** von rund 200 Tagen im Flach und Hügelland auf praktisch 60 Tage in den Almregionen der Hochalpengebiete.

6.2 Bodenverhältnisse

Bodentyp, Bodenart, Struktur und Gründigkeit des Bodens spielen neben den Bodenwasserverhältnissen, dem Gehalt an verfügbaren Nährstoffen sowie weiteren physikalischen, chemischen und biologischen Eigenschaften für den Erfolg der Grünlandwirtschaft eine große Rolle. Diese Bodenverhältnisse werden vom **Ausgangsgestein** wesentlich mitbestimmt. Die Österreichkarte (siehe Grafik 15) zeigt die unterschiedlichen geologischen Formationen. Diese große Vielfalt innerhalb kurzer Distanzen ist auch zum Teil für die Vielfalt in der Pflanzenwelt verantwortlich.

Seichtgründige und steinige Standorte sind in den Berglagen unter Grünland häufiger anzutreffen als tiefgründige und ackerfähige Böden. Bodenansprache im Bodenprofil mit Dr. BOHNER.

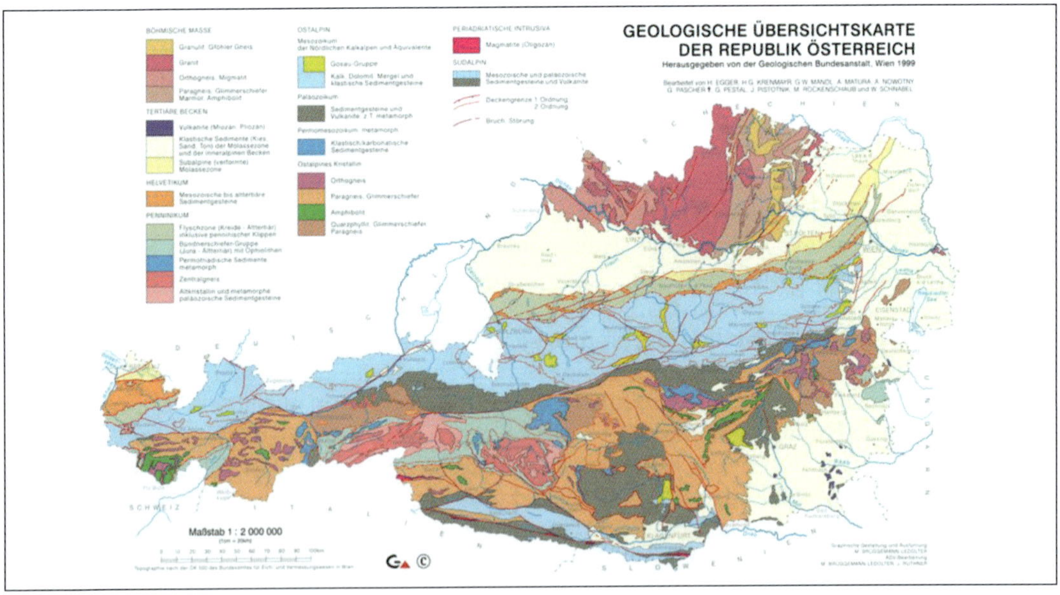

Grafik 15: ***Geologische Übersichtskarte Österreich*** *(GEOLOGISCHE BUNDESANSTALT WIEN, 1999)*

Feldfutterbau verlangt einen gut ackerfähigen Boden. Dauergrünlandböden können etwas bindiger, feuchter, seichtgründiger sowie steiniger sein und sich auch in Hanglagen befinden.

Leichte, seichtgründige, sonnseitige Böden sind besonders trockenheitsempfindlich. Weiden und Wiesen verdorren besonders leicht, weil sich die Hauptwurzelmasse nur in einer Bodentiefe bis zu 5–10 cm befindet. Feldfutter, insbesondere Luzerne, durchwurzelt die gesamte Ackerkrume und ist daher weniger dürreempfindlich. Luzerne und Grünlandkräuter mit Pfahlwurzeln, z. B. Ampfer, Bärenklau, Kuhblume, dringen tief in nicht vernässte und nicht verdichtete Böden ein.

Der Humusgehalt im Dauergrünland liegt in der Regel zwischen 5 und 10 %, in Ackerböden zwischen 1 und 3 %.

Der **pH-Wert** sollte je nach Sorptionskraft (Schwere des Bodens) **im Dauergrünland und bei Kleegrasmischungen zwischen 5,0 und 6,5** liegen. Fällt der pH-Wert unter 5,0 ab, so sollte eine Kalkung erfolgen. Eine Kalkzufuhr bei pH-Werten über 7,0 legt manche Spurenelemente fest und sollte daher unterbleiben. Die Luzerne braucht Böden mit einem pH-Wert von 6,5–7,0. Anmoorige Böden sind hingegen nicht aufzukalken.

Der Gehalt der Grünlandböden an Kalium und Phosphor sollte zwischen 88 und 170 bzw. zwischen 47 und 68 mg je 1 kg Feinboden betragen, damit keine Mangelsituation bei der Versorgung des Grünlandes auftritt (BMLFUW, 2017b). Die Kleearten reagieren empfindlich auf eine Unterversorgung mit Kali und Phosphor. Durch die ordnungsgemäße Rückführung der Wirtschaftsdünger (Stallmist, Jauche, Gülle und Kompost) wird der Nährstoffkreislauf meist geschlossen, sodass eine mineralische Ergänzungsdüngung im Grünland erst bei Absinken unter 87 mg K und 47 P je 1 kg Feinboden erfolgen sollte.

7. PFLANZENBESTÄNDE UND PFLANZENARTEN AUF WIESEN UND WEIDEN

Die Grünlandbestände bestehen aus vielen Pflanzenarten und je nach Standort auch aus vielen Pflanzengesellschaften. Wie viele Pflanzenarten im Pflanzenbestand vorhanden sind und wie hoch der Anteil der einzelnen Arten ist, wird einerseits von den natürlichen Standortfaktoren beeinflusst, andererseits wird die vorhandene Pflanzengesellschaft aber auch besonders stark durch die Bewirtschaftungsform geprägt (BOHNER und SOBOTNIK, 2001).

Im Rahmen des MAB-Forschungsprojektes der HBLFA Raumberg-Gumpenstein wurden in Österreich acht Testgebiete im Alpenraum ausgewählt und auf Artenzahlen in den einzelnen Nutzungsformen untersucht (vergleiche Tabelle 4). In den extensiven Wiesen konnten pro 100 m² rund 45 Arten angetroffen werden (PÖTSCH et al., 2000). **Je häufiger die Nutzung, desto geringer die Artenzahl.** Sie fällt bei der Vielschnittnutzung (4 Mal) auf durchschnittlich 27 Arten ab; ebenso viele konnten auch in der Wechselwiese und im Feldfutter angetroffen werden. Im Feldfutter sind natürlich auch Ackerkräuter vertreten. Mäh- und Kulturweiden enthalten rund 40 Arten, wobei auch hier Ausnahmeflächen angetroffen wurden, die über 70 Arten aufwiesen. Die Hutweiden sind mit bis zu über 100 Arten pro 100 m² wohl am artenreichsten (siehe Tabelle 4). Bewirtschaftete Almweiden und Bergmähder zeichnen sich ebenfalls durch eine große Artenvielfalt aus. Streuwiesen können je nach Wasserhaushalt sowohl mit geringem Arteninventar (feuchte bzw. nasse Standorte) als auch mit Artenreichtum aufwarten. Wird die Nutzung aufgelassen (Brache), so nimmt die Artenvielfalt langfristig ab.

Tabelle 4: **Artenzahlen bei unterschiedlichen Nutzungsformen im österreichischen Grünland aus acht Untersuchungsgebieten im Berggebiet (MAB, 2000)**

Nutzungsformen im Grünland	Anzahl der Aufnahmen	Ø Artenzahl pro 100 m²	Standardabweichung	Minimum	Maximum
Einschnittwiese	366	45	± 17	8	91
Zweischnittwiese	864	40	± 12	7	88
Dreischnittwiese	508	35	± 11	13	81
Vielschnittwiese	20	27	± 5	18	39
Wechselwiese	12	28	± 8	20	38
Feldfutter (Kleegräser)	53	34	± 9	23	63
Mähweide	209	39	± 10	18	71
Kulturweide	178	41	± 12	24	86
Hutweide	197	48	± 19	4	115
Almweide	42	35	± 24	21	115
Nicht genutztes Grünland	56	29	± 14	7	55
Streuwiesen	153	40	± 15	4	62

7.1 Ansprüche und Eigenschaften der Pflanzen

Ein Grünlandbauer soll die Pflanzenbestände seiner Futterflächen richtig beurteilen und einschätzen können. Das heißt, er soll die wichtigsten Pflanzen auch ohne Blüten erkennen können, da die meisten Pflanzen nur einmal im Jahr blühen. Von Ausnahmen abgesehen blühen sie meistens im ersten Aufwuchs. Eine bewährte Hilfe zur Bestimmung der Grünlandpflanzen während der ganzen Vegetationszeit ist der Bestimmungsschlüssel nach DEUTSCH (1997).

Einschürige Wiesen liefern zwar geringe Erträge und Qualitäten, sind aber durch das Artenspektrum äußerst interessant.

Feuchtwiesen zeichnen sich durch ein üppiges Wachstum und besonders attraktive Pflanzengesellschaften aus. Die Futterqualität ist aber insbesondere bei später Nutzung nur mäßig.

Es ist jedem guten Naturbeobachter oder auch Allergiker sicher schon aufgefallen, dass die meisten Pflanzen derselben Art auf einem Standort fast immer zum selben Zeitpunkt blühen. Die meisten Pflanzenarten haben daher einen ganz bestimmten Blühtermin. Eine Pflanzengesellschaft im Grünland besteht jedoch aus verschiedenen Pflanzenarten, die in der Regel in verschiedenen Zeiträumen blühen. Daraus ergibt sich eine jährlich wiederkehrende, ganz bestimmte Blühreihenfolge, die oft den Eindruck erweckt, dass der Pflanzenbestand nur aus den jeweils blühenden Pflanzenarten besteht.

Die ein- bis zweimal genutzten Bergwiesen sind reichhaltig an Arten. Sie verlangen je nach Höhen- und Hanglage eine differenzierte Bewirtschaftung.

Die **Blühreihenfolge** beginnt beispielsweise mit den zarten, weißen bis bläulichen Blütensträußen des Wiesenschaumkrautes im zeitigen Frühjahr. Manche Wiese scheint dabei mit einem hellen Schleier überzogen. Ein wenig später kann auf derselben Wiese die als „Löwenzahn" benannte Kuhblume mit ihren intensiv gelben Blütenköpfen das Bild beherrschen. Häufig wird die Kuhblume vom ebenfalls gelb blühenden Hahnenfuß abgelöst. Das weiße Blütenmeer der Doldenblütler prägt so manche nährstoffreiche Wiese. Die weißen Doldenblüten von Geißfuß, Wiesenkerbel, Wiesenkümmel etc. prägen oft den ersten und der Bärenklau den zweiten Aufwuchs. Dann folgen am selben Standort meistens die gelb blühenden Arten Wiesenbocksbart und Wiesenpippau. Das Echte und das Gefleckte Johanniskraut öffnen ihre ebenfalls gelb gefärbten Blüten auch in günstigen Lagen erst Ende Juni, also um den Johannistag herum. Allen, wenigstens namentlich, bekannt ist die im Herbst blassviolett blühende, giftige Herbstzeitlose.

Großteils leben die einzelnen Pflanzenarten am Grünland im vegetativen, d. h. im blüten- oder fruchtlosen Zustand. Viele Grünlandpflanzen „vegetieren" im wahrsten Sinne des Wortes in diesen Zeiträumen dahin, insbesondere aber während der winterlichen Ruhepause. Im **vegetativen** Zustand ist der Blattanteil hoch. Wird die Pflanze **generativ**, dann verstärkt sich der Stängel, er wird länger und ragt seine Rispe, Dolde, Korbblüte etc. zur Blüte und Samenreife gegen den Himmel.

Die Artenanzahl nimmt im Grünland tendenziell, bedingt durch die Anpassung der Nutzungsformen, mit der Höhenlage zu (vergleiche Grafik 16). Extensivere Nutzungsformen (Hutweiden, ein- oder zweimähdige Wiesen etc.) kommen in Höhenlagen häufiger vor als Trockenrasen in den Niederungen. Auf rund 500 Höhenmeter können etwa zehn zusätzliche Arten auf den Wiesen und Weiden erwartet werden.

Die Fettwiesen in den Tal- und Gunstlagen zeigen meist gräserreiche Bestände und sind auch ohne mineralische Stickstoffdüngung sehr ertragsfähig.

Auf guten und nährstoffreichen Standorten kann das Wirtschaftsgrünland auch entarten, wobei häufig die Kräuter in zu dominanter Weise in Erscheinung treten, auf dieser Wiese der Geißfuß.

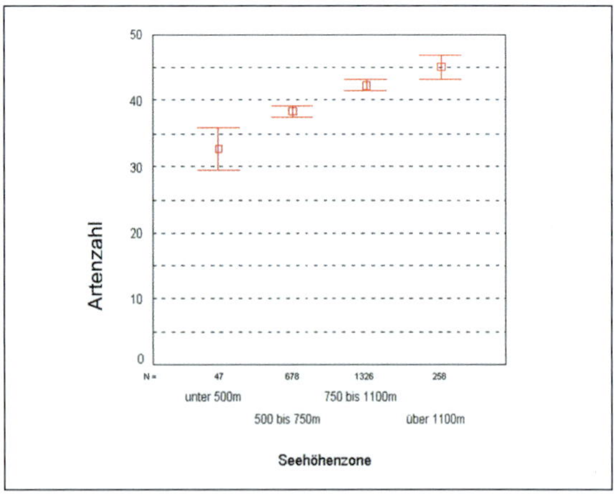

Grafik 16: ***Artenanzahl nach Höhenstufen des Berggrünlandes in Österreich*** *(MAB, 2000)*

7.2 Pflanzenarten – Bausteine der Pflanzenbestände

Die Pflanzengesellschaften der einzelnen Futterflächen setzen sich je nach Standort und Bewirtschaftungsweise meist aus nur wenigen, manchmal aber auch aus über 50 Pflanzenarten zusammen. In den vielen Pflanzengesellschaften im österreichischen Grünland (Wiesen, Weiden, Almen) können rund 3.000 Gefäßpflanzen gefunden werden.

Eine laufende Beobachtung der Pflanzenbestände lässt eine bessere Beurteilung zu. Aus diesem Wissen heraus sind gezielt notwendige Bewirtschaftungsmaßnahmen abzuleiten, die starke Dynamik in den Pflanzenbeständen wird dann sichtbar.

Ein guter Grünlandwirt soll zumindest die wichtigsten Pflanzenarten auch im blütenlosen Zustand erkennen. Dies ist eine wichtige Voraussetzung für die Beurteilung der Pflanzenbestände und für eine richtige Bestandesführung bzw. für das Ergreifen erforderlicher Verbesserungsmaßnahmen.

7.3 Artengruppen in den Futterpflanzenbeständen

Die auf den Futterflächen vorkommenden Pflanzenarten werden zu **drei Artengruppen** zusammengefasst:

- **Gräser** (Süßgräser und Sauergräser)
- **Leguminosen** (Klee und kleeartige Pflanzen)
- **Kräuter**.

Diese werden in Gewichtsprozente geschätzt – sie ergeben in Summe 100 % (siehe Kapitel K). Bei deren Beurteilung erhält man bereits wertvolle Hinweise über den Zustand eines Pflanzenbestandes. Es ist natürlich, dass sich das Aussehen einer bestimmten Pflanzengesellschaft während der Vegetationszeit durch Klimaeinflüsse sowie Bewirtschaftung (Pflege, Nutzungshäufigkeit, Nährstoffversorgung etc.) ändert.

Als ideal werden aus Sicht der Fütterung und Konservierung Wirtschaftsgrünlandbestände angesehen, die in Dauerwiesen einen Grasanteil von mindestens 50–60 % aufweisen, auf Kulturweiden kann sich der Grasanteil auf 80 % erhöhen. Der restliche Anteil sollte etwa je zur Hälfte aus Leguminosen und Kräutern bestehen.

Im Gegensatz dazu werden bei Feldfutter- und Wechselwiesenbeständen je nach Nutzungsrichtung die Artengruppen, Gräser- und Kleeanteile in den Saatgutmischungen variiert. So kann ein gutes Kleegras für die Grünverfütterung durchaus 50 % Kleeanteil besitzen, für die Silierung wie auch für eine mögliche Heubereitung wird es günstig sein, wenn der Gräseranteil bei 80 % und der Kleeanteil nur bei 20 % liegt.

Im Pflanzenbestand sollten jedoch **keine oder möglichst wenig echte „Unkräuter"** enthalten sein. Es sind dies vor allem giftige, schädliche, minderwertige oder auf wertvollen Futterpflanzen schmarotzende Pflanzenarten. Auch zur Dominanz neigende Kräuter wie Ampfer, Geißfuß, Hahnenfuß etc. sind unerwünscht. Beikräuter oder sogenannte Futterkräuter sind in diesem Ausmaß von 20–30 Flächenprozent erwünscht.

Die Pflanzenbestände des Grünlandes setzen sich aus den Artengruppen „Gräser", „Kräuter" und „Leguminosen" zusammen.

Tabelle 5: **Zusammensetzung eines idealen, leistungsfähigen Dauergrünlandbestandes**

50–60 Gew.-%	**GRÄSER**
20–30 Gew.-%	Untergräser (Wiesenrispe, Engl. Raygras, Rotschwingel, Straußgras etc.)
30–40 Gew.-%	Obergräser (Knaulgras, Goldhafer, Wiesenschwingel, Wiesenfuchsschwanz etc.)
Aber wenig „Problemgräser" wie Gemeine Rispe, Weiche Trespe, Rasenschmiele und nicht zu viel Goldhafer (Kalzinosegefahr)	
10–30 Gew.-%	**LEGUMINOSEN** Weißklee, Wiesenrotklee, Hornklee, Wicken, Wiesenblatterbse etc.
10–30 Gew.-%	**KRÄUTER**
Aber keine Problemkräuter wie Stumpfblättriger Ampfer, Geißfuß, Herbstzeitlose, Weißer Germer, Kreuzkrautarten, Rossminze etc.	

❑ Eigenschaften der Artengruppen

Jede Pflanzenart hat spezifische Eigenschaften im Pflanzenbestand, trägt unterschiedlich zum Ertrag und zur Futterqualität bei und verhält sich auch in der Futterkonservierung sehr differenziert (siehe Tabelle 6).

Tabelle 6: ***Spezifische Eigenschaften der Artengruppen im Pflanzenbestand und Grundfutter***

▪ Kräuter
+ Mineralstoffgehalt
+ Anpassungsfähigkeit
- Ertragsfähigkeit
- Konservierbarkeit
- Narbendichte

▪ Gräser
+ Ertragsfähigkeit
+ Ertragssicherheit
+ Fruchtfolgestabilität
+ Narbendichte
+ Konservierbarkeit
+ Strukturwirksamkeit
- Mineralstoffgehalt

▪ Leguminosen
+ N-Bindung über Knöllchenbakterien
+ Rohproteingehalt
- Fruchtfolgelabilität
- Ausdauer
- Konservierbarkeit

+ positiv
- negativ

❑ Gräser

Die Gräser sind **fruchtfolgestabil**, **ertragssicher** und weisen eine **hohe Ertragsfähigkeit** auf, insbesondere die Obergräser, sofern sie ausreichend mit Nährstoffen versorgt werden. Die Dichte der Grasnarbe geht großteils von den Gräsern, insbesondere den Untergräsern, aus. Die Gräser bröckeln bei der Heuernte wenig ab und liefern über die **zuckerreiche Blattmasse** die Energie für die Milchsäuregärung bei der Silagebereitung. In der Futterqualität liefern die Gräser beim Nutzungszeitpunkt „Ähren-/Rispenschieben" gute bis sehr gute Inhaltsstoffe und Gerüstsubstanzen. Schwächen zeigen die Gräser bei den Mengen- und Spurenelementen, insbesondere wenn der Blattanteil bei späterer Ernte abnimmt. Die Gräser **wurzeln** eher nur **in den obersten 10–15 cm** und sind so auch bei Trockenheit unmittelbar betroffen. Die Gemeine Rispe (muffiges Futter), Weiche Trespe, Wolliges Honiggras, Rasenschmiele und der Bürstling auf der Alm sowie alle Sauergräser zählen aus Sicht der Fütterung und Weidehaltung zu den minderwertigen und unerwünschten Arten.

❑ Kräuter

Die Kräuter sind äußerst vielfältig aufgestellt und sind generell in den **Mineralstoffgehalten** und in den **speziellen Inhaltsstoffen** im Futter bei vergleichbarer Nutzung zu den Gräsern etwas höher einzustufen. In der Ertragsfähigkeit sind die Kräuter eher schwach und sie verhindern mit ihrem Blätterdach oftmals eine dichte Grasnarbe. Die blattreichen Kräuter sind bei der Heuzubereitung anfällig auf Bröckelverluste und die dicken Stängel behalten, auch wenn die Blätter schon trocken sind, noch eine hohe Feuchtigkeit (> 15 % in der Trockenmasse), die sich dann in der Einlagerung als hitzige Fermentation entpuppt.
Kräuter **wurzeln eher tief bis sehr tief** und zeigen so auch bei Trockenheit und Dürre ein deutlich besseres Durchhaltevermögen. Die Wurzelkörper der Kräuter, insbesondere der Oberkräuter, lagern Reservestoffe in Form von Kohlenhydraten ein, wo sie sich gerade im kühleren Frühjahr durch die Mobilisierung dieser Reservestoffe einen Wachstumsvorsprung gegenüber den Gräserarten von bis zu zehn Tagen holen und somit dominant im Platzverhalten auftreten. Viele Kräuter sind auch extrem stark in der generativen Phase, d. h., sie produzieren viele Samen, die im Boden über Jahre ihre Keimfähigkeit behalten.

❑ Leguminosen

Die Kleearten und andere Leguminosen im Dauergrünland (Rotklee, Weißklee, Hornklee, Vogel- und Zaunwickel, Wiesenblatterbse, Steinklee etc.) können über die Knöllchenbakterien an den Wurzeln **Luftstickstoff im Bakterieneiweiß binden**. Nach Absterben der Knöllchenbakterien wird das Bakterieneiweiß wieder zu Stickstoff mineralisiert und von den Wurzeln in die Pflanze aufgenommen.

1 % Leguminosen im Pflanzenbestand kann so pro ha je nach Vegetationsdauer rund 2–4 kg Stickstoff binden.

Eine Dauerwiese mit 20 Flächenprozent Kleeanteil bekommt so rund 60 kg N/ha aus der Luft in den Kreislauf, Feldfuttermischungen mit Schwerpunkt Rotklee oder Luzerne können so bis zu 200–300 kg N pro ha binden. Durch diese höhere Stickstoffverfügbarkeit an der Kleewurzel kann die Kleepflanze auch **höhere Proteingehalte in der Pflanze** aufbauen.

10 % Leguminosen im Futter (Silage/Heu) bedeuten **zusätzlich 5 g Rohprotein/kg TM** im Vergleich zu einem Gräser-/Kräuterbestand bei gleicher Düngung und gleichem Schnittzeitpunkt.

Eine Dauerwiese mit guter N-Versorgung liefert beim Ähren-/Rispenschieben rund 150 g Rohprotein/kg TM. Bei einem Kleeanteil von 20 % im Futter kommen zu den 150 g von den Gräsern und Kräutern noch 10 g Rohprotein zusätzlich von den Leguminosen, sodass im Futter dann 160 g Rohprotein/kg TM enthalten sind.

Kleearten in der **Dauerwiese** sind **nicht permanent ausdauernd**, da bei starkem Kleeanteil die Fadenwürmer im Boden den Kleeanteil reduzieren. Der Kleeanteil erholt sich wieder nach zwei bis drei Jahren, dies nennt der Grünlandbauer „Kleemüdigkeit".

Der Rotklee hält in der Dauerwiese zwei bis max. drei Schnitte pro Jahr aus, wird er zu häufig genutzt, so fällt er aus. Im Feldfutter hält der Rotklee bei drei bis fünf Nutzungen zwei bis drei Jahre durch, dann bricht er im Pflanzenbestand ähnlich zusammen wie eine übernutzte Luzerne. Der Weißklee hingegen kommt bei drei Schnitten und wird bei noch häufiger Nutzung dominierender.
In der Konservierung weisen die Kleearten bei der Heubereitung meist extreme Bröckelverluste auf, stehen oft am Feld 20 % Kleearten, so findet man im Heu/Grummet nur wenige Anteile, in der Grassilage gibt es diese Verluste nicht. Bei der Silagezubereitung allerdings übt ein hoher Proteingehalt in der Vergärung eine gewisse Pufferwirkung gegenüber der Ansäuerung durch Milchsäure aus. Klee- oder luzernereiche Futterpartien bekommen daher manches Mal „Zucker" als Silierzusatz. Besser ist es, die Luzerne oder den Rotklee mit dementsprechenden Gräsern gemeinsam in der Mischung anzusäen, dann kommt der nötige Zucker von den blattreichen Gräsern.

7.4 Häufig vorkommende Gräser

Die Gräser sollen im Pflanzenbestand ein ausreichendes Gerüst bilden; je nach Höhenstufe sollten 50–60 % Gräser im Bestand vorkommen. In Hochlagen kann der Gräseranteil naturbedingt bis auf 30 % abfallen. Die Gräser sind zuständig für den dichten Narbenschluss (vor allem die Untergräser) sowie für die Ertragsbildung und für die Erzielung einer guten Futterqualität. Bei zunehmendem Vegetationsstadium (vor allem der Obergräser) nehmen die Gerüstsubstanzen rasch zu und die Verdaulichkeit der organischen Masse ab. Gräserreiche Bestände müssen daher für das Milchvieh unbedingt rechtzeitig beim Ähren-/Rispenschieben (Grassilage/Gärheu) bzw. beim Ähren-/Rispenschieben bis zur Blüte (Heu) geerntet werden.

Die wichtigsten Gräser

❑ Knaulgras *(Dactylis glomerata)*

Dieses Obergras ist für trockene und frische Wiesen, Weiden und für Kleegrasmischungen in allen Lagen bestens geeignet; für Weiden sollten besonders blattreiche und „weiche" Sorten (z. B. Gumpensteiner Sorte Tandem) verwendet werden. Das Knaulgras bildet Horste und ist besonders unter intensiveren Verhältnissen (Düngung und Nutzung) ertragreich, konkurrenzstark und kann die Trockenheit am besten überstehen. In den Grünlandlagen unter 600 m Seehöhe stellt das Knaulgras das „Leitgras" dar.

Das Knaulgras, hier im Rispenschieben, zählt zu den ertragsstärksten Obergräsern unserer Wirtschaftswiesen. Es ist ein wichtiges Leitgras.

❑ Glatthafer, Franz. Raygras, Fromental *(Arrhenatherum elatius)*

Dieses hochwüchsige, horstbildende Obergras ist ein wichtiger Bestandteil in den Fettwiesen der milden und mittleren Lagen mit trockener Ausprägung. Für Weiden und Wiesen mit mehr als drei Nutzungen hat der Glatthafer wegen seiner Nutzungsempfindlichkeit kaum eine Bedeutung. Die Ertragfähigkeit ist bei gewöhnlicher Nutzung hoch und das schossfreudige Gras geht besonders beim ersten Schnitt früh in den Stängel und in die Rispe.

❑ Wiesenschwingel *(Festuca pratensis)*

Vielseitig verwendbares, trittfestes und horstbildendes Obergras mit guter Ertragfähigkeit in Weiden, Wiesen und im Kleegrasbau aller Klimalagen. Die Konkurrenzkraft und auch fallweise die Vitalität sind beim Wiesenschwingel auf den Fettwiesenstandorten nicht ganz entsprechend. Der Wiesenschwingel fühlt sich auf schweren Böden und feuchteren Lagen wohl. Er sollte allerdings auch bei Dauer und Wechselwiesen auf Fettwiesenstandorten in der Neuansaat mit guten Sorten mitberücksichtigt werden. Auch auf leichteren Böden kommt er besonders in feuchten Jahren relativ gut zur Geltung.

❑ Timothe oder Wiesenlieschgras *(Phleum pratense)*

Dieses spätblühende (meist erst im zweiten und dritten Aufwuchs) und horstbildende Mittelgras kann in allen Lagen auf den Wiesen, Weiden und in Kleegrasmischungen vorkommen. Wegen der guten Winterhärte und Trockenheitsresistenz ist das Wiesenlieschgras auch für höhere und trockene Lagen besonders geeignet. Die Nachteile bei den meisten Wiesenlieschgrassorten liegen in der geringen Konkurrenzkraft sowie im langsamen Wiederaustrieb im Sommer. Die frühschossende Sorte Tiller kann diesen Nachteil wettmachen, sie ist konkurrenzstark und behauptet sich im Dauerwiesenbestand, aber auch im Feldfutter. Beachtenswert ist auch die starke Empfindlichkeit gegen eine tiefe Saatgutablage.

❑ Wiesenfuchsschwanz *(Alopecurus pratensis)*

Besonders frühreifes und hochwüchsiges, wenig trittfestes Obergras mit lockeren Horsten in feuchten und nährstoffreichen Wiesen. In den Feuchtwiesen tritt der Wiesenfuchsschwanz ebenfalls unregelmäßig auf. Als Hauptbestandesbildner muss er rechtzeitig genutzt werden, damit neben der guten Ertragfähigkeit auch eine gute Futterqualität erzielt wird. Spätreifende Sorten, insbesondere die Gumpensteiner Sorte Gufi, passen beim ersten Aufwuchs schon etwas besser zum übrigen Sortiment und bleibt auch im Blatt gesünder.

Der Wiesenfuchsschwanz, hier in der Blüte, ist das frühreifste Obergras der feuchten Wiesen.

❑ Goldhafer *(Trisetum flavescens)*

Der Goldhafer ist ein horstbildendes Mittelgras für das kühlere bis raue und niederschlagsreiche Klima des Alpenraumes. Es stellt in Lagen über 600 m Seehöhe das Leitgras dar. In den Fettwiesen und Weiden ist der Anteil an Goldhafer vornehmlich auf leichteren Böden oftmals besonders hoch. Dieses an sich wertvolle Gras zeigt in einigen Regionen Österreichs bei hohen Bestandesanteilen, insbesondere bei Nutzung vor dem Rispenschieben, eine kalzinogene Wirkung. Goldhaferreiche Bestände sollten vorwiegend zur Winterfuttergewinnung und die goldhaferärmeren Bestände zur Grünfuttergewinnung sowie zum Weidetrieb herangezogen werden. In den Gumpensteiner Sorten

Gunther und Gusto ist der kalzinogene Faktor nur zu 50 % enthalten. Damit kann künftig der Kalzinose wirksam begegnet werden (WURM und STEINWIDDER, 1998).

Goldhafer in hohen Anteilen in dreischnittigen Bergwiesen

❑ Wiesenrispe *(Poa pratensis)*

Wichtigstes Untergras unter mitteleuropäischen und kontinental beeinflussten Klimaverhältnissen. Unter nährstoffreicheren Bedingungen ist sie oft das vorherrschende Gras in den Dauerweiden und Dauerwiesen. Die Wiesenrispe verträgt – im Gegensatz zu den Raygräsern – die Winterkälte und Schneelagen gut, und sie trägt aufgrund ihrer unterirdischen Ausläufer wesentlich zur Rasen und Narbenbildung dauerhaft bei. Bei entsprechender Stickstoffzufuhr und rechtzeitiger Nutzung (insbesondere Weidenutzung) ist die Wiesenrispe zu hohen Leistungen bei guter Qualität fähig. Die Wiesenripe braucht etwa zwei Vegetationsperioden, bis sie in der Grasnarbe voll angekommen ist, das Eng. Raygras kann schon im ersten Jahr wesentliche Ertrags- und Grasnarbenfunktionen übernehmen. Bei ständig zu später Mahd geht die Wiesenrispe, und mit ihr eine gute Narbenbildung, verloren. Zurzeit wird gerade an einer trockenresistenten Sorte in Gumpenstein gezüchtet. In den Nachsaatmischungen sind die wertvollsten Wiesenrispensorten vertreten.

❑ Rotschwingel *(Festuca rubra)*

Der ausläufertreibende Rotschwingel stellt ein Untergras für trockene bis feuchte Wiesen und Weiden mit geringer Nährstoffversorgung dar. Für höhere Lagen und extensiv bewirtschaftete Grünlandflächen mit nährstoffärmeren Böden ist er ähnlich bedeutungsvoll wie die Wiesenrispe für die in tieferen Lagen intensiver bewirtschafteten Flächen mit nährstoffreichen Böden. Die Ertragfähigkeit ist in solchen Lagen relativ gut, die Futterqualität aber nur mittelmäßig. In trockenen Lagen übernimmt der Rotschwingel eine wichtige Funktion in der Grasnarbe.

❑ Rotstraußgras *(Agrostis capillaris)*

Verbreitetes Untergras auf nährstoffärmeren Silikatverwitterungsböden und sauren Standorten, besonders in Berglagen. Das Rotstraußgras bildet niedrige Horste bzw. kurze Ausläufer. Die Sorte Gudrun stammt aus dem Gumpensteiner Zuchtgarten. Die Ertragfähigkeit ist in diesen Lagen gut und die Futterqualität ähnlich wie beim Rotschwingel.

❑ Kammgras *(Cynosurus cristatus)*

In extensiveren Wiesen und Weiden bildet das Kammgras blattarme Horste aus. Dieses Untergras zeigt eine mäßige Ertragfähigkeit und Futterqualität. In höheren Lagen ist es besonders in den Dauerweiden durchaus empfehlenswert.

❑ Deutsches Weidelgras oder Englisches Raygras *(Lolium perenne)*

Wichtiges Weidegras und Bestandteil der Dauerwiesen in milden bis mittleren Lagen. In den milderen Lagen Österreichs können bestimmte Sorten des Engl. Raygrases bis zu vier Jahre überdauern, während in den kühleren und höheren Lagen je nach Strenge des Winters und der Schneelage die Gumpensteiner Sorte Guru und die Sorte Nivana ca. zehn Jahre durchhalten. Durch die rasche Narbenbildung verhindert ein Anteil von 10 % Engl. Raygras eine stärkere Basisverunkrautung bei Neuansaaten. Wegen der hohen Konkurrenzkraft des Engl. Raygrases werden für Dauerwiesen und Dauerweiden eher spätreife Sorten verwendet. In den Nachsaatmischungen Na und Ni sorgen die besten Sorten für eine rasche Schließung der Grasnarbe. Für die Kleegras und Wechselwiesenmischungen werden frühreifere Sorten des Engl. Raygrases wegen ihrer hohen Ertragfähigkeit und ihrer hervorragenden Futterqualität gerne verwendet. Der hohe Zuckergehalt im Engl. Raygras lässt eine gute Silagebereitung zu. Es kann außerdem auch Gülle- und Jauchegaben gut verwerten.

Das Englische Raygras (Deutsches Weidelgras) ist wohl das intensivste Gras für raygrasfähige Lagen mit guter Nährstoffversorgung.

❑ Bastardraygras *(Lolium hybridum)*

Ist ein Kreuzungsprodukt aus Englischem und Italienischem Raygras. In der Winterhärte ist das Bastardraygras dem Ital. Raygras deutlich überlegen und bei durchschnittlicher Witterung kann mit zwei Hauptnutzungsjahren gerechnet werden. Die momentanen Hauptsorten beim Bastardraygras sind spätreifer und blattreicher als die italienischen Raygrassorten. Das Bastardraygras ist im Feldfutterbau aufgrund seiner Ertragfähigkeit und seiner hervorragenden Futterqualität bestens zu verwenden. Als Mischungspartner ist das Bastardraygras mit Rotklee, Luzerne, Weißklee und den übrigen Grasarten infolge seiner angepassten Reifezeit gut kombinierbar. In den Dauerwiesen kann sich das Bastardraygras durch Nachsaat in ungewünschter Weise durchsetzen und den Altbestand verdrängen. Die ersten Nachsaatversuche wurden ab 1975 mit L100 oder Gumpensteiner Bastardraygras vorgenommen – heute stellen solche Wiesen eher ein Problem dar. In den Folgeaufwüchsen in Vielschnittwiesen bringt das Bastardraygras die nötigen Gerüstsubstanzen.

❑ Italienisches Raygras *(Lolium multiflorum)* Einjähriges Weidelgras oder Westerwoldisches Raygras *(Lolium multiflorum westerwoldicum)*

Die Winterfestigkeit ist für unsere Lagen in Österreich relativ gering, daher liegt das Anwendungsgebiet dieser beiden Arten im kurzfristigen Feldfutterbau und Zwischenfruchtbau. Das einjährige Weidelgras ist nur für Nutzungen im Ansaatjahr geeignet. Einmal überwintert das Italienische Raygras ganz gut, insbesondere als Jungpflanze. Die Ertragfähigkeit und die Futterqualität sind bei rechtzeitiger Nutzung sehr gut. In den Dauerwiesen sollte es ebenso wie das Bastardraygras nicht nachgesät werden.

Gräser mit minderer Futterqualität

❑ Gemeine Rispe *(Poa trivialis)*

Die Gemeine Rispe (hellgrüne Flächen) gilt als das gefürchtetste Ungras in den Wirtschaftswiesen mit intensiver Bewirtschaftung.

Dieses ausdauernde Untergras schließt mit den oberirdischen Ausläufern die Lücken der Grasnarbe. Vielfach verfilzt es die Narbe. Die Futterqualität ist wegen der Frühreife nur mittelmäßig und der Ertrag ist nur beim ersten Aufwuchs nennenswert. Außerdem führt die Gemeine Rispe zu einem muffigen Geruch im Futter. Auf den Vielschnittwiesen (mehr als drei/vier Schnitte) gehen meist die Obergräser zurück, die Lücken werden von der Gemeinen Rispe geschlossen. Damit sich nicht Bestände mit über 15 % Gemeiner Rispe einstellen, werden die meist intensiven Dauerwiesen von der Gemeinen Rispe saniert (siehe Kapitel F).

❑ Weiche Trespe *(Bromus hordeaceus)*

Ist in letzter Zeit auf Wiesen, die lückig sind oder einen schlecht geschlossenen Bestand aufweisen, stark im Kommen. Dieses frühreife Gras samt bald aus und verbreitet sich so in den Lücken. Die Futterqualität ist schlecht. Die Weiche Trespe ist einjährig und besitzt keine Winterhärte. Will man sie aus dem Bestand haben, so darf sie ein bis drei Jahre nicht aussamen, denn bis dahin hat sich der Samenvorrat im Boden erschöpft.

❑ Quecke *(Agropyron repens)*

Dieses ausdauernde Obergras mit unterirdischen Ausläufern kann sich in Beständen mit guter Nährstoffversorgung (insbesondere mit Stickstoff) infolge der hohen Konkurrenzkraft stark ausbreiten. Die Futterqualität ist eher schlecht, doch im jungen Zustand liefert es eine akzeptable Qualität. Bei Neuansaaten sollten alle Queckenrhizome entfernt werden – eine Fräsbearbeitung trägt wesentlich zur rascheren Vermehrung der Quecke bei. Sie nützt auch die Trockenheit, um mit ihren Rhizomen die Lücken zu füllen.

❑ Wolliges Honiggras *(Holcus lanatus)*

Auf nährstoffarmen und meist feuchten bis trockenen Wiesen. Es wird vom Vieh nahezu abgelehnt.

❑ Zittergras *(Briza media)*

Ist ein Magerkeitszeiger und kommt nur mehr selten auf Rainen, Schuttkegeln und Wegstreifen vor.

Der Rohrschwingel breitet sich in den Trockenlagen auf den eher extensiven Dauerwiesen und -weiden bedenklich aus.

❑ Rohrschwingel *(Festuca arundinacea)*

Die Wildform weist harte Blätter auf und zeigt nur eine geringe Futterqualität, Zuchtsorten können bei rechtzeitigem Schnitt bessere Qualitäten bringen. Hält extreme Trockenheit aus. Sollte aber in Dauerwiesen und -weiden keinesfalls nachgesät werden. **Rohrschwingel breitet sich in den Trockengebieten extrem aus,** die Futterqualität und vor allem die Pflanzenbestände leiden stark darunter.

❑ Ruchgras *(Anthoxanthum odoratum)*

Dieses sehr frühreife Gras schließt Lücken und zeigt uns magere Böden an. Intensiver Heugeruch (Kumarin) der Magerwiesen.

❑ Schafschwingel *(Festuca ovina)*

Hält große Trockenperioden durch und kommt auch in extensiven Weiden in höheren Lagen vor. In Weingärten kann der Schafschwingel zwischen den Reihen auch bei Trockenstress eine „Gründecke“ bilden helfen.

❑ Borstgras, Bürstling *(Nardus stricta)*

Auf extensiv bewirtschafteten Almen mit vornehmlich Silikatverwitterungsböden (pH-Wert unter 5,0) ist es sehr kampfkräftig und konkurrenzstark. Bei besserer Nährstoffversorgung, insbesondere mit Stickstoff, geht das Borstgras zurück. Bei Nutzung in der Bestockung und im Schossen wird es geringfügig von den Tieren aufgenommen, wie auch in Zeiten mit Mangel an Gerüstsubstanzen. Im Allgemeinen wird es jedoch bei Alternativfutter von den Tieren gemieden. Die Verdaulichkeit eines älteren Bürstlings liegt bei 30 % in der organischen Substanz – Wiesenfutter liegt bei 60–75 %.

❑ Rasenschmiele *(Deschampsia caespitosa)*

Sie ist in ungepflegten und leicht feuchten Weiden das bedeutendste „Ungras“. Es bildet starke Horste – „Stollen“ – aus. Die Blätter sind stark verkieselt und werden daher nur ungern gefressen. Es ist größtes Augenmerk auf die Bekämpfung zu legen.

❑ Sauergräser

Sauergräser (vor allem Seggen), Simsen und Binsen können Schleimhautreizungen verursachen und somit ebenfalls gesundheitsschädlich wirken. Der Futterwert der Sauergräser ist äußerst gering.

7.5 Leguminosen und Kleearten

Die Kleearten im Ausmaß von 10–30 % – auch Leguminosen genannt – sind in der Lage, Luftstickstoff für ihre eigene Versorgung, aber auch teilweise für die übrigen Pflanzen im Bestand dank der Lebensgemeinschaft (Symbiose) mit den Knöllchenbakterien zu binden und zu verwerten. Rotklee und besonders Weißklee behalten auch bei etwas späterem Erntezeitpunkt ihren höheren Rohproteingehalt, ihre gute Verdaulichkeit und den hohen Energiegehalt. Ein Kleeanteil von 20–30 % im Bestand der Dauerwiesen ist wünschenswert.

Die wichtigsten Leguminosenarten

❑ Weißklee *(Trifolium repens)*

In intensiv genutzten Wiesen (mehr als drei Nutzungen) und Weiden kommt der Weißklee mehr oder weniger stark vor. Auch im Feldfutterbau, in den Wechselwiesen und in den mehrjährigen Intensivmischungen nimmt er mit fortdauernder Nutzung – Rotklee und Obergräser werden weniger – eine bedeutende Stellung ein.

Der Weißklee kann sich aufgrund seiner Ausläufer gut vegetativ vermehren. Bei der Nutzung bleiben die Ausläufer erhalten und können rasch nachtreiben. Der lichthungrige Weißklee braucht zudem häufigen Schnitt, damit er im Bestand nicht von den höherwüchsigen Gräser und Kräuterarten unterdrückt wird.

Der Weißklee ist die wichtigste Leguminose der Weiden und Vielschnittwiesen.

In Bezug auf Klima und Boden ist der Weißklee anpassungsfähig. Als Flachwurzler ist er allerdings auf eine gute Wasserversorgung angewiesen.
Er startet im Frühjahr langsam und wird oftmals erst gegen Sommer und Herbst hin im Bestand stärker.

Wegen der Lagerungsgefahr sollten weißkleereiche Bestände zeitgerecht genutzt werden. Die Futterqualität ist beim Weißklee ausgezeichnet, nur sollte er wegen der geringen Struktur und bestimmter Inhaltsstoffe (Saponine, Blausäure) nicht über längere Zeit als ausschließliches Futter verabreicht werden.

Der Weißklee ist in Wiesen (mehr als drei Nutzungen) und Weiden unsere wichtigste Kleeart. Er verlangt eine zeitgerechte Nutzung (Lagerungsgefahr) und bringt eine hohe Futterqualität. Er benötigt eine gute Phosphor- und Kaliumversorgung.

❑ Rotklee *(Trifolium pratense)*

In alten Dauerwiesen tritt der Rotklee bei zwei bis dreimaliger Nutzung und gemäßigter Düngung als Wiesenrotklee fallweise stärker in den Vordergrund. Im Feldfutterbau spielt er eine entscheidende Rolle, und mit den ausdauernden Sorten können über zwei bis drei Winter ausreichend Anteile im Bestand erhalten werden.

Rotklee verträgt im Feldfutterbau bis zu vier/fünf Schnitte pro Jahr, wobei das Knospenstadium als Erntetermin gelten sollte. Seine Ertrags- und Qualitätsleistung ist äußerst hoch. Diese hohen Erträge sind bei guter PK-Versorgung und ohne Stickstoffgaben zu erzielen. Im Gegensatz zu einer weit verbreiteten Meinung verträgt der Rotklee auch kleine Stallmist- und Kompostgaben im Herbst.

Bestände mit vorherrschendem Rotkleeanteil eignen sich schlecht für die Trockenfuttergewinnung, da die Bröckelverluste hoch sind und die Stängel nur langsam trocknen. Rotkleegrasmischungen mit über 40 Fl.-% Rotklee eignen sich gut für Grünfutter, solche mit einem Anteil von 20–35 Fl.-% können bei rechtzeitiger Ernte auch in Form von Silage konserviert werden; der Anwelkgrad sollte bei 28–35 % TM liegen.

Der Rotklee kann sich in der Dauerwiese bis zu zwei Nutzungen gut behaupten, bei mehr Nutzungen verschwindet er in drei bis vier Jahren.

Die Fruchtfolgepause für Kleegrasmischungen beträgt vier bis fünf Jahre (ohne weitere Leguminosen), da sonst Kleemüdigkeit auftritt.

In Österreich wurden die Rotkleesorten Gumpensteiner und Reichersberger neu gezüchtet und vermehrt. Diese beiden Sorten kommen in der Winterhärte mit den ausländischen Sorten mit und sind im Ertrag und in der Futterqualität hervorragend. Beide Sorten gingen aus österreichischen „Ökotypen“ hervor. Neue Züchtungen aus der Schweiz versprechen viel.

Der Rotklee ist eine „Mähleguminose“, die ohne Stickstoffdüngung hohe Erträge bringt. Er passt sich dem Klima und Boden an und verträgt wegen des tiefen Wurzelgangs auch Trockenperioden auf schweren Böden recht gut.

❑ Luzerne *(Medicago sativa)*

Sie spielt in den trockenen Lagen wieder eine zunehmende Rolle, da sie noch trockenheitsunempfindlicher ist als der Rotklee. Sie sollte nicht in Reinsaat, sondern in Luzerne-(Rotklee-)Grasmischungen verwendet werden. Die Luzerne beansprucht neutrale (pH-Wert über 6,5), durchlässige und unverdichtete Böden. Moore oder zu schwere Böden verträgt sie nicht. Sie braucht genügend „Ruhezeit“ zwischen dem vorletzten und letzten Schnitt (mindestens sieben bis acht Wochen). Sie sollte mit einer Wuchshöhe von 7 cm in den Winter gehen.

Die Luzerne wird mittlerweile bevorzugt in Feldfuttermischungen für Trockengebiete verwendet und findet sich auch in den Nachsaatmischungen für Dauerwiesen (NATRO) wieder.

Luzerneanbau ist auf trockenen Standorten in Mischungen mit Gräsern sowie mit anderen Leguminosen zu empfehlen. Die Luzerne ist in den „Trockengebieten“ aus futterbaulicher Sicht neben dem Mais ein Lichtblick.

❑ Schwedenklee *(Trifolium hybridum)*

In frischen und feuchten Wiesen sowie teilweise in Wechselwiesen und im Feldfutterbau kommt der Schwedenklee als Mischungspartner gut zur Geltung. Futter, das einen allzu hohen Anteil an Schwedenklee aufweist, wird von den Tieren wegen bestimmter Inhaltsstoffe (Glykoside) nicht gerne angenommen.

❑ Alexandriner- und Perserklee *(Trifolium alexandrinum und resupinatum)*

Beide Kleearten benötigen ausreichende Niederschläge. Sie sind in unseren Breiten nur einjährig und überwintern nicht, deshalb werden sie nur im Feldfutter und Zwischenfruchtbau eingesetzt. Ihr Anbau – am besten in Mischungen mit Westerwoldischem Raygras, Ital. Raygras oder Bastardraygras – kommt bei uns dann in Betracht, wenn andere Feldfutterkulturen ausgefallen sind und man noch Grundfutter im verbleibenden Spätsommer produzieren will. Der Perserklee eignet sich in Reinsaat wegen seiner geringen Gerüstsubstanzen auch als Schweinefutter.

❑ Hornklee, Gelbklee, Wundklee, Wiesenplatterbse, Zaun- und Vogelwicke

Diese Arten finden sich in den meisten nicht zu intensiv genutzten Wiesen. Von den ausdauernden Wildformen gibt es noch kaum Saatgut. Die teilweise angebotenen Zuchtsorten sind in ihrer Winterhärte für unsere Lagen nicht ausreichend, die Gumpensteiner Hornkleesorte Marianne kann in den raueren Lagen bestens bestehen.

❑ Sommersaatwicke, Zottelwicke und Inkarnatklee

Die Zottelwicke und der Inkarnatklee werden im Landsberger Gemenge eingesetzt. Diese Mischung wird heute nur mehr fallweise angebaut. Die Sommersaatwicke wurde gemeinsam mit Hafer im Gemenge angesät. Der Nachteil gegenüber anderen Zwischenfrüchten als Futterreserve liegt im geringen Trockenmassegehalt bei der Ernte – das Ernte- bzw. Siliergut ist sehr feucht und bereitet Gärprobleme.

7.6 Kräuter, Beikräuter und Unkräuter

Sämtliche Pflanzen, die nicht zu den Gräsern und zu den Kleearten gehören, werden unter dem Sammelbegriff „Kräuter" – sie sollten im Ausmaß von 10–30 % vorkommen – geführt (vergleiche Tabelle 7). In dieser Artengruppe sind unterschiedlichste Pflanzenarten zusammengefasst. Im Volksglauben besteht die Meinung, dass manche Kräuter Wunderpflanzen sind, die kranke Menschen heilen und die Fruchtbarkeit der Tiere erhalten. Beikräuter haben eine wichtige Funktion in den Pflanzengesellschaften und im Futter zu erfüllen. Problemunkräuter sind fallweise Platzräuber und zum Teil für die Tiere giftig und machen dadurch das Futter minderwertig.

Tabelle 7: **Die Kräuter des Grünlandes eingeteilt nach Nutzwerten und Giftigkeit**

BEIKRÄUTER	**Futterwürzkräuter**	**bevorzugt gefressen**	**gern gefressen**
		Kuhblume[2)3)] Bärenklau, jung Frauenmantel Löwenzahnarten, jung Spitzwegerich[2)] Wiesenkümmel, jung Kleiner Wiesenknopf	Kohldistel, jung Sauerampfer[2)] Wiesenbocksbart Wiesenkerbel, jung Wiesenkümmel[2)] Wiesenpippau[2)]
	Futterwürzkräuter	**gefressen**	**ungern gefressen**
		Große Bibernelle Kleine Bibernelle Kohldistel, älter Kriechender Hahnenfuß[2)3)] Wilde Möhre Geißfuß[1)] Beinwell, jung Brennnessel (angewelkt)	Bärenklau, alt[1)] Breitwegerich Brunelle Knautie = Wiesen-flockenblume Kohldistel, alt Schafgarbe[1)] Vogelknöterich Wiesenkerbel, alt[2)] Wiesenknöterich[2)] Wiesenkümmel, älter[2)] Wiesensalbei Wucherblume Behaarter Kälberkropf[1)] Wiesenstorchschnabel[2)] Beinwell, alt[1)]

UNKRÄUTER			
	Geringe Akzeptanz als Futter	**meist gemieden**	
		Acker(kratz)distel	Kuckuckslichtnelke
		Brennnessel[1)]	Pastinak
		Gänsefingerkraut	Stumpfblättriger Ampfer[1)]
		Großer Wiesenknopf	Almampfer[1)]
		Hirtentäschel	Wegwarte
		Krauser Ampfer[1)]	Wiesenkümmel, alt
			Vogelmiere[1)]
			Weiße Taubnessel[2)]
	„Milchverpester“ bzw. „giftverdächtige bzw. giftige Kräuter“	**vollkommen gemieden**	
		Adlerfarn[2)] Ackerminze Rossminze Bärlauch Beinwell[1)] Feigwurz Greiskrautarten Große Klette Herbstzeitlose	Huflattich Kleiner Klappertopf[2)] Pestwurz[1)] Sumpfdotterblume Sumpfkratzdistel[1)] Sumpfschachtelhalm Weißer Germer[1)] Wiesenschaumkraut Wolfsmilcharten[1)] Kren[1)] Scharfer Hahnenfuß[2)]

[1)] Platzräuber, [2)] dominant, [3)] Lückenfüller

❑ Giftige Unkräuter und „Milchverpester“

Bei Aufnahme dieser Pflanzenarten, meist im frischen, aber auch im getrockneten Zustand, können die Tiere Stoffwechselstörungen erleiden, erkranken und unter Umständen dadurch auch sterben. Einige Pflanzenarten geben der Milch einen ungünstigen Geschmack (z. B. Sumpfschachtelhalm – bitterer Milchgeschmack; Bärlauch – starke Qualitätsminderung von Milch, Butter, Käse etc.). Sie sollten daher auch aufgrund ihrer gesundheitsbeeinträchtigenden Wirkung von den Tieren nicht aufgenommen werden.

Auf extensiv bewirtschafteten Flächen findet man häufiger Giftpflanzen als im intensiv genutzten Grünland. Etwa 200 in Frage kommende Giftpflanzen sind bekannt. Bei zur Neige gehendem Futterangebot kann es durch deren Verzehr zu Vergiftungserscheinungen kommen. Nach Anwendung von Herbiziden zu ihrer Bekämpfung ist die Wartefrist für die Beweidung laut Gebrauchsanweisung unbedingt einzuhalten, da sonst die Weidetiere durch die Änderung des Geruches die Giftpflanze als solche nicht mehr erkennen können und sie „irrtümlich“ fressen.

Der Weiße Germer breitet sich im alpinen Grünland, insbesondere auf Almweiden, immer mehr aus – er ist sehr giftig.

Herbstzeitlose, Jakobskreuzkraut, Kreuzkrautarten, Scharfer Hahnenfuß, Weißer Germer und Farne

Vergiftungssymptome zeigen sich durch
- plötzlichen Milchrückgang; Milch, Butter und Käse werden bitter;
- Blutharnen mit Blutarmut und körperlicher Schwäche;
- Unruhe, Schreckhaftigkeit, Apathie;
- Speichelfluss, Erbrechen, Durchfall, Koliken; Pansenstillstand;
- Schweißausbruch, Muskelzittern, Krämpfe, Taumeln, Lähmungen, Festliegen;
- Fruchtschädigung, Atemlähmung, Herzschwäche, Tod.

Zierpflanzen als Hecken und Abzäunungen zu Siedlungsgärten
Oleander, Buchsbaum, Eibe, Forsythie, Seidelbast, Ginster; ihr Schnittgut wird teilweise auch unsachgemäß an Feldrändern entsorgt.

Die giftigen Arten sind absolute Unkräuter und müssen auf Wiesen, Weiden und Almen bekämpft und ausgemerzt werden. Zu dieser Gruppe zählen auch die Problemunkräuter wie Ampfer, Geißfuß, Disteln und Herbstzeitlose, Weißer Germer, Greiskrautarten, Rossminze etc.

❑ Kräuter als Platzräuber und mit Neigung zur Bestandesdominanz

Die Bewirtschaftung – Düngung, Nutzung, Pflege und Nachsaat – muss so abgestimmt sein, dass ein Massenauftreten dieser Arten (z. B. Kuhblume, Hahnenfuß, Wiesenkerbel, Bärenklau, Spitzwegerich etc.) von vornherein verhindert wird. Treten diese Kräuter in höheren Anteilen auf, so werden sie allmählich bestimmend und unterdrücken die wertvollen Pflanzenarten. Die Harmonie der Pflanzengesellschaften wird dadurch erheblich gestört, deswegen müssen diese Arten mit biologischen, mechanischen und, wenn nicht anders möglich, auch mit chemischen Maßnahmen zurückgedrängt werden.

❑ Tolerierbare Anteile

Wenn diese Anteile nicht überschritten werden, können sich die **Beikräuter** auch positiv auf die Schmackhaftigkeit, Futterqualität und damit auf die Futteraufnahme auswirken. Die Kräuterarten sollten nicht nur in geringeren Anteilen vorhanden sein, sondern auch eine Vielfalt aufweisen. Bei der Heuwerbung erhöhen sie allerdings die Bröckelverluste. Bei der Grünfütterung sind eher höhere Anteile tolerierbar.

Die Kuhblume als Besiedler von Lücken in Fettwiesen und -weiden kann bei zu geringem Gräseranteil zur Dominanz gelangen.

Giftige Unkräuter und **Problemunkräuter** sind in guten Wiesen und Weiden nicht erwünscht. **Kräuter mit Neigung zur Bestandesdominanz** sollten insgesamt je nach Nutzung und Höhenlage nicht mehr als 20–30 Fl.-% einnehmen (Problemunkräuter sollten dabei keine enthalten sein).

7.7 Die wichtigsten Beikräuter und Unkräuter

Hier wird nur auf wenige Arten eingegangen, die auf unseren Wiesen und Weiden stärker in Erscheinung treten und Probleme bereiten.

❑ Ampfer

Der Wiesenampfer hat viele Flächen in Beschlag genommen. Er ist das Symbolunkraut des Grünlandes.

Unter den vielen Ampferarten ist der Stumpfblättrige Ampfer (*Rumex obtusifolius*) auf unseren Wiesen und Weiden das Problemunkraut schlechthin. Auf den Almen kann der Almampfer (*Rumex alpinus*) auf den Viehlägern meist rund um die Almhütten dominieren.

Diese Ampferarten weisen eine große Anpassungsfähigkeit auf und können durch die starke Vermehrung durch Samen und deren lang anhaltende Keimfähigkeit (mehrere Jahrzehnte) jede Lücke in der Grasnarbe besetzen. Der Ampfer kann nur befriedigend hintangehalten werden, wenn er von allem Anfang an bekämpft wird (siehe Kapitel F). Gleichzeitig muss die Bewirtschaftung sorgfältig erfolgen und auf einen geschlossenen Bestand ausgerichtet sein. Der Ampfer gehört zu den Lichtkeimern. Eine dichte Grasnarbe ist der beste Schutz vor Ampferpflanzen.

❑ Doldenblütler

Die Doldenblütler (hier der Behaarte Kälberkropf) zeigen wüchsige Verhältnisse und eine zu späte Nutzung an. Der zu geringe Gras- und Kleeanteil in derartigen Wiesen verspricht keine gute Futterqualität.

Die wichtigsten Vertreter sind Wiesenkerbel, Bärenklau, Geißfuß, Schafgarbe, Wiesenkümmel und Behaarter Kälberkropf. Oftmals werden diese Kräuter und Platzräuber auch unter dem Sammelbegriff „Gülleflora“ geführt. Diese Bezeichnung ist etwas unglücklich gewählt, da diese Arten positiv auf jegliche Form der Nährstoffzufuhr (Gülle, Jauche, Mist, Mineraldünger etc.) reagieren. Da die Wiesen und Weiden in den 1970er Jahren kaum mit Mineraldüngern überdüngt wurden, war es naheliegend, die Schuld der Gülle zuzuschieben.

Die Doldenblütler sind bei guter Nährstoffversorgung und bei einer extensiven Schnittnutzung am konkurrenzfähigsten, sie bevorzugen eher feuchte Standorte. Durch häufigeren Schnitt oder durch Weidenutzung wie eine angepasste Düngung können sie zurückgedrängt werden. Auch kann der Einsatz einer Walze (z. B. Prismenwalze) in einer Wuchshöhe von ca. 12 cm die Trittempfindlichkeit dieser Arten simulieren. Bei zu starkem Auftreten kann kurzfristig auch eine chemische Bekämpfung notwendig sein, um die Qualität der Bestände zu verbessern.

Ein gewisser Anteil dieser Doldenblütler (bis max. 10 %) kann toleriert werden. Die Futterqualität ist im vegetativen Zustand gut, im blühenden Zustand schlecht.

❑ Kuhblume (Gemeiner Löwenzahn) und Rauer Löwenzahn

Die Kuhblume (*Taraxacum officinale*) blüht vorwiegend im Frühjahr und kommt besonders bei Vielschnittnutzung und guter Nährstoffversorgung vor; die Blütenstiele sind hohl. Der ebenfalls einblütige Raue Löwenzahn (*Leontodon hispidus*) blüht vorwiegend im Spätsommer und Herbst. Er bevorzugt nährstoffärmere Standorte. Der Blütenstiel ist fester und die Blüte etwas kleiner als bei der Kuhblume. Bei der Kuhblume tritt sowohl beim Blütenstiel als auch bei den Blattrippen beim Ausstreifen eine weiße Flüssigkeit (Milch) aus, die sehr bitter schmeckt. Die Löwenzahnblätter sind kleiner und für die Zubereitung von Salaten weniger bitter.

Die Kuhblume kommt auf unseren Wiesen vielfach in großen Anteilen vor. Sie kann mit ihrem Flugsamen die Lücken im Bestand rasch besiedeln. Bestände, die im Grasgerüst schwach sind, werden schon bei der ersten Lückenbildung stärker mit Kuhblume, aber auch mit Rauem Löwenzahn besetzt. In diesen Fällen sollte der rechtzeitige Schnitttermin nach der Blüte, aber noch vor dem Samenflug der Kuhblume angesetzt werden.

Im grünen Zustand zählt die Kuhblume qualitativ zu den wertvollsten Futterpflanzen. Die Ertragfähigkeit ist aber unbefriedigend und beim Trocknen bleibt nicht viel davon übrig. Beim Anwelken für die Silagebereitung macht sie bei Anteilen über 30 % Anwelkprobleme und bei der Heubereitung sind die Bröckelverluste bei der Bodentrocknung hoch. Durch die tiefgehende Pfahlwurzel kann sie Trockenstress bestens überleben und auch bei solchen Dürreperioden „Futter“ bringen.

❑ Hahnenfuß

Mit Ausnahme des Kriechenden Hahnenfußes sind alle Hahnenfußarten giftig und müssen deshalb bei ihrem Auftreten bekämpft werden. Der Scharfe Hahnenfuß kann durch Mähweide reduziert werden. Der vor allem auf feuchteren oder zeitweise vernässten Böden vorkommende Kriechende Hahnenfuß kann durch rechtzeitige Mahd in seiner Ausbreitung gebremst werden, zurückdrängen kann man ihn allerdings nur mit einer chemischen Behandlung. Weiden sollten nach der Beweidung vom Hahnenfuß „gereinigt“ werden.

Der Scharfe Hahnenfuß wird durch eine späte Nutzung begünstigt, während sich der Kriechende Hahnenfuß auf lückigen Narben der feuchten und nährstoffreichen Wiesen verbreitet.

7.8 Pflanzengesellschaften am Grünland

Eine charakteristische Artenzusammensetzung wird als so genannte „Pflanzengesellschaft“ bezeichnet. Zur Ordnung der Fettwiesen zählen in Österreich die häufigsten Pflanzengesellschaften „Glatthaferwiese“, „Goldhaferwiese“, „Weißkleeweide – Weidelgras- bzw. Rotschwingelweide“. Daneben gibt es aber noch viele Pflanzengesellschaften von den feuchten bis hin zu den trockenen Lagen (Feuchtwiesen, Trockenrasen, Magerrasen etc.) des Grünlandes.

Nachfolgend wird auf einige Pflanzengesellschaften im Dauergrünland eingegangen. In Tabelle 8 werden die Nutzungsformen, Nutzungshäufigkeiten und der notwendige Feuchtigkeitszustand der Böden bei ausgewählten Pflanzengesellschaften mit den durchschnittlichen Artenzahlen dargestellt.

Tabelle 8: **Artenzahlen bei Pflanzengesellschaften im Wirtschaftsgrünland und Ökogrünland bei angepasster Bewirtschaftung (MAB, 2000)**

Pflanzengesellschaft	Nutzungsform	Nutzungshäufigkeit pro Jahr	Ø Artenzahl pro 100 m²	Feuchtigkeitszustand des Standortes
Kohldistel-Schlangenknöterich	Dauerwiese	Zweischnittwiese	47	feucht
Fadenbinsen	Dauerwiese	Zweischnittwiese	40	nass
Rotschwingel-Straußgras	Dauerwiese	Ein- bis Zweischnittwiese mit Nachweide	49	frisch bis krumenwechselfeucht
Rotschwingel-Weißklee	Hutweide	Ein bis zwei Weidegänge	54	frisch bis krumenwechselfeucht
Mittelwegerich-Wiesen-Kammschmiele	Hutweide	Ein bis zwei Weidegänge	73	halbtrocken
Rohrglanzgrasröhricht	Dauerwiese	Ein- bis Zweischnittwiese	22	mäßig nass
Schlankseggen-Ried	Streuwiese	Einschnittwiese	28	nass
Frauenmantel-Weißklee	Kulturweide	4 bis 5 x beweidet	37	krumenwechselfeucht
Weißklee-Gewöhnliches Rispengras	Mähweide	1 bis 2 x gemäht und 2 bis 3 x beweidet	40	überwiegend krumenwechselfeucht
Frauenmantel-Glatthafer	Dauerwiese	Dreischnittwiese mit Nachweide	42	überwiegend frisch
Wiesenfuchsschwanz	Dauerwiese	Dreischnittwiese	34	feucht
Wald-Storchschnabel-Goldhafer	Dauerwiese	Zweischnittwiese mit Nachweide	45	überwiegend frisch
Kriech-Schaumkresse-Goldhafer	Dauerwiese	Zweischnittwiese mit Nachweide	43	überwiegend frisch

❑ Glatthaferwiese

In den milden bis mittleren Lagen Österreichs ist die Glatthaferwiese weit verbreitet. Sie reicht von den trockenen Standorten, die jährlich nur zwei Schnitte und eine eher extensive Bewirtschaftung zulassen, über die besser wasserspeichernden Braunerden mit jährlich dreimaliger Nutzung und mittlerer Bewirtschaftung bis hin zur frisch-feuchten Glatthaferwiese.

❑ Goldhaferwiese

Mit zunehmender Höhenlage wird die Glatthaferwiese von der Goldhaferwiese abgelöst. Die Goldhaferwiesen werden überwiegend als Wiese und Mähweide genutzt. Die Goldhaferwiesen sind schon wegen ihrer Höhenlage im Wuchs etwas niedriger als die Glatthaferwiesen. Sie weisen daher auch eine größere Nutzungselastizität auf. In den extensiven Bergwiesen und Wiesen der Übergangslagen tritt der Goldhafer stark auf.

Der Goldhafer setzt sich bei geringerem Nährstoffniveau im Berggebiet immer besser durch.

❑ Weißkleeweide

Weidebestände passen sich rasch der Nutzungshäufigkeit und der Nutzungsrichtung an, wobei eine Vielschnittnutzung der Weidenutzung etwa gleichkommt. Der nutzungsempfindliche Glatt- sowie der Goldhafer fehlen in diesen Gesellschaften. Bei intensiver Bewirtschaftung herrschen Wiesenrispengras, Knaulgras, Wiesenschwingel, Timothe und in den milderen Lagen Weidelgräser vor. Auf den extensiveren Flächen kommen Rotschwingel, Straußgras, Kammgras und Ruchgras stärker zur Geltung. Der Weißklee kommt bei dieser Nutzungshäufigkeit stark zum Tragen. In den extensiveren Lagen mit maximal zwei Nutzungen setzen sich Hornklee und Wiesenrotklee stärker durch.

7.9 Dynamische Pflanzengesellschaften

Das Auftreten von Gräsern, Kleearten und Kräutern hängt von der Konkurrenzkraft der Pflanzenarten und Umweltfaktoren wie Standort und Klima ab. Die Bewirtschaftung wirkt sich aber am stärksten aus.

Viele Landwirte neigen dazu, die schlechte botanische Zusammensetzung ihrer Wiesen und Weiden auf die natürlichen Faktoren wie Boden und Klima zurückzuführen. Unter extremen Verhältnissen (Tallagen ↔ Almregionen, Trockenlagen ↔ Feuchtlagen etc.) trifft dies auch zu. Doch wenn wir ein Gebiet oder eine Region herausgreifen, so stellen wir fest, dass die Unterschiede zwischen verschiedenen Wiesen und Weidebeständen vorwiegend durch die vom Menschen beeinflussten Faktoren (Nutzung, Düngung, Pflege, Nachsaat usw.) bedingt sind.

Der **Konkurrenzkampf** zwischen den Pflanzenarten (Gräser, Klee und Kräuter) wird von zahlreichen Faktoren bestimmt:
- Klima- und Bodenansprüche
- Wurzelausbildung (Wasser, Nährstoffe, Standraum)
- Wuchsform und Höhe (Licht und Standraum)
- Wuchstyp (horstbildend oder ausläufertreibend)
- Verbreitung durch Samen oder vegetative Vermehrung
- Wuchsbeginn im Frühling
- Nachtriebsvermögen nach dem Schnitt usw.

Wenn die Standortbedingungen über eine längere Zeit konstant bleiben, so bildet sich ein gewisses Gleichgewicht in dieser Pflanzengesellschaft.

Der **Landwirt** beeinflusst diesen Konkurrenzkampf vor allem durch:

- Nutzung (Nutzungshäufigkeit, Schnittzeitpunkt, Einstellung der Schnitthöhe etc.)
- Düngung (Düngermenge, Zeitpunkt der Anwendung, zeitliche Wirksamkeit der Nährstoffe, Verteilgenauigkeit etc.)
- Pflege und Unkrautbekämpfung (Weidereinigung, selektive Bekämpfung der Unkräuter etc.)
- Erneuerung und Regeneration (Neuansaat, Übersaat, Sanierung etc.)
- Technisch-mechanischen Einfluss (Verdichtungen, Grasnarbenverletzungen etc.)

Die botanische Zusammensetzung einer Wiese und Weide ist nicht das Produkt eines Zufalls, sondern das Resultat sämtlicher natürlicher und vom Menschen bedingter Faktoren. Die Dynamik im Pflanzenbestand muss bei einer optimalen Grünlandbewirtschaftung durch Begehungen, Bewertungen und Maßnahmen von den Grünlandbewirtschaftern erkannt werden, um ihr richtig begegnen zu können.

B NUTZUNG DES GRÜNLANDES

1. ERTRAGSPOTENZIALE IM GRÜNLAND

Die österreichischen Grünlandflächen liegen von rund 200–2500 m Seehöhe. Die Vegetationsdauer und der Reifezeitpunkt für die Nutzung werden davon mitbestimmt. Nach Untersuchungen der Reifestadien der Leitgräser im Wirtschaftsgrünland ergibt sich pro 100 Höhenmeter eine Verschiebung von drei bis vier Tage.

Die **Standortunterschiede** (Geologie, Klima, Topographie, Höhenlage, Exposition) und die Intensität der Bewirtschaftung in den Grünlandgebieten (Düngung, Nutzung, Pflege, Erneuerung, Wirtschaftsweise, Tierbesatz) sind im Berggebiet äußerst differenziert, sodass die gesamte Bandbreite an Erträgen vertreten ist.
Die Landwirte haben aus guter Tradition ihre Bewirtschaftung an die Standortverhältnisse angepasst und versuchen großteils über die **kreislaufbezogene Wirtschaftsweise** sowohl den Ertrag als auch die Artenvielfalt (Biodiversität) auf entsprechendem Niveau zu erhalten (vergleiche Grafik 17). Es hat sich bei dieser Kreislaufwirtschaft im Grünland ein Viehbesatz eingestellt, der die anfallenden Erträge verwertet. Der daraus anfallende Dünger wird wieder auf die Flächen zurückgeführt. Als zusätzlicher Input sind Nährstoffe aus einem Kraftfutteranteil in der Fütterung, der Leguminosenstickstoff, die Nährstoffe über die Mineralisation im Boden sowie Mineraldünger im System zu berücksichtigen.

Grafik 17: ***Potenziale im Ertrag und in der Biodiversität in Abhängigkeit vom Standort und der Bewirtschaftung auf Grünlandflächen***

Ziel dieser kreislaufbezogenen Wirtschaftsweise ist es, das „natürliche" Ertragspotenzial über einen ausgewogenen und artenreichen Pflanzenbestand zu erhalten.
Rund 80 % des Grünlandes (Ökogrünland und kleiner Teil des Wirtschaftsgrünlandes) werden in Österreich nach den Vorstellungen der Kreislaufwirtschaft geführt. Die restlichen 20 % des Grünlandes werden im Ertragspotenzial aufgewertet, in dem die Nährstoffzufuhren insgesamt höher sind als die Nährstoffentzüge. Hier gelangen neben dem Wirtschaftsdünger auch Mineraldünger und externe Kraftfuttergaben bei der Fütterung zum Einsatz. Die gesteigerte Nährstoffzufuhr ist meist mit einer Anhebung der Nutzungsfrequenz gekoppelt. Mit diesem höheren Nährstoffpotenzial und der gesteigerten Nutzungsfrequenz geht die Biodiversität zurück.

Diese Verhältnisse finden wir in Österreich in den Gunstlagen (Rheintal, Inn- und Salzachtal, im Alpenvorland und in den günstigen Tal- und Beckenlagen) vor. Hier wird das Grünland auch fallweise übernutzt, um bestes Grundfutter für die Hochleistungstiere zu produzieren. Auf den Almen, Bergmähdern, Streuwiesen, Hutweiden sowie ein- und zweischürigen Wiesen – also dem Ökogrünland – wird den Böden weniger zugeführt als entzogen, dadurch baut sich das System langfristig im Nährstoffhaushalt ab. Die Folge ist ein Rückgang der Ertragsleistung und zuerst ein leichter Anstieg der Biodiversität. Läuft dieser Prozess zu lange, so tritt eine Aushagerung im Boden ein, die auch eine Reduzierung der Pflanzenarten nach sich zieht. Bei der Extensivierung von Grünland kann eine dominierende Pflanzenart über das Samenpotenzial oder die Ausläufer zu größeren Anteilen im Bestand kommen, wodurch oft auch das breite Spektrum der Biodiversität verloren geht.

1.1 Futtererträge und Qualitätserträge

Jedes Grünland lässt eine spezifische Nutzungsform zu, in der es bestimmte Erträge und Futterqualitäten liefert. Die Erträge sind wichtige Größen, doch zudem sind der Energiegehalt, die Verdaulichkeit des Futters, die Inhaltsstoffe, die Mengen- und Spurenelemente sowie die Vitamine von entscheidender Bedeutung für die Verwertung und Umsetzung der Leistungen des Grünlandes (vergleiche Grafik 18).

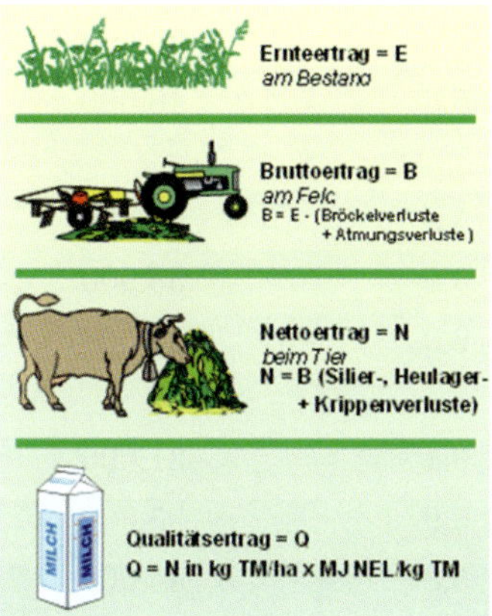

E ist die oberirdische Biomasse, wie sie auf der Fläche gebildet (produziert) wird. Die Schnitthöhe von 6 cm bewirkt, dass diese unterste Biomasse nicht zum Ernteertrag hinzugezählt wird.

B ist jener Futterertrag, der nach der Ernte am Feld übrig bleibt. Es werden also vom Ernteertrag die Bröckel- und Atmungsverluste und auf der Weide die Weidereste abgezogen. Die Gesamtverluste bei der Ernte am Feld liegen zwischen 5 und 30 %, bei Verwitterung des Futters auch höher.

N ist jenes Futter, das vom Tier tatsächlich aufgenommen wurde. Es werden vom Bruttoertrag noch die Lagerungsverluste im Silo und Heustock sowie die Krippenverluste abgezogen. Je nach Konservierungsverfahren und Futterqualität fallen hier in der Praxis auch 5 bis 40 % an.

Q ist der umsetzbare Nettoertrag ausgedrückt in der Energieleistung pro Hektar.

Grafik 18: ***Erträge[1] und mögliche Verluste am Grünland***

[1]Die Ertragseinschätzung beim Grünland wird im Kapitel K erläutert

FORMEL:

Nettoertrag in kg TM/ha	*x*	*Energiegehalt in MJ NEL/kg TM*	=	*Qualitätsertrag in MJ NEL/ha*

1.2 Erträge bei den Nutzungsformen

In Tabelle 9 sind die Netto-TM-Erträge bei den einzelnen Nutzungsformen angegeben. Das Produkt aus Ertrag x Qualität ergibt den Qualitätsertrag. Die Spannbreite zwischen den Nutzungsfor-

Neben der traditionellen Futterernte wird in den Gunstlagen zunehmend der Feldhäcksler eingesetzt.

Tabelle 9: **Netto-Trockenmasseerträge sowie Qualitätserträge am österreichischen Grünland**

Nutzungsform am Grünland	Netto-TM-Erträge	Qualitätserträge	
	in kg/ha Ø Ertrag[1)]	Ø Energiedichte in der Praxis in MJ NEL/kg TM	in MJ NEL/ha (gerundet) bezogen auf Ø TM-Ertrag
Einschnittflächen			
Einschnittfläche mit Nachweide	3.000	5,1	15.000
Magerwiesen	2.500	4,0	10.000
Feuchtwiesen	3.500	3,8	13.000
Streuwiesen	4.500	3,2	(15.000)[2)]
Zweischnittflächen			
Zweischnittfläche	4.500	5,2	23.000
Zweischnittfläche mit Nachweide	5.500	5,4	30.000
Dreischnittflächen			
Landesübliche Wirtschaftsweise	7.000	5,6	39.000
Integrierte Wirtschaftsweise	8.000	5,8	46.000
Mehrschnittflächen			
Vierschnittflächen	8.500	5,8	49.000
Fünfschnittflächen	9.500	5,9	56.000
Sechsschnittflächen	10.500	6,0	63.000
Mähweiden			
Ein Schnitt mit zwei Weidegängen	5.000	6,1	31.000
Zwei Schnitte mit einem Weidegang	6.000	5,9	35.000
Zwei Schnitte mit zwei Weidegängen	7.500	5,8	44.000
Kulturweiden			
Drei Weidegänge	5.000	6,2	31.000
Vier und fünf Weidegänge	7.500	6,2	47.000
Hutweiden			
Ein Weidegang	2.500	5,0	13.000
Zwei Weidegänge	3.500	5,2	18.000
Almweiden	1.000	5,2	5.000
Bermähder	2.000	5,0	10.000
Feldfutter			
Rotkleegräser	11.000	6,0	66.000
Luzernegräser	10.000	5,8	58.000
Wechselwiesen	9.500	6,0	57.000
Gräserreinbestände	11.500	6,0	69.000

[1] Durchschnittlicher Ertrag wurde nach der Häufigkeit in der Natur im gewogenen Mittel festgelegt.

[2] Streuwiesen liefern Einstreu

men im alpenländischen Grünland ist sowohl bei den Masseerträgen als auch bei den Qualitätserträgen enorm, denn sie reicht von 5.000 MJ NEL/ha (Almen) bis auf 69.000 MJ NEL/ha (Feldfutter). Natürlich gibt es bei den einzelnen Nutzungsformen auch jährlich, je nach Witterung und Nährstoffwirkung, ertraglich und qualitativ erhebliche Schwankungen.

1.3 Höhenlage und Ertrag

Wie sich die Höhenlage im Alpenraum auf die Erträge der einzelnen Nutzungsformen im Grünland auswirkt, zeigen die Grafiken 19 und 20. So können im Talbereich Nutzungsformen mit einer höheren Nutzungsintensität noch an Ertrag zulegen, während in der mittleren Stufe (750–1.100 m) die Kultur- und Mähweiden ertraglich einen Rückgang verzeichnen und in der Höhenlage (über 1.100 m) die Dreischnittflächen erstens sehr selten vorkommen und zweitens ertraglich nicht mithalten können. Hingegen kann in jeder Höhenstufe die Zweischnittnutzung den Ertrag halten. Die Hauptursache für diesen Ertragsrückgang liegt in der Abnahme der Vegetationstage. Pro 100 Höhenmeter muss mit einer Verzögerung im Vegetationsverlauf von etwa vier Tagen gerechnet werden. Erfolgt in einer Seehöhe von 600 m im ersten Aufwuchs einer Dreischnittfläche das Ähren- und Rispenschieben üblicherweise am 10. Mai, so wird dieses Vegetationsstadium auf 1.000 m Seehöhe bei den Leitgräsern (Goldhafer bzw. Knaulgras) etwa 14 Tage später beobachtet. Dieser spätere Vegetationsbeginn bewirkt spätere Nutzungstermine, dadurch auch andere Nutzungshäufigkeiten und letztendlich auch geringere Erträge übers Jahr. Das Vegetationsende stellt sich in den Höhenlagen natürlich früher ein.

In den Steillagen ist eine kostspielige Technik zur Bewältigung der Ernte notwendig.

Pro 100 m Seehöhe nehmen die TM-Erträge auf Dreischnittflächen durchschnittlich um etwa 250–500 kg/ha ab. Ein besonderes Mikroklima, besonders gute Bodenverhältnisse und eine optimale Bewirtschaftung können hier einen gewissen Ausgleich zwischen Tal- und Höhenflächen schaffen.

Die geringeren Erträge bewirken in einer flächenabhängigen Viehwirtschaft auch einen geringeren Tierbesatz in den Höhenlagen. Ein geringerer Tierbesatz bedeutet auch geringere Nährstoffflüsse über den Wirtschaftsdünger.

Pro 100 m Seehöhe nimmt die Anzahl der Großvieheinheiten (GVE = 500 kg LG) bezogen auf die Grundfutterbasis um etwa 0,1/ha ab.

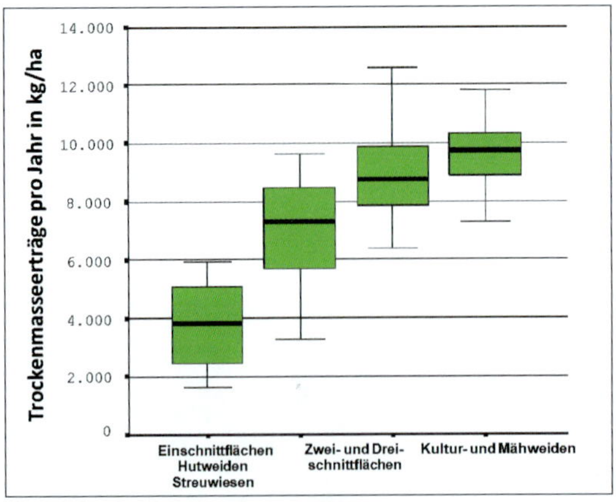

Grafik 19: **Ertragslage bei den einzelnen Nutzungsformen im Grünland im Talbereich unter 750 m** (MAB, 2000)

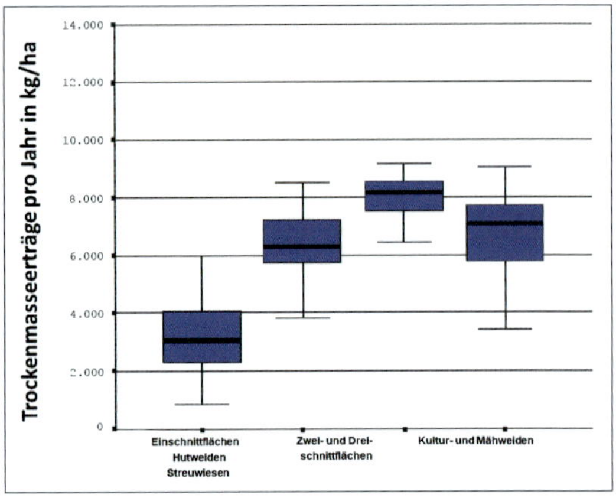

Grafik 20: ***Ertragslage bei den einzelnen Nutzungsformen im Grünland in einer Seehöhe von 750–1.100 m*** *(MAB, 2000)*

1.4 Standort und Ertragszuwachs

Der Standort hat nicht nur einen Einfluss auf die Biomasseproduktion im Jahr, sondern zeigt auch im täglichen Ertragszuwachs unterschiedliche Leistungen über die Vegetationsperiode. Vergleicht man zwei **Standorte unterschiedlicher Seehöhe** (700/1.180 m), so setzt das Wachstum des Grünlandes auf 700 m Seehöhe durchschnittlich am 1. April ein, auf einer Seehöhe von 1.180 m fängt das Wachstum erst am 20. April an. Die tägliche Zuwachsleistung im Frühjahr liegt auf dem Talstandort bei max. 120 kg TM/ha bzw. 12 g TM/m^2, während in der Höhenlage knapp 80 kg TM/ha bzw. 8 g TM/m^2, also um rund 30 % weniger zuwachsen. Vergleicht man diese zwei Wachstumskurven über die gesamte Vegetationszeit, so fällt die Leistung auf dem Höhenstandort, in der um 40 Vegetationstage verringerten Wachstumsperiode, um rund 60 % geringer aus. Obwohl der Standort auch auf einer Seehöhe von 720 m noch keine Gunstlage darstellt, zeigt er gegenüber dieser Höhenlage auf der Kulturweide beachtliche Unterschiede im Wachstumsverlauf und im Gesamtertrag (vergleiche Grafik 21).

Nicht nur die Höhenstufe, sondern auch die **Exposition** – die Lage zur Sonne – spielt eine wichtige Rolle im Wachstumsverlauf. Vergleicht man eine Süd- mit einer Nordexposition auf einer Seehöhe von 760 m, so startet im Frühjahr der früher erwärmte Südstandort mit dem Wachstum rascher und besser, während aber derartige Standorte im Sommer, vor allem in niederschlagsarmen Jahren, in der Zuwachsleistung gegenüber einem Nordstandort abfallen (vergleiche Grafik 22). Im Jahresertrag konnte die Nordlage auf dieser Seehöhe die Südlage um etwa 5 % übertreffen.

Wie sich **trockene Standortverhältnisse** auf die Ertragsbildung auswirken, müssen in den Trockenjahren viele Grünland- und Viehbauern leidvoll erfahren. Bei gleicher Höhenlage und gleichen Niederschlagsverhältnissen sind die Zuwachsleistungen je nach Bodenart recht unterschiedlich. Nachdem das Grünland für die Ertragsbildung von 1 kg TM rund 600 l Wasser benötigt, kommen mäßig bis halbtrockene Standorte auch bei rund 1.000 mm Jahresniederschlag in eine Wassermangelsituation, die sich sowohl auf den Zuwachs als auch auf den Jahresertrag negativ auswirkt. Mäßig feuchte Standorte hingegen könnten zwar im Frühjahr eine starke Zuwachsleistung bringen, doch können die Verhältnisse bei einer hohen Niederschlagsmenge im Juni und Juli zu nass für ein optimales Wachstum und für die Ernte ausfallen. Der krumenwechselfeuchte Standort ist in diesen Witterungsphasen den nassen Stand-

orten überlegen (vergleiche Grafik 23). Der mäßig halbtrockene Standort brachte um 24 % geringere Jahreserträge als der mäßig feuchte Wiesenstandort.
Anhand dieser Ergebnisse ist auch nachvollziehbar, dass trockene Standorte bei Ausbleiben der Niederschläge oft gar keine Erträge mehr bringen und auch im Pflanzenbestand kaputt gehen. Diese Situationen werden mit extremen Auswirkungen auf die Pflanzenbestände häufiger auftreten – das „Sommerloch“ wird uns gerade im Dauergrünland zu schaffen machen.

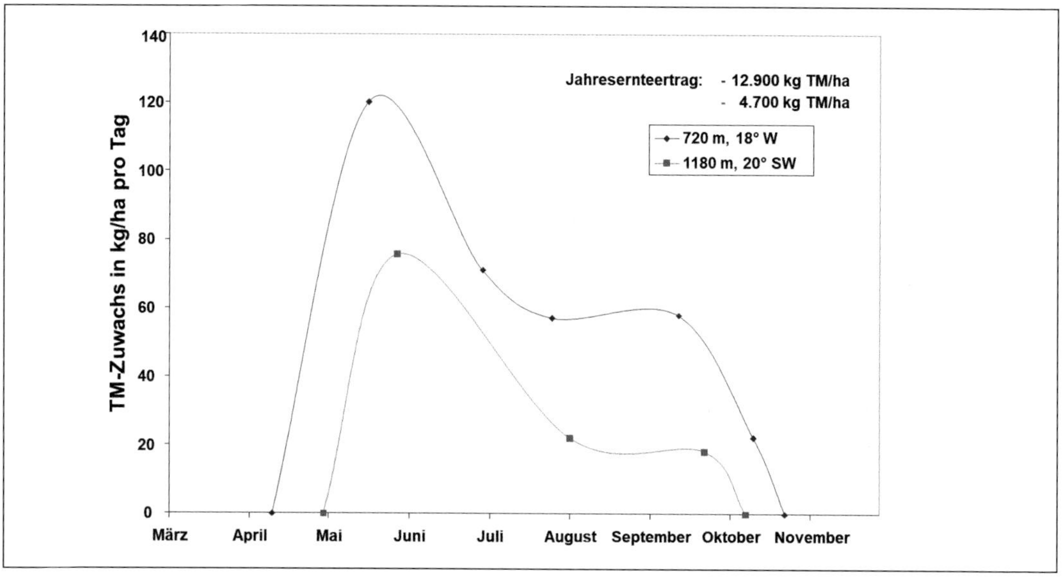

Grafik 21: ***Tägliche TM-Produktion von Kulturweiden in Abhängigkeit von der Seehöhe auf Braunerde*** *(BOHNER und SOBOTIK, 2001)*

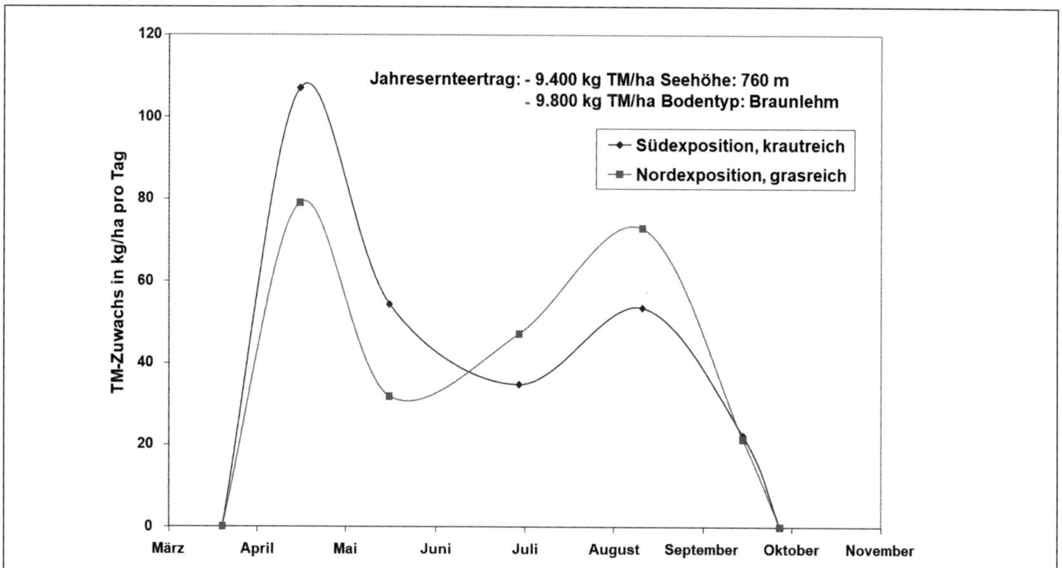

Grafik 22: ***Tägliche TM-Produktion von Kulturweiden in Abhängigkeit von der Exposition*** *(BOHNER und SOBOTIK, 2001)*

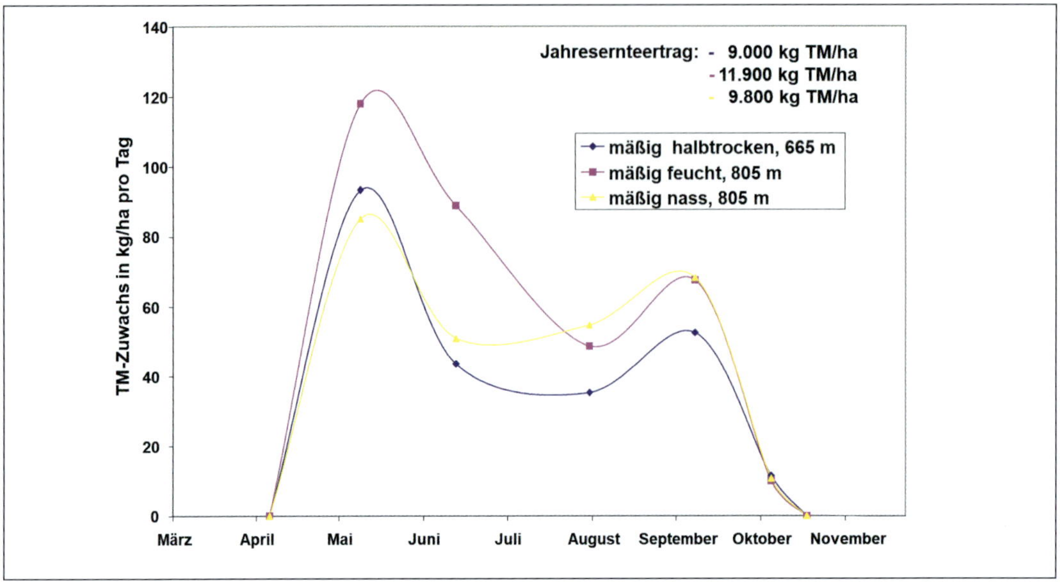

Grafik 23: ***Tägliche TM-Produktion von Mähweiden in Abhängigkeit vom Wasserhaushalt*** *(BOHNER und SOBOTIK, 2001)*

Die HBLFA Raumberg-Gumpenstein bearbeitet in Kooperation mit den Fachschulen ein umfassendes Versuchsnetz in den Grünlandregionen Österreichs. Es werden die Bodengüte, die Pflanzenbestände und die Erträge mit ihren Qualitäten bei unterschiedlichen Nutzungshäufigkeiten laufend erhoben.

1.5 Ertragslage in den Grünlandbetrieben

Die Höhenstufe hat Einfluss auf die Nutzungsfrequenz, auf die Ertragslage sowie auf den Anteil der Flächenverteilung im Betrieb in Bezug auf das mögliche Ertragspotenzial der Flächen. Nach den Ertragsfeststellungen und den Flächenerhebungen lässt sich ein Modellbetrieb mit einer Flächenausstattung von 20 ha in allen Höhenstufen darstellen (vergleiche Tabelle 10). In den Talbetrieben kommen die Einschnittflächen nur zu 6 % vor, während die Betriebe in einer Seehöhe von über 1.100 m bereits über 30 % davon aufweisen. Bei den Zweischnittflächen liegt die Verteilung bei 19 % (Talbetrieb), 50 % (mittlere Höhenlage) und 62 % (über 1.100 m Seehöhe). Die Dreischnittflächen kommen hingegen schwerpunktmäßig in der Tallage (75 %) und nur mehr sporadisch in der Höhenlage (8 %) vor.

Vergleichen wir die ermittelten TM-Erträge bei gleicher Betriebsgröße von 20 ha und die nutzungsbedingten Energiegehalte, so ernten die 20-ha-Betriebe im Tal 703.600 MJ NEL, in der Höhenstufe bei 750–1.100 m etwa 475.400 MJ NEL und der Bergbetrieb über 1.100 m nur mehr 388.180 MJ NEL. Bei gleicher Flächenausstattung kann der Betrieb über 1.100 m Seehöhe nur 55 % der Energie eines Betriebes in Tallage erzeugen.

Tabelle 10: **Trockenmasse- und Energieerträge repräsentativer Grünlandbetriebe mit 20 ha in unterschiedlicher Seehöhe**

	in Tallage bei 650–750 m	**in Berglage bei 900–1.100 m**	**in Höhenlage bei 1.100–1.300 m**
Einschnittflächen			
Flächenanteil in ha	1,2	4,0	6,0
Flächenanteil in % am Gesamtbetrieb	6	20	30
TM-Nettoertrag je ha in kg	3.000	2.500	2.500
MJ NEL/kg TM	4,5	4,9	5,1
Energieertrag in MJ NEL	**16.200**	**49.000**	**76.500**
Zweischnittflächen			
Flächenanteil in ha	3,8	10,0	12,4
Flächenanteil in % am Gesamtbetrieb	19	50	62
TM-Nettoertrag je ha in kg	4.500	4.000	4.000
MJ NEL/kg TM	5,2	5,2	5,2
Energieertrag in MJ NEL	**88.920**	**208.000**	**257.920**
Dreischnittflächen			
Flächenanteil in ha	15,0	6,0	1,6
Flächenanteil in % am Gesamtbetrieb	75	30	8
TM-Nettoertrag je ha in kg	7.000	6.500	6.000
MJ NEL/kg TM	5,7	5,6	5,6
Energieertrag in MJ NEL	**598.500**	**218.400**	**53.760**
Gesamtenergieertrag je Betrieb	703.600	475.400	388.180
Relativer Energieertrag	100 %	68 %	55 %

Die standortspezifische Futtergrundlage ist auf den Betrieben die Basis für den jeweiligen Tierbesatz und in Folge für die flächenbezogene Milch- oder Fleischleistung.

Die Extensivierung der Grünlandflächen (Wiesen und Weiden) mit zunehmender Höhenlage und vor allem in den Flächenanteilen der Nutzungsformen in den Höhenstufen führt in Summe zu geringen Energieerträgen und damit zu geringeren Leistungen aus dem Grundfutter. Beschränkt sich nun ein Grünland- und Milchviehbetrieb ausschließlich auf das kreislaufgewonnene Grundfutter, so kann dieser im Durchschnitt seiner Flächen pro ha 6.240 kg Milch in der Tallage aus den Dauerwiesen und Dauerweiden erwirtschaften. Hat der Betrieb die Möglichkeiten mit Feldfutter oder sogar mit Silomais, so kann dieser die Grundfutterleistung dadurch heben. Bei reinem Dauergrünland mit den angenommenen Ertragsanteilen geht in den mittleren Berglagen die Milchleistung auf durchschnittlich 4.070 kg Milch/ha und in den Höhenlagen sogar auf 3.150 kg Milch/ha aus dem Grundfutter zurück. Gemessen an der Tallage kann der Betrieb mit 20 ha allerdings mit geringerer Ertragslage gerade noch 65 % und jener in der Höhenlage noch 50 % an Milchleistung pro ha erzielen, obwohl der Aufwand der Bewirtschaftung um ein Vielfaches ansteigt (vergleiche Tabelle 11).

Tabelle 11: **Milchertrag aus dem Grundfutter pro Milchkuh und ha in den Höhenstufen**[1)]

Höhenstufe	MJ NEL-Ertrag pro ha	REL %	Milchleistung aus dem Grundfutter	MJ NEL-Bedarf[2)] pro Kuh/Jahr	Milchkühe/ ha	Milchleistung aus dem Grundfutter pro ha	REL %
<7 50 m Tallage	35.180	100	6.000 kg	33.840	1,04	6.240	100
750–1.100 m Berglage	23.770	68	5.500 kg	32.270	0,74	4.070	65
> 1.100 m Höhenlage	19.404	55	5.000 kg	30.700	0,63	3.150	50

1) Bezogen auf die TM-Erträge und Energieerträge auf den Standorten (siehe Tabelle 9)
2) Berechnungsbasis: Milchleistung x 3,14 MJ NEL/kg Milch + Erhaltungsbedarf für eine Kuh mit 650 kg Lebendgewicht von 15.000 MJ NEL/Jahr

1.6 Nutzungsintensitäten und Ertragslage

Für die dem Standort angepasste Nutzung liegt der optimale Schnittzeitpunkt auf Wirtschaftswiesen beim „Ähren- und Rispenschieben" der Leitgräser Knaulgras bzw. Goldhafer. In diesem Nutzungsstadium erzielt der Landwirt gute Erträge und Futterqualitäten, erhält seinen Pflanzenbestand und erwirtschaftet damit über die Veredelung den höchsten Ertrag (vergleiche Grafik 24).

Eine **Unternutzung** findet in den Vegetationsstadien „Blüte bzw. überständig" der Leitgräser statt. Bei gleichzeitig angepasster Düngung – entsprechend dieser Unternutzung – sinkt der Futterertrag und in verstärktem Ausmaß die Futterqualität. Der Qualitätsertrag fällt bei der Unternutzung deutlich gegenüber der angepassten Nutzung ab. Wird allerdings bei Unternutzung die Düngungsintensität so beibehalten, wie sie in der angepassten Nutzung durchgeführt wird, so steigt zwar der Futterertrag an, jedoch weist das Futter nur mehr die mindere „Qualität von Streu" auf. Diese Überdüngung stellt eine Disharmonie in der Beziehung zwischen „Düngung und Nutzung" dar und wirkt sich negativ auf Pflanzenbestand und Ökologie aus.

Pro Tag gehen zwischen den Stadien „Ähren- und Rispenschieben" und „Beginn Blüte" in der Verdaulichkeit rund 0,5 % und im Energiegehalt etwa 0,1 MJ NEL/kg TM am Feld verloren.

Die **Übernutzung** findet dann statt, wenn Wiesenbestände in der Schossphase oder zu Beginn des Ähren- und Rispenschiebens permanent genutzt werden. Bei den Weiden liegt eine Übernutzung vor, wenn die Ruhezeiten nicht ausreichend eingehalten werden und sich laufend ein Überbesatz an Tieren auf den Weiden befindet.

Die Übernutzung einer Ein-, Zwei- oder Dreischnittfläche (siehe Grafik 24) um jeweils einen zusätzlichen Schnitt oder Weidegang wirkt sich weniger gravierend auf den Pflanzenbestand aus, als wenn eine Drei- bis Vierschnittfläche in der Tal- oder Gunstlage durch eine Umstellung permanent fünf oder sechs Mal genutzt wird. Hier fallen in den ersten fünf Jahren nach und nach die ertragsreichen Obergräser (Knaulgras, Wiesenschwingel, Wiesenfuchsschwanz,

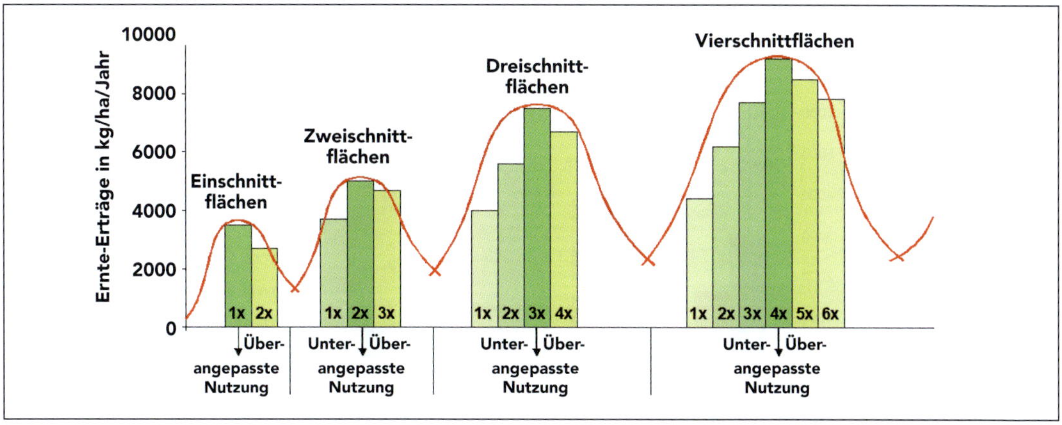

Grafik 24: ***Ertragspotenziale auf Grünlandstandorten bei angepasster Düngung sowie angepasster Nutzung (Schnittzeitpunkt beim Ähren- und Rispenschieben) im Vergleich zur Unter- und Übernutzung***

Timothe etc.) wegen der natürlichen Nutzungsempfindlichkeit aus. Diese heimischen Obergräser halten gerade drei oder vier Nutzungen pro Vegetationsperiode noch aus, bei mehr Nutzungen (auch durch Weidegang) fallen diese aus dem Pflanzenbestand und hinterlassen Lücken.
Werden diese Lücken rechtzeitig mit dem ausdauernden und nutzungsunempflindlicheren Untergras (Wiesenrispe) und dem schneeschimmelanfälligen Engl. Raygras aufgefüllt, so kann eine Verkrautung und eine Ausbreitung mit Gemeiner Rispe verhindert werden. Zu hohe Anteile an Engl. Raygras birgen die Gefahr in sich, dass bei Jahren mit starker Schneelage es zu großen Schneeschimmelschäden und damit zum Ausfall des ersten Aufwuchses kommen kann. Außerdem müssen erst Pflanzenbestände mit höheren Engl. Raygrasanteilen (größer 30 Fl.-%) die nötige Nährstoffversorgung insbesondere mit Stickstoff erhalten. Höhere Anteile an Engl. Raygras machen die Pflanzenbestände zwar blattreicher, doch auch frühreifer und fordern eine höhere Nutzungsfrequenz.

Werden übernutzte Bestände mit lückiger Grasnarbe nicht nachgesät, dann können sich die Kuhblume, der Stumpfblättrige Ampfer und alle bodenständigen Kräuter etc. sowie die Gemeine Rispe, aber auch der Weißklee extrem ausbreiten.

Die Erträge fallen bei permanenter Übernutzung und Abnahme der Obergräser über die Jahre ab. Die Pflanzenbestände verändern sich dynamisch und bei massivem Auftreten von Gemeiner Rispe ist die Futterakzeptanz gefährdet.

Vielfach wird eine angepasste Nutzung zum Ähren- und Rispenschieben mit der Forderung nach frühzeitigem Schnitttermin verwechselt. Eine angepasste oder rechtzeitige Nutzung der Wiesen geht auf das jeweilige standörtliche Ertragspotenzial ein und sorgt dafür, dass die Futterqualitäten entsprechen und die Pflanzenbestände in ihrer Artenvielfalt dauerhaft erhalten bleiben.

Betriebsinterne Überlegungen hinsichtlich der Weiterführung der Wiesen und der Produktion von Grundfutter sowie die Einhaltung von ÖPUL-Maßnahmen können die Wirtschaftsweise sowohl in die Richtung der Extensivierung als auch der Intensivierung lenken. Wie sich beide Richtungen ertraglich und qualitätsmäßig im Grünland auswirken, wird in Grafik 25 dargestellt. Auf sechs Standorten wurde eine bisherige Dreischnittfläche auf eine Zweischnittfläche bei

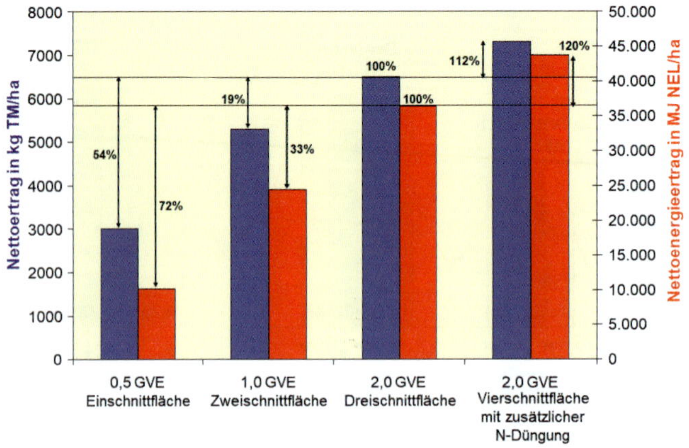

Grafik 25: ***Vergleich der TM-Nettoerträge und MJ-Qualitätserträge auf Basis einer Dreischnittfläche***

Reduzierung der Düngung extensiviert. Der Nettoertrag ist durchschnittlich in den ersten sieben Jahren um 19 % und im Qualitätsertrag um 33 % abgefallen. Eine radikale Extensivierung einer Dreischnittfläche auf das Niveau einer Einschnittfläche hat den Nettoertrag um 54 % und den Qualitätsertrag um 72 % reduziert. Wird eine bisherige Zweischnittfläche auf eine Einschnittfläche bei 0,5 GVE-Dungeinheiten extensiviert, so fiel der Nettoertrag um 43 % und der Energieertrag um 58 %.

Spät genutztes Grünland zeigt vor allem minderwertige Qualitäten und auf lange Sicht geringe Erträge.

Die Intensivierung einer Dreischnittfläche auf eine Vierschnittfläche mit zusätzlicher N-Düngung von 50 kg N/ha kann den Nettoertrag wie auch den Energieertrag um 12–20 % steigern. Eine weitere Intensivierung geht langfristig auf Kosten des Pflanzenbestandes und des Futterertrages sowie möglicherweise auf die Futterakzeptanz (Gemeine Rispe).
Die Entscheidung, welchen Weg man einschlägt, sollte betriebs- und flächenindividuell getroffen werden.
Werden künftig gewisse Flächen nach den Vorgaben des Vertragsnaturschutzes vom Bauern bewirtschaftet, so sollen die Verluste im Nettoenergieertrag und der Arbeitsaufwand abgegolten werden.

1.7 Futterertrag und Viehbestand

Eine flächenbezogene Viehwirtschaft, wie sie in den Grünlandgebieten überwiegend praktiziert wird, lebt von dem, was der Standort und das Bewirtschaftungsniveau hervorbringen. Bei den Hochleistungsbetrieben tritt durch den Kraftfuttereinsatz die Grundfuttermenge immer mehr in den Hintergrund.

Eine RGVE (raufutterverzehrende Großvieheinheit = 500 kg LG) nimmt im Mittel der Sommer und Winterfütterungsperiode 4.000–4.500 kg TM pro Jahr vom Grundfutter mittlerer

Qualität auf. Je nach Ertragslage können demnach je Fläche mehr oder weniger RGVE gehalten werden. Im Durchschnitt aller Dauergrünlandflächen in Österreich können etwa 0,5–2,0 RGVE/ha gehalten werden, was einer Ertragsleistung im jeweiligen Dauergrünland von knapp 2.000–9.000 kg TM/ha und Jahr netto entspricht. Die Einschätzung der Ertragslage auf allen produktiven Flächen lässt auch eine Planung für den Viehstand zu. Pro 100 kg Lebendgewicht nehmen die raufutterverzehrenden Tiere 2 kg Trockenmasse/Tag auf. So frisst eine 600 kg schwere Kuh etwa 12 kg Heu/Grummet pro Tag, oder sie nimmt bei einer Ration von Grassilage/Heu (50 : 50) etwa 20 kg Grassilage (ca. 33 % TM) und 6 kg Heu pro Tag auf. 12 Schafe à 50 kg Lebendgewicht würden bei gleicher Ration Ähnliches aufnehmen. Stehen 20 Ziegen à 25 kg Lebendgewicht ganztägig auf der Weide, so werden diese ca. 10 kg Trockenmasse oder 50 kg Weidefutter (ca. 20 % TM) pro Tag aufnehmen.

In den Bergregionen bewegt sich der Viehstand etwa von (0,1) 0,5–1,2 RGVE/ha, im Talbereich und in den Gunstlagen des Alpenraumes von 1,0–2,0 RGVE/ha; in den Voralpen- und begünstigten Klimalagen mit Silomaisbau liegt der Viehstand im Bereich von 1,4–2,5 RGVE/ha. Die Vorhersage der Futteraufnahme ist nach GRUBER et al. (2004) für Milchkühe bestens möglich.

In den Grünlandbetrieben mit Viehhaltung liegt das landesübliche Produktionsniveau in einem Bereich von 0,5–2,0 RGVE/ha.

Im Vergleich zu Holland, Dänemark, Holstein etc. ist der Tierbesatz in den Betrieben den Klima und Standortverhältnissen angepasst und entspricht so aufgrund der traditionellen Bewirtschaftungsweise den ökologischen und naturnahen Verhältnissen. Hochleistungsbetriebe, mit dem Einsatz von großen Mengen an externem Kraftfutter, laufen bei geringer Flächenausstattung Gefahr, ökologisch wegen der hohen Nährstoffimporte in einen kritischen Bereich zu kommen.

1.8 Futterqualität und Milchleistung

Die Qualität des Grundfutters wirkt sich in zweifacher Hinsicht auf die Höhe der Grundfutterleistung aus. Eine hohe Grundfutterqualität ist sowohl durch eine hohe Nährstoffkonzentration als auch durch eine hohe Futteraufnahme gekennzeichnet.

Von den futterrelevanten Einflussfaktoren auf die Futteraufnahme spielt die Zusammensetzung des Pflanzenbestandes, das Vegetationsstadium bei der Ernte der Grünlandpflanzen sowie die Futterkonservierung eine herausragende Rolle.

Eine durchschnittliche Kuh wird von Grünfutter in der Weidereife mehr als 15 kg TM täglich fressen, von Grünfutter in der Blüte dagegen weniger als 13 kg TM. Die Kombination von verringerter Energiekonzentration und geringerer Verdaulichkeit sowie herabgesetzter Futteraufnahme wirkt sich gravierend auf die Futteraufnahme und somit auf die Milch-/Fleischleistung aus dem Grundfutter aus. In der **optimalen Weidereife** (Kurzrasenweide) können unter bestem Weidemanagement etwas **mehr als 20 kg Milch aus dem Grundfutter pro Kuh und Tag** erzeugt werden. Nehmen hingegen dieselben Tiere Heu in der Blüte gemäht auf, so wird deutlich weniger bei geringeren Inhaltsstoffen pro Tag und Kuh aufgenommen. Die daraus resultierende Milchleistung aus diesem Grundfutter wird dann bei 8–10 kg/Tag liegen. Die damit verbundenen wirtschaftlichen Konsequenzen sind enorm. Zur Erzeugung von z. B. 20 kg Milch sind bei geringer Grundfutterleistung (in der Blüte) hohe Kraftfuttergaben erforderlich, welche die Futterkosten der Milcherzeugung gegenüber der Nutzung vor dem Ähren- und Rispenschieben sehr stark anheben.

2. NUTZUNG DES GRÜNLANDES

Unter Futternutzung versteht man, wann, wie und wie oft die Flächen beerntet werden.

- **Wann:** Entwicklungszustand des Pflanzenbestandes (Vegetationsstadium der Leitgräser (Knaulgras/Goldhafer) am Pflanzenbestand beachten)
- **Wie:** Durch Schnitt, Beweidung oder als Ökofläche
- **Wie oft:** Häufigkeit der Nutzung auf derselben Fläche (Nutzungsanzahl – Bestoßungshäufigkeit)

Eine qualitätsorientierte Futternutzung hebt die tierischen Leistungen aus dem Grundfutter und spart Zukauffutter. Nachhaltig ist die Nutzung auf Futterqualität erst dann, wenn auch die Pflanzenbestände nicht darunter leiden.

Mit einer schlagkräftigen Werbe- und Erntetechnik, möglicherweise überbetrieblich, können große Flächen zu besten Qualitäten rechtzeitig genutzt werden.

2.1 Vegetationsstadien, Nutzungsreife und Energiegehalt

Bei der Wahl des optimalen Schnittzeitpunktes bzw. Nutzungszeitpunktes muss zwischen dem ersten und den Folgeaufwüchsen grundsätzlich unterschieden werden. Es sollten aber auch die Pflanzenzusammensetzung und die Höhenstufe in die Betrachtung miteinbezogen werden. Je nach Verwertung des Futters (Milchvieh, Mutterkühe, Jungvieh, Schafen, Ziegen, Pferde etc.) ergibt sich jeweils ein optimaler Nutzungszeitpunkt.

Befinden sich die **Leitgräser** (Goldhafer, Knaulgras etc.) **am Beginn des Rispen- bzw. Ährenschiebens**, so sollte die Nutzung im Wirtschaftsgrünland zu **Heu oder Silage** erfolgen. In diesem Vegetationsstadium betragen die Gerüstsubstanzen (Zellulose, Hemizellulose und Lignin) rund 50 % und der energetische Futterwert liegt bei 5,5–6,5 MJ NEL (Nettoenergie-Laktation) je kg TM (vergleiche Grafik 26).

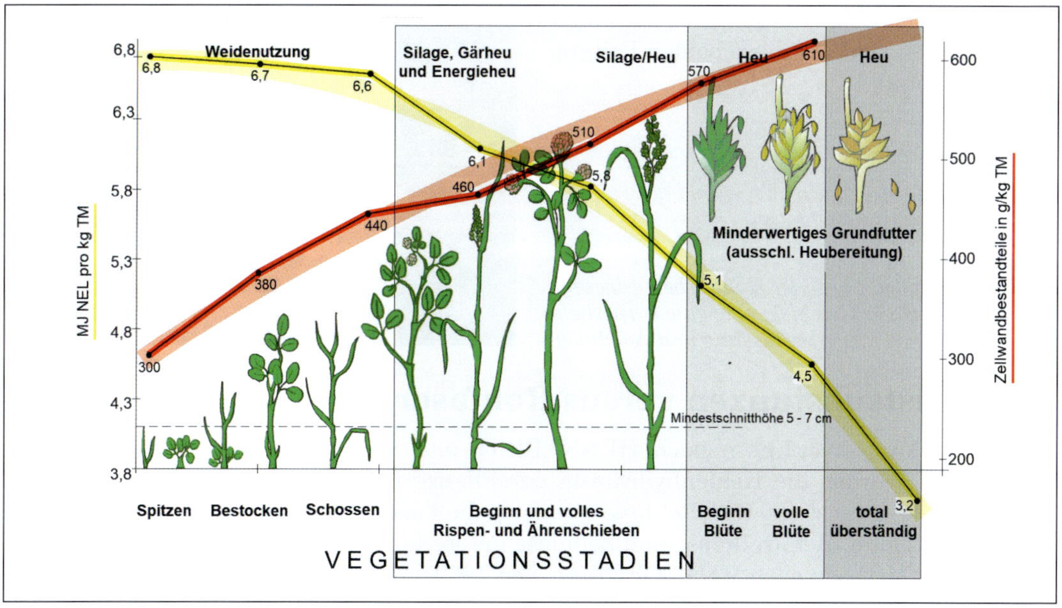

Grafik 26: ***Entwicklungsstadien der Leitgräser (Knaulgras, Goldhafer) in Bezug auf Gerüstsubstanzen und Energiegehalt bei unterschiedlichen Vegetationsstadien***

❑ Leitgräser zur Bestimmung des Vegetationsstadiums

In den Dauerwiesen, Dauerweiden sowie in den Wechselwiesen und im Feldfutter werden in Österreich ausschließlich zwei Leitgräser zur Bestimmung des Vegetationsstadiums herangezogen.

Knaulgras (*Dactylis glomerata*)
Das Knaulgras kommt in nahezu allen Grünlandbeständen in Österreich vor. Knaulgras gilt auf den Grünlandflächen (unter 600 m Seehöhe) und auf allen Feldfutterbeständen als Leitgras.

Ähren- / Rispenschieben (rechts)
Blüte (links)

Goldhafer (*Trisetum flavescens*)
Der Goldhafer kommt in allen Dauerwiesen und Dauerweiden über einer Seehöhe von 600 m vor, er gilt dort als Leitgras.

Ähren- / Rispenschieben (links)
Blüte (rechts)

Auch wenn andere Arten auf den Flächen dominieren oder häufiger im Bestand vorkommen, so gelten Knaulgras und Goldhafer als die Leitgräser. Wenn mehr als 50 % des Leitgrases im Pflanzenbestand ein Vegetationsstadium erreicht haben, dann ist das Vegetationsstadium erreicht. Alle Einstufungen der Futterqualitäten in der Futterwerttabelle für den Alpenraum und in anderen Bewertungen nach den Vegetationsstadien sind auf diese beiden Leitgräser abgestimmt.

In ganz steilen Lagen ist Handarbeit angesagt, hier braucht es Geschick, eine gute körperliche Verfassung und Ausdauer.

2.2 Gerüstsubstanzen versus Rohfaser

Nach dem Analyseverfahren nach HENNEBERT und STROHMANN (1864), der Weender-Analyse, wurden die Kohlenhydrate in der Pflanze in „Rohfaser“ und „stickstofffreien Extraktstoffe“ dargestellt. Die „Rohfaser“ umfasst die Faser – Kohlenhydrate, wobei hier die Fraktionen Lignin, Hemizellulose und Zellulose unterschiedlich in den Anteilen gefasst wurden. Mit der Methode nach VAN SOEST aus den 1960er Jahren können nun die „Zellwände und Gerüstsubstanzen“ (NDF) in die Fraktonen Lignin (ADL), Zellulose (ADF – ADL) und Hemizellulose (NDF – ADF) besser analytisch zugeteilt werden (siehe Grafik 27). Die nichtfasrigen Kohlenhydrate (NFC) können mit diesem Verfahren auch treffender den Zellinhaltsstoffen zugeteilt werden (GRUBER, 2017).

❑ Allgemeines zu Gerüstsubstanzen

Der Ausgangsstoff für die Gerüstsubstanzen und Zellwände in der Pflanze entsteht über die Photosynthese, wo das Blattgrün die Sonnenenergie aufnimmt und mit Wasser (H_2O) und Kohlendioxid (CO_2) Zucker (Glucose) entstehen lässt.
Je komplexer Glucosemoleküle sich aneinander lagern, umso kompakter und schwerer verdaulich werden diese. Ist Glucose noch leicht von Tier und Mensch verdaulich, so braucht es für Hemizellulose, Zellulose und Lignin schon Mikroorganismen im Verdauungstrakt bei den raufutterverzehrenden Tieren, um diese Gerüstsubstanzen aufzuschließen. Die Pflanze selber braucht diese Gerüstsubstanzen im Stängel und in den Blattrippen, um aufrecht zu stehen und die Blüte und Samenbildung für das Fortbestehen zu gewährleisten, um das Blatt in die richtige Stellung zur Sonne zu halten. Lignin wird mit zunehmendem Wachstum und Alter in der Pflanze eingelagert und blockiert so auch eine gänzliche Verdauung der Zellulose und Hemizellulose.

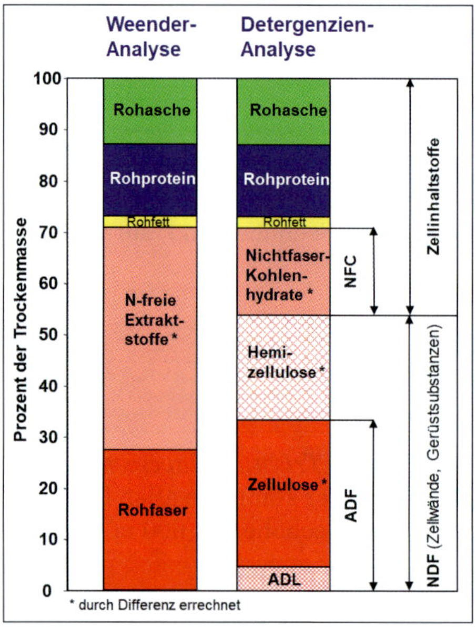

Grafik 27: ***Auftrennung der Nährstoffe eines Futtermittels in Zellinhaltsstoffe und in Gerüstsubstanzen*** *(GRUBER, 2017)*

In der „erdgeschichtlichen“ Entwicklung der Tiere, insbesondere der Wiederkäuer, haben die Faserkohlenhydrate (Zellulose, Hemizellulose, Lignin) wohl eine entscheidende Rolle gespielt. Einerseits haben sich die entsprechenden Mikroorganismen im Pansen/Verdauungsapparat eingestellt und andererseits machen die Faserstoffe eine Kautätigkeit notwendig, die den Speichelfluss auslöst und das Milieu im Pansen für die Mikroorganismen schafft – eigentlich genial für die Verwertung von Futterpflanzen. Bei einer Anhebung von Kraftfutter über ein bestimmtes Maß wird dieses wunderbare Zusammenspiel in der Natur durchbrochen und kann zu Problemen (Acidose) führen.

Mit der Einführung der Gerüstsubstanzen nach VAN SOEST kann die Tierernährung nun den tatsächlichen Fasergehalt der Futtermittel besser quantifizieren und dies bietet künftig eine noch bessere Grundlage für die Ernährung der raufutterverzehrenden Tiere. Nach GRUBER (2018) ist der tatsächliche Fasergehalt entscheidend für die Beurteilung, ob eine Futterration wiederkäuergerecht und ausreichend strukturwirksam ist. Daher ist die so genannte physikalische effektive Faser (peNDF) die allgemein gültige Kenngröße für die Einschätzung der Strukturwirksamkeit und damit Wiederkäuergerechtheit einer Ration.

Die Futtermittelanalyse nach Van Soest kann noch spezifischer und exakter die Fraktionen Lignin, Hemizellulose aus den Zellwänden und Gerüstsubstanzen ermitteln und gibt daher noch besseren Aufschluss über die Futterqualität. Das System „Rohfaser“ gehört der Vergangenheit an, die Zukunft gehört NDF, ADL, ADF und NFC sowie Hemizellulose (NDF – ADF).

2.3 Gerüstsubstanzen im Futter

Die HBLFA Raumberg-Gumpenstein und auch das Futtermittellabor in Rosenau haben in der praktisch angewandten Forschung für die Grünland- und Viehwirtschaft die ersten Versuche und Untersuchungen zu den Gerüstsubstanzen umfangreich angestellt. GRUBER, RESCH und STÖGMÜLLER (2018) gehen in der ÖAG-Sonderbeilage (1/2018) zum Thema „Den Wert des Grundfutters an den Gerüstsubstanzen erkennen“ erstmals mit konkreten Daten mit den Gerüstsubstanzen im Grünlandfutter und Silomais für die österreichischen Verhältnisse in die Praxis.

❑ Einfluss Pflanzenarten und Vegetationszeitpunkt

Je stärker die Anteile der Gerüstsubstanzen in den Pflanzen zunehmen, desto geringer werden die Anteile der Zellinhaltsstoffe (Mineralstoffe, Protein, Fett und die Nichtfaser – Kohlenhydrat, Zucker) pro kg TM. Es hängt nun von der Tiergattung und der erwarteten Leistung (Milch, Fleisch, Sport etc.) ab, welche und wie viel Gerüstsubstanzen die Einzelkomponente und wohl auch die Futterration letztlich aufweist.
So nimmt die Zellulose von der Schossphase bis zum samenreifen Vegetationsstadium von 220–350 g/kg TM zu, in der gleichen Entwicklungszeit steigt die Hemizellulose von 170–200 g/kg TM, während das Lignin einen eher konstanten Anteil von 40–60 g/kg TM aufweist. Je stängelreicher und blattärmer die Pflanzenbestände sich zeigen, desto höher wird der Zellwand- und Gerüstsubstanzanteil (NDF).
Nach Untersuchungen von DACCORD et al. (2001) in der Schweiz zeigten stängelreiche Obergräser wie Knaulgras und Wiesenfuchsschwanz NDF-Gehalte von über 500 g/kg TM, während die Raygräser zwischen 200 und 300 g/kg TM aufwiesen. Die ertragreichen Obergräser spielen in Bezug auf die Gerüstsubstanzen und folglich auf die Verdaulichkeit eine zentrale Rolle.

Es braucht künftig Obergräsersorten, die blattreicher und spätreifer sind, dadurch werden die ersten Aufwüchse deutlich nutzungstoleranter, es könnte dadurch auch die Häufigkeit der Schnitte eingeschränkt werden.

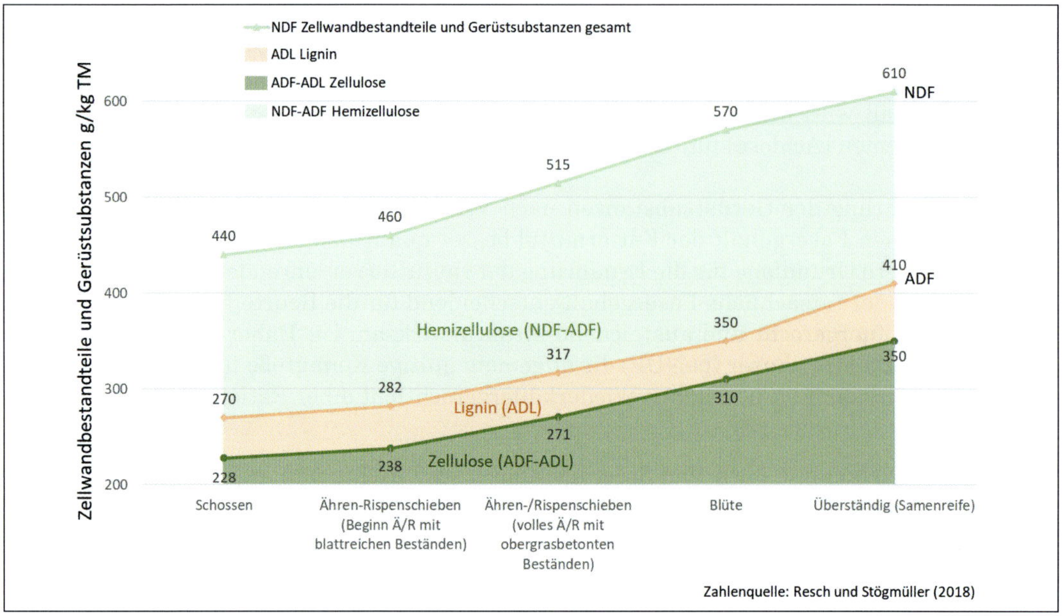

Grafik 28: ***Einfluss der Vegetationsstadien auf die Zellwandbestandteile und Gerüstsubstanzen im Grünlandfutter***

Interessanterweise liegt nach DACCORD et al. (2001) der Ligningehalt (ADL) bei den Obergräsern bei 30–40 g/kg TM, bei Weißklee und Rotklee steigt dieser auf 50–60 g/kg TM an, die Kräuterarten liegen dazwischen. Extreme Ligningehalte kann die Luzerne mit 80–100 g/kg TM aufweisen.

In den Dauerwiesen und Dauerweiden kommt es bei den Folgeaufwüchsen oft zu höheren Anteilen von Weißklee und Kräutern, die in weiterer Folge auch höhere Ligningehalte und somit eine geringere Verdaulichkeit verursachen.

Eine Beurteilung der Futterqualität gerade im Hinblick auf Gerüstsubstanzen setzt künftig eine genaue Kenntnis des Pflanzenbestandes voraus. Mit besseren, blattreicheren und eher späteren Sorten im Obergrasbereich sollte es gelingen, beste und ertragreiche Pflanzenbestände im Wirtschaftsgrünland zu führen.

2.4 Rohprotein aus dem Grünland

Im österreichischen Grünland werden jährlich zwischen 800.000 und 1 Mio. t Eiweiß produziert. Durchschnittlich kann beim derzeitigen Nutzungs- und Düngungsniveau im Berggebiet mit 120 g Rohprotein pro kg TM des Grünlandfutters gerechnet werden. Betriebe in Gunstlagen, die rechtzeitig mähen und angepasst düngen, können mit 140–160 g Rohprotein/kg TM rechnen. Im Feldfutter (Rotkleegräser, Luzerne, kleereiches Dauergrünland) lässt sich der Rohproteingehalt durch den Leguminosenanteil auf 200 g pro kg Trockenmasse anheben. Ein Rotkleegras mit einem TM-Ertrag von 10 t und einem Eiweißgehalt von 200 g/kg TM bringt 2.000 kg/ha Rohprotein. Ein Dauergrünland mit 8 t TM/ha und 140 g Rohprotein/kg TM liegt auch noch bei 1.120 kg/ha. Diese Rohproteinerträge im Grünland zeigen schon, wie enorm hoch hier das Potenzial liegt.

Es gibt grundsätzlich **vier wesentliche Einflussmöglichkeiten** der Bewirtschaftung, **um den Rohproteingehalt im Futter zu steigern**. Diese liegen im

- Nutzungszeitpunkt,
- modernen Grünlandbestand,
- Leguminosenanteil des Futters und
- in der Bereitstellung von Stickstoff.

Beim rechtzeitigen Nutzungszeitpunkt zum „Ähren- und Rispenschieben der Leitgräser“ liegt der Rohproteingehalt bei rund 150 g/kg Trockenmasse (vergleiche Grafik 29). Werden die Grünlandbestände älter – Blattanteil sinkt, Gerüstsubstanzen steigen an – so geht bis zur Blüte der Rohproteingehalt auf bis zu 100 g/kg TM zurück. Bei überständigem Futter liegt der Rohproteingehalt unter 80 g/kg Trockenmasse.

Der Landwirt kann bei gleicher Düngung **durch die Wahl des Nutzungszeitpunktes** den **Rohproteingehalt im Grünlandfutter enorm beeinflussen**. Jene, die ihre Wiesen zum Ähren- und Rispenschieben der Leitgräser ernten, können bei sachgerechter Düngung mit einem Rohproteingehalt von 15 % bzw. 150 g/kg Trockenmasse rechnen. Ein moderner Grünlandbestand mit blattreichen Sorten ist nutzungstolerant und behält auch bei späteren Schnittterminen einigermaßen den Rohproteingehalt.

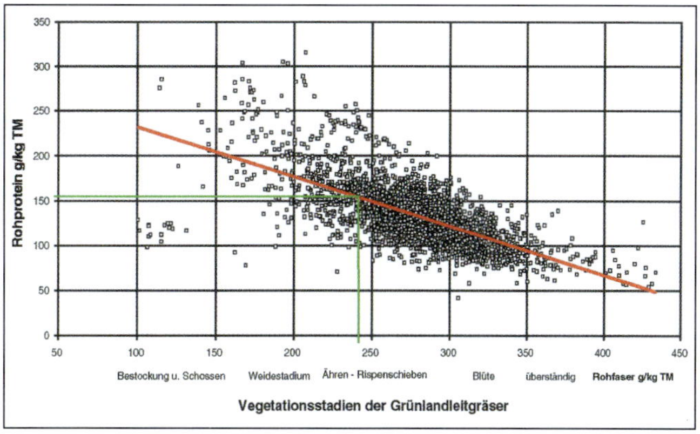

Grafik 29: ***Einfluss des Nutzungszeitpunktes auf den Rohproteingehalt von Dauergrünland im ersten Aufwuchs***

Die **Nährstoffversorgung**, insbesondere mit Stickstoff, hat natürlich einen Einfluss auf den Rohproteingehalt des Grünlandfutters. Eine Wirtschaftsdüngerrücklieferung bei mittlerem GVE-Besatz lässt beim richtigen Nutzungszeitpunkt Rohproteingehalte von 120–130 g/kg TM erwarten. Im Stallmist- und Jauchesystem können etwas höhere Rohproteinwerte erwartet werden, wenn dadurch der Leguminosenanteil höher ist. Wird der Tierbesatz gegen 2,0 GVE/ha gesteigert, so fällt auch mehr Dünger meist in Form von Gülle an, der wiederum bei rechtzeitiger Nutzung den Rohproteingehalt auf 140–160 g/kg TM erhöhen kann, da ausreichend Stickstoff zur Proteinsynthese zur Verfügung steht.

Der **Rohproteingehalt der Kleearten** ist **höher als jener der Gräser und Kräuter**. Bei steigenden Kleeanteilen im Grünlandfutter erhöht sich somit der Rohproteingehalt. Reine Kleebestände erreichen durchaus bis zu 250 g Rohprotein/kg TM. Ein Kleeanteil von 10 % erhöht den normalen Rohproteingehalt eines Grünlandfutters um etwa 5 g/kg TM zusätzlich.

Bei einem Grünlandbestand mit 30 % Kleeanteil kämen zu den erwarteten 150 g beim Ähren-/Rispenschieben noch 15 g Rohprotein/kg TM dazu, das wären insgesamt 165 g/kg TM.

2.5 Energiegehalt im Grünlandfutter

Neben dem Rohprotein spielt der Energiegehalt im Grünlandfutter eine zentrale Rolle, insbesondere bei Hochleistungstieren. Die Verdaulichkeit der organischen Masse – sie ist stark abhängig von den Gerüstsubstanzen – ist maßgeblich verantwortlich für die Höhe des Ener-

Je höher die Verdaulichkeit, desto höher der Energiegehalt, desto höher die Futteraufnahme und desto höher auch die Leistung aus dem Grundfutter.

giegehaltes des Futters. So erreicht extensiv genutztes, spät gemähtes Futter Verdaulichkeiten von 40–60 % und Energiegehalte von 3,2–5,0 MJ NEL/kg TM.

Steigt die Verdaulichkeit auf 70 %, so steigt auch die Energiedichte je nach Nutzungsform auf 6,0 MJ NEL/kg TM (vergleiche Grafik 30). Bei Vielschnittflächen kann die Energiedichte im Futter auf 6,5 MJ NEL/kg TM in den Konserven Heu, Grummet, Gärheu oder Silage ansteigen, in der Weidereife können Energiewerte bis zu 7,0 MJ NEL/kg TM angeboten werden.

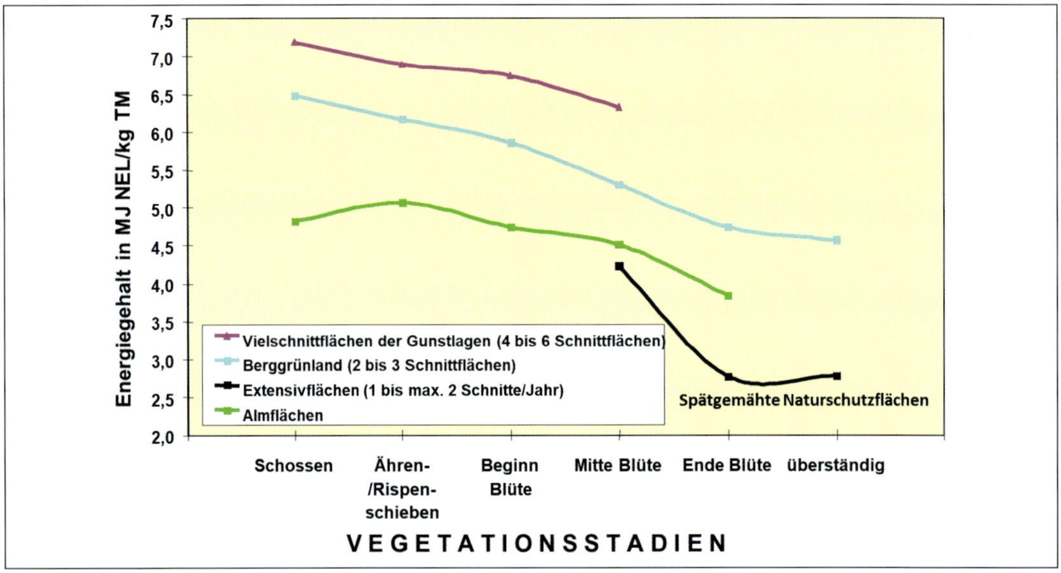

Grafik 30: ***Energiegehalt in MJ NEL/kg TM beim ersten Aufwuchs in Abhängigkeit vom Pflanzenbestand, von der Nutzungsform und vom Vegetationsstadium***

Gründe für eine Ernte zur Qualitätsreife (Ähren-/Rispenschieben)

- Hoher energetischer Futterwert
- Höherer Gehalt an Inhaltsstoffen im Futter
- Hohe Verdaulichkeit der organischen Masse
- Beste Grundfutteraufnahme
- Hohe Leistungen aus dem Grundfutter (Milch und Fleisch)
- Dichte, harmonische Pflanzenbestände; guter Unterwuchs
- Geringere Verkrautungsgefahr

- Rasche Regeneration der Schnitt- bzw. Weidefläche
- Bessere Konservierbarkeit
- Bei Silierung leichter zu verdichten
- Geringerer Pilzbefall im Bestand

In den milderen Lagen findet die Ernte von Qualitätsfutter beim ersten Aufwuchs Ende April/ Anfang Mai, in den Tal- und Gunstlagen des Alpenraumes in der ersten Maihälfte und in den raueren Lagen in der ersten Junihälfte, je nach Wetterlage, statt.

2.6 Anzahl der Nutzungen und Energieertrag

Die Anzahl der Nutzungen pro Jahr und Futterfläche richtet sich in erster Linie nach folgenden Kriterien:

- Höhenlage und Exposition der Flächen
- Nährstoffversorgung der Futterflächen
- Witterungsverhältnisse
- Verwendungszweck des Futters und der Futterart
- Schlagkraft des Betriebes oder des Maschinenringes bei der Ernte
- Bei Biodiversitäts- und Naturschutzflächen nach dem Blühverhalten der Pflanzenarten, nach Brutverhalten der Vögel und der Samenreife schützenswerter Pflanzen

Bei der **Ernte** des ersten Aufwuchses **zur Qualitätsreife** (im Vegetationsstadium Rispen- bzw. Ährenschieben) sind die Futtererträge zwar nicht so hoch wie bei der Mahd nach der Blüte, doch erfolgen die **Wiederbegrünung und die Regeneration viel rascher**, sodass die Folgeaufwüchse diesen Minderertrag wieder wettmachen. Der energetische Futterwert steigt bei der Vorverlegung des Schnittzeitpunktes bis zum Ähren-/Rispenschieben an (MJ NEL pro kg TM). Die Energiekonzentration je kg TM wird erhöht, aber auch die Energieerträge pro ha bleiben bei bis zu vier Aufwüchsen auf dem gleichen Niveau, sofern die Düngung angepasst wird.

Eine **zu frühe und häufige Nutzung** hemmt den Nachwuchs und die nutzungsempfindlichen Obergräser fallen aus, die Grasnarbe wird lückig und die Ertragsleistung fällt ab. Eine **zu späte Nutzung** wirkt sich ungünstig auf die Qualität aus. Deshalb sollte der für den Betrieb und seine Flächen optimale Nutzungszeitpunkt standortangepasst gewählt werden.

Die optimale Anzahl der Nutzungen liegt

- in den milderen Lagen bei drei bis vier Schnitten,
- in den inneralpinen Tal- und Beckenlagen bei zwei bis drei Schnitten (+ Nachweide),
- in den raueren Lagen bei bis zu zwei Schnitten mit Nach- bzw. Vorweide.

Die Temperaturerhöhung hat in den letzten Jahren dazu geführt, dass in den so genannten rauen Lagen auf den besten Flächen mit wärmeren Mikroklima meist ein Schnitt hinzugekommen ist.
Die Weiden werden vier- bis achtmal, je nach Klima und Standort, bestoßen; auf den Almen reduziert sich die Weidenutzung auf den besten Flächen auf ein bis zwei/drei Weidegänge, sofern hier eine Koppelung erfolgt.

Bei steigendem Düngereinsatz, insbesondere von Stickstoff, ist eine höhere Nutzungsfrequenz notwendig, um Qualitätsfutter zu erhalten. **Die Nutzung muss im Einklang mit der Düngung und der Nutzbarkeit der Pflanzenarten stehen.**

2.7 Rohfett – ungesättigte Fettsäuren

Im Grünlandfutter werden je nach Pflanzenzusammensetzung und Vegetationsstadium sowie dem Anteil Stängel/Blatt Rohfettwerte von 15–35 g/kg TM analysiert. Werden der Kuh **hochwertige Grundfutterpartien** angeboten, so nehmen diese bis zu **300–400 g Rohfette pro Tag** aus dem Grundfutter auf.

Milch und Fleisch setzen sich aus Wasser, Fetten, Proteinen, Kohlenhydraten, Vitaminen, Mineralstoffen und Spurenelementen zusammen. Die Milchinhaltsstoffe werden neben dem Laktationsstadium und der Genetik der Kuh hauptsächlich durch die Fütterung beeinflusst. Die Bildung von **Milcheiweiß** erfolgt durch aus dem Blut stammende Aminosäuren. Diese entstehen zum größten Teil durch nicht abgebaute Futterproteine aus dem Pansen, so genannte Mikrobenproteine, und wenige eigene Körperproteine. Das **Milchfett** hingegen wird hauptsächlich durch Neusynthese, z. B. aus Essigsäure (50 %), welche als Verdauungsprodukt im Pansen entsteht, im Eutergewebe gebildet. Ebenso werden Futterfette (35 %) direkt sowie Körperfettreserven (15 %) zur Milchfettbildung herangezogen (JAKOB et al. 2007). Die gesättigten Fettsäuren werden laut WEISS (2005) hauptsächlich aus kurzkettigen Fettsäuren entwickelt, die bei der Pansenfermentation entstehen. Langkettige und mehrfach ungesättigte Fettsäuren hingegen sind für das Rind essentiell und müssen über das Futter aufgenommen werden (JAKOB et al. 2007). Laut COLLOMB et al. (2002) sind bis heute über 400 Fettsäuren im Milchfett gefunden worden.
Den ungesättigten Fettsäuren, insbesondere den Omega-3-Fettsäuren und den konjugierten Linolsäuren, werden besondere physiologische Eigenschaften für die Humanernährung zugesprochen (STEHLE, 2007). Die Gruppe der ungesättigten Fettsäuren sind für den Menschen essentielle Fettsäuren, die er über die Nahrung aufnehmen muss, weil es der Körper nicht selbst herstellen kann. Das heißt, weder die Kuh noch der Mensch können diese essentiellen ungesättigten Fettsäuren selbst herstellen, diese müssen über die Pflanze, die Fütterung in die Milch, ins Fleisch, gelangen.

BRAACH (2013) fasst in ihrer Studie über die Fettsäuren in der Milch hinsichtlich Fütterung die bisherigen Ergebnisse aus der Schweiz, Deutschland und Österreich zusammen. Dabei stellte sich heraus, dass **Frischgras als Futtergrundlage** den **höchsten Gehalt an erwünschten speziellen Fettsäuren in der Milch** hervorbringt. Mit der Konservierung des Frischgrases zu Heu oder Grassilage können jedoch nahezu gleiche Ergebnisse erzielt werden. Zu berücksichtigen ist bei Grünfutter die **botanische Zusammensetzung**. Dauerwiesenfutter zeigt als Rationsgrundlage bessere Eigenschaften als Feldfutter. Darüber hinaus sind geographische Gegebenheiten der Futterflächen sowie deren Höhenlage zu bedenken, denn sie sind ausschlaggebend für die Artenvielfalt der Pflanzen. Wird das Grünfutter konserviert, ist der richtige Schnittzeitpunkt zu wählen sowie die saubere Herstellung der Futtermittel zu garantieren.

Ganz wesentlich für das Fettsäuremuster bei der grünlandbasierten Fütterung erscheint der Anteil von Blatt und Stängel. Je höher der Blattanteil in der Futterration ist, desto mehr wertvolle Fettsäuren finden sich in der Milch wieder.

Je älter jedoch die Bestände sind, desto größer ist der Stängelanteil und desto geringer wird damit der Blattanteil, welcher Speicher von Omega-3-Fettsäuren ist. Bei der **Konservierung** des Grünfutters zu Heu muss daher besonders auf den **richtigen Schnittzeitpunkt** sowie auf geringe Bröckelverluste geachtet werden. Für die Grassilage gilt dies ebenfalls, jedoch spielen Bröckelverluste hier keine übergeordnete Rolle, was für einen ernährungsphysiologisch hohen Wert der Grassilage spricht und in den Milchfettsäuren zur Geltung kommt.

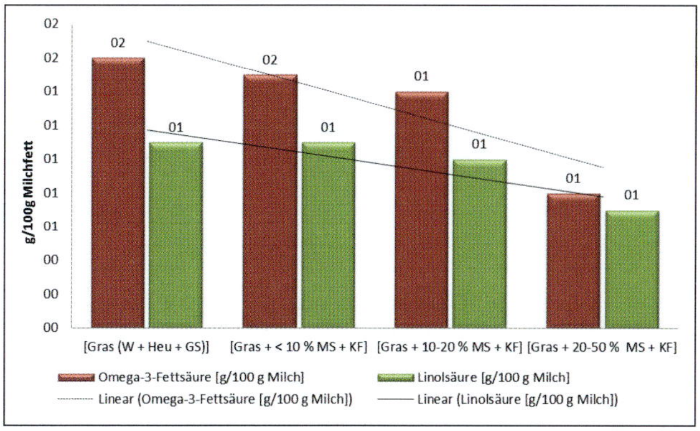

Grafik 31: ***Veränderung der Omega-3-Fettsäuren und konjugierte Linolsäuren in Abhängigkeit der Futterkomponenten*** **(BRAACH, 2013).**

Verlagert sich die grünlandbasierte Fütterung hin zu **hohen Maissilage- und Kraftfutteranteilen** in der Ration, so zeigt sich ein deutlicher Einfluss auf die Milchinhaltsstoffe. Ein generell **sinkender Gehalt an positiven speziellen Milchfettsäuren** ist dann zu verzeichnen. Dies spiegelt sich in den konjugierten Linolsäuren, aber vor allem bei den Omega-3-Fettsäuren wieder. In Grafik 31 ist die Veränderung dieser beiden Fettsäuren dargestellt. Beginnend bei reiner Grasfütterung (bestehend aus Weide, Heu, Grassilage) im linken Teil und mit prozentual steigenden Anteilen an Maissilage (MS) und Kraftfutterkomponenten (KF) bis hin zu 20–50 % im rechten Teil der Grafik. Die konjugierten Linolsäuren verringern sich im Vergleich der beiden Extremvarianten um 0,4 g/100 g Milchfett oder anders ausgedrückt um rund 36 %. Bei den Omega-3-Fettsäuren ist ein Abfall von 1,6 g/100 g auf 0,8 g/100 g festzustellen, welcher einer Halbierung dieser Fettsäuren durch die intensivierte Fütterung entspricht.

Beste Inhaltsstoffe im Futter geben höchsten Nährwert in Lebensmitteln.

Eine kreislaufbezogene Grünland- und Viehwirtschaft mit einem möglichst hohen Anteil an blattreichem Grundfutter liefert Milch und Fleisch mit höheren Anteilen an ungesättigten Fettsäuren. Das ist ein qualitatives Merkmal für die Auslobung von tierischen Produkten aus dem Berggebiet.

2.8 Rohasche, Mineralstoffe und Futterverschmutzung

Das geringe Bewusstsein und die oft weniger exakte Arbeitsweise für eine hohe Futterqualität, die Verzögerung der Ernte durch Schlechtwetterperioden sowie natürlich auftretende Ursachen zur Verschlechterung der Grasnarbe führen zur erdigen Verschmutzung der Ernte und somit zu höheren Rohaschegehalten.

Die Rohasche, die bei der Veraschung der Futterprobe übrigbleibt, beinhaltet Mengen- und Spurenelemente, also den anorganischen Anteil im Futter. Dieser anorganische Anteil beim Grünlandfutter liegt bei rund 10 % oder 100 g/kg TM. Je höher der Blattanteil und je besser die Nährstoff- und Spurenelementversorgung, umso höher die Rohasche. Je älter der Pflanzenbestand und extensiver die Nährstoffversorgung, desto niedriger der Rohaschegehalt im Futter.

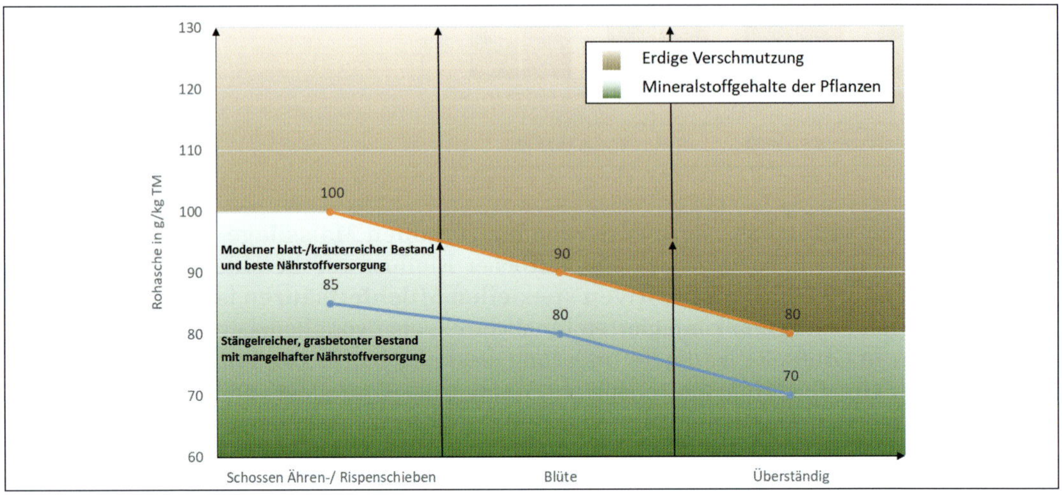

Grafik 32: ***Rohaschegehalte und erdige Verschmutzung im Grünlandfutter***

Die Mineralstoffgehalte (Ca, P, K, Mg, Na, Fe, Zn, Cu, Mn ...) in den Pflanzen hängen vom Nährstoffangebot (Bodennährstoffe und Düngung), den Pflanzenarten und dem Vegetationsstadium zum Nutzungszeitpunkt ab. Je höher der Blattanteil insbesondere von Kräutern, desto höher der Mineralstoffgehalt, sofern die Pflanzen über das Nährstoffangebot die Mengen- und Spurenelemente über die Wurzeln aufnehmen können.

Bei dichter Grasnarbe und bei einer Schnitthöhe von 5–7 cm sowie sachgerechter Ernte sollte keine Futterverschmutzung erfolgen.

Die natürlichen Rohaschegehalte über die Mineralstoffgehalte der Pflanzen bewegen sich je nach Zusammensetzung, Nährstoffangebot und Nutzungszeitpunkt sowie Konservierungsform zwischen 70 und 100 g/kg TM. Alle Rohaschegehalte, die laut Analyse höher liegen, stammen aus erdiger Verschmutzung oder Mist- und Gülleresten.

Beim optimalen Weidegang wird dieses blattreiche Weidefutter und damit hohe Mineralstoffwerte vom Tier aufgenommen, bei einer Bodenheuwerbung mit viel Bröckelverlusten werden die Mineralstoffwerte und somit der Rohaschegehalt abfallen, sofern nicht erdige Verschmutzung hinzukommt.

❑ Mineralstoffe und Spurenelemente in den Pflanzen

Der Gehalt an Mengenelementen des Wiesen- und Weidegrases wird im Wesentlichen von der Zusammensetzung des Pflanzenbestandes und dem Nutzungszeitpunkt bestimmt (vergleiche Tabelle 12).

Tabelle 12: **Gehalt der Artengruppen an Mengen- und Spurenelementen (MEISTER und LEHMANN, 1988)**

	Mengenelemente g/kg TM					Spurenelemente mg/kg TM		
	Ca	P	Mg	K	Na	Mn	Zn	Cu
Gräser	5	3,0	1,5	23	0,20	80	30	7
Leguminosen	15	3,0	2,8	23	0,25	50	35	9
Kräuter	15	3,5	3,5	35	0,30	70	40	12

Die Gräser haben einen geringen Kalzium- und Magnesiumgehalt, während die Kräuter bei diesen Elementen sowie bei Kalium und Natrium gehaltreicher sind.

Bei den einzelnen Pflanzenarten gibt es enorme Gehaltsunterschiede bei den Mengenelementen. So enthält ein junger Bärenklau rund das Vierfache an Kalzium gegenüber den Gräsern (vergleiche Tabelle 13).

Tabelle 13: **Mineralstoffgehalt einzelner Pflanzenarten zum Zeitpunkt der Weidereife von Knaulgras (MEISTER und LEHMANN, 1988)**

Pflanzenart	Rohfaser	Ca	P	Mg	K
	g/kg TM				
Knaulgras	186	4,5	4,9	1,8	40,3
Wiesenfuchsschwanz	220	3,4	5,0	1,7	37,0
Kuhblume	101	8,8	5,0	2,9	33,8
Bärenklau	94	13,8	5,7	2,9	46,2
Kriechender Hahnenfuß	113	8,6	5,0	2,8	44,4
Wiesenknöterich	110	5,6	5,2	4,8	26,8

Das Ziel sollte nach GRUBER et al. (1995) eine bedarfsdeckende Versorgung der Milchkühe mit Mengen- und Spurenelementen sein. Sowohl Unter- als auch Überversorgungen sollten vermieden werden. Dazu müssen sowohl die Gehaltswerte in den einzelnen Futterkomponenten (Grund-, Kraft- und Mineralfutter) als auch deren Aufnahme durch die Tiere bekannt sein.

Wenn keine Mineralstoff- und Spurenelementanalysen des Grundfutters vorliegen, sind folgende Informationen für eine einigermaßen zutreffende **Einschätzung des Mineralstoffgehaltes** erforderlich:
- Futterwerttabelle (ÖAG-Beilage 2017)
- Geographische und geologische Ausgangslage des Betriebes
- Düngungs- und Nutzungsintensität des Betriebes anhand von Bodenanalysen und Düngeplänen
- Rohnährstoffgehalt des Grundfutters, insbesondere aber der Gerüstsubstanzen
- Vergleichbare Analysenergebnisse aus anderen Jahren

Zur Erzielung einer optimalen Mineralstoffversorgung sollten die Gehalte des Grundfutters berücksichtigt und darauf aufbauend mit einem in allen Nähr- und Mineralstoffansprüchen bedarfsgerecht ausgestatteten Leistungsfutter kombiniert werden, sofern dies die Leistung verlangt.

Das Kalium (K) liegt im Grundfutter mit Gehalten von etwa 20–30 g/kg TM vor. Gehalte von über 30 g K/kg TM sollten nicht überschritten werden, da sie beim Tier Fruchtbarkeitsstörungen hervorrufen können. Hohe Düngegaben mit Gülle, Jauche und kalihaltigen Mineraldüngern können bereits unmittelbar im folgenden Aufwuchs zu hohe Kaliwerte im Futter verursachen.
Für den Wiederkäuer sind die Mengenelemente Phosphor (P), Kalzium (Ca), Magnesium (Mg) und Natrium (Na) von lebenswichtiger Bedeutung (siehe Tabelle 14).

Tabelle 14: **Erforderliche Konzentration der Mengenelemente in der Gesamtration von Milchkühen (g/kg TM) (Gesellschaft für Ernährungsphysiologie, 2001)**

Milch kg	Kalzium Ca	Phosphor P	Magnesium Mg	Natrium Na	Kalium K	Chlor Cl
5	3,2	2,1	1,3	1,0	10	2,2
10	4,1	2,6	1,5	1,2	10	2,6
15	4,7	2,9	1,6	1,3	10	2,9
20	5,3	3,3	1,6	1,4	10	3,2
25	5,6	3,5	1,6	1,4	10	3,3
30	5,8	3,6	1,6	1,4	10	3,4
35	6,2	3,8	1,6	1,5	10	3,5
40	6,4	4,0	1,6	1,5	10	3,7
45	6,7	4,1	1,6	1,5	10	3,7
50	6,9	4,2	1,6	1,6	10	3,8

Pflanzen und Tiere benötigen eine bestimmte Menge an **Spurenelementen**, damit keine Mangelerscheinungen auftreten können. Je nach Boden, Düngung und Nutzungsstadium gibt es bei allen Spurenelementgehalten einen enormen Schwankungsbereich. Treten Mangelsituationen bei den Spurenelementen in der Fütterung auf, so sollten die fehlenden Mengen über die Mineralstoffmischung ergänzt werden. Eine Anhebung des Spurenelementgehaltes über die Düngung ist nicht zielführend. Bei den einzelnen Nutzungsformen des Grünlandes zeigten sich bei rund 2.200 Futterproben folgende Gehalte der wichtigsten Spurenelemente (siehe Tabelle 15).

Tabelle 15: **Durchschnittliche Spurenelementgehalte in mg/kg TM im Grünlandfutter Österreichs (MAB, 2000)**

Nutzungsformen	Eisen Fe	Mangan Mn	Zink Zn	Kupfer Cu	Selen Se
Einschnittwiesen	479	223	46,4	6,5	0,027
Zweischnittwiesen	513	155	41,9	7,8	0,023
Dreischnittwiesen	450	119	39,1	7,6	0,017
Vielschnittwiesen	698	84	36,0	7,0	0,041

Nutzungsformen	**Eisen Fe**	**Mangan Mn**	**Zink Zn**	**Kupfer Cu**	**Selen Se**
Mähweiden	855	117	42,8	8,4	0,077
Kulturweiden	1196	123	48,6	9,1	0,050
Feldfutter	500	111	33,6	9,5	0,009
Extensives Grünland	568	213	46,1	7,5	0,026
Durchschnitt	**586**	**138**	**41,3**	**7,8**	**0,028**
Normalwerte für die Versorgung der Tiere	über 100	60–100	30–40	5–10	0,1–0,2

Die Eisengehalte liegen im Durchschnitt der Wiesen- und Feldfutternutzung bei rund 500 mg/kg TM. Die Weiden, insbesondere die Kulturweiden, zeigten Eisenwerte von über 1.000 mg/kg TM.

Der Mangangehalt lag beim Grundfutter mit durchschnittlich rund 140 mg/kg TM über dem Normalwert. Die Zink- und Kupfergehalte lagen bei allen Nutzungsformen zwischen 33 und 49 bzw. bei 6,5–9,5 mg/kg TM etwa im Normalbereich. Auch bei Selen, welches in der Ration zu 0,2 g/kg TM enthalten sein soll, gibt es einen zu deckenden Bedarf. Das Selen sollte zwischen 0,1 und 0,2 mg/kg TM vorliegen, im österreichischen Grünlandfutter kommen durchschnittlich 0,028 mg/kg TM, also etwa 10 % vom Sollwert, vor.

❑ Erdige Verschmutzung

Wenn mineralische Bodenteile bei der Futteraufnahme (Weidegang) und bei der Ernte zum Futter gelangen, dann erhöht sich die Rohasche (siehe Grafik 32). Diese erdige Verschmutzung des Futters ist total unerwünscht, da Bodenorganismen die Futterqualität (z. B. Clostridien/Buttersäure) in der Hygiene verschlechtern und das Bodenmaterial ins Futter gelangt, wo es die Inhaltsstoffe und die Verdaulichkeit senkt sowie die Tiergesundheit beeinträchtigt. Eine geschlossene und dichte Grasnarbe ist wohl das oberste Ziel in der Grünlandbewirtschaftung auch im Hinblick auf eine Minimierung der erdigen Futterverschmutzung.

Zeigen Wiesen und Weiden eine lückige Grasnarbe infolge Auswinterung, Trockenschäden, tierischer Schädlinge oder Bewirtschaftungsfehler, so sollten die Fehler analysiert und abgestellt werden sowie die offenen Stellen im Pflanzenbestand mit den richtigen Saatgutmischungen mittels Nach-/Übersaat ergänzt werden.
Wenn tierische Schädlinge (Wühlmäuse, Maulwürfe, Wildschweine, Engerlinge, Schwarzkopfregenwürmer etc.) der Grasnarbe zusetzen, so sollten diese Schädlinge gezielt reduziert werden, damit der Schaden an der Ertragsleistung vermieden und die Futterqualität wieder hergestellt werden kann.
Das Abschleppen von Erdhaufen und das Einarbeiten von aufgewühltem Grünlandboden im Frühjahr im Vegetationsstadium „Spitzen/Bestocken“ mit Übersaat zählt wohl mittlerweile in vielen Grünlandregionen Österreichs zu den Standardpflegemaßnahmen.

Wildschweinschäden in den Grünlandbeständen führen zu starken Ertragsverlusten und zu hohen Rekultivierungskosten.

Die Nutzung der Grünlandbestände sollte im trockenen Zustand und in einer Schnitthöhe von 5–7 cm bei scharfer Schneide der Messer erfolgen. Ganz entscheidend ist auch die nachfolgende Einstellung der Kreisel- und Schwadgeräte sowie der Pickups von Pressen, Ladewagen und Häckslern. Generell sollten diese Arbeiten auf der Wiese und Weide bei „erdfeuchten/trockenen" Bodenzuständen erfolgen, wo kein Boden über das Reifenprofil aufgegraben wird und später in das Futter gelangt. Auch im Hinblick auf Bodenverdichtung sollte dieser Grundsatz für jede Bewirtschaftung im Sinne der „pfleglichen Bodenkultur" erfolgen. RESCH et al. (2014) gehen auf die erdige Futterverschmutzung sowie die Ursachen und Auswirkungen in der ÖAG-Sonderbeilage ein.

2.9 Beta-Carotin – Vorstufe von Vitamin A

Bei der Sommerfütterung mit Weide und frischem Grünfutter steht den Tieren (Rinder, Schafe, Ziegen, Pferde etc.) ausreichend Beta-(β-)Carotin zur Verfügung. Es sollten 100 mg Carotin/kg TM im Grünlandfutter vorhanden sein. Bis zum Ähren- und Rispenschieben liegt der Carotingehalt meist deutlich darüber und erst mit Beginn der Blüte nimmt die Vorstufe zu Vitamin A ab (vergleiche Grafik 33). Vom Carotin gehen durch die Heulagerung monatlich etwa 10 % vom Ausgangswert verloren, hingegen können die Carotingehalte bei Silagen übers Jahr konserviert werden. In höheren Almregionen kann aufgrund der intensiven Bestrahlung das Carotin im Futter verloren gehen. Je mehr blattreiches Weidefutter die Tiere aufnehmen, desto höher der Carotingehalt in der Milch – dies gibt eine gelbe, streichfähige Butter.

Bei permanenter β-Carotin-Unterversorgung treten Fruchtbarkeitsstörungen beim Tier auf! Füttert man überständiges und langgelagertes Heu, so treten hier Mangelsituationen auf. Altes Heu zum Weidegang vorlegen, so nehmen die Tiere ausreichend β-Carotin über die Gesamtration auf.

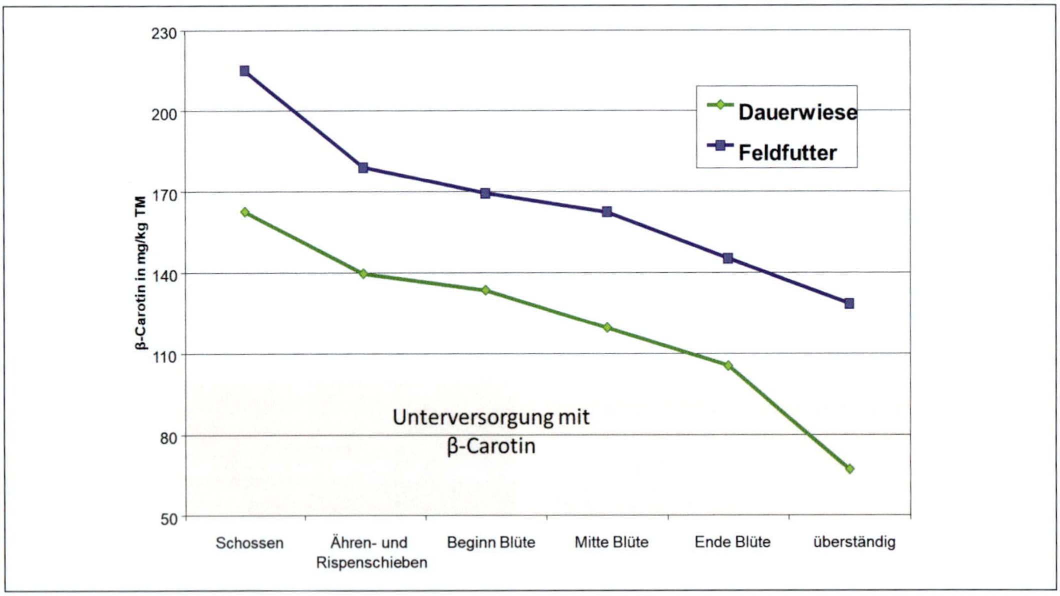

Grafik 33: ***β-Carotingehalt in Grünlandmischbeständen in Abhängigkeit vom Vegetationsstadium***

2.10 Futterqualitäten, Erntetermine und Einsatz von Grundfutter

Die Zielsetzung, möglichst hohe Futterqualitäten immer und überall zu erreichen, ist von den Bewirtschaftungszielen im Betrieb (intensiv – extensiv) und vor allem von den klimatischen und topographischen Verhältnissen, insbesondere im Berggebiet, abhängig. Die Anforderungen der Fütterung an die Futterqualität sind in den Milchviehbetrieben, in der Kalbinnen- und Ochsenaufzucht, bei den Schafen, Ziegen und Pferden äußerst vielfältig. Spitzenbetriebe in Richtung Hochleistung sind verstärkt bemüht, höchste Grundfutterqualitäten zu erzielen, während in Betrieben mit mittleren Leistungen weniger auf Höchstqualitäten Wert gelegt wird (vergleiche Tabelle 16).

Tabelle 16: **Grundfutterkenndaten (Grassilagen, Gärheu, Heu und Grummet) für den Einsatz in der Fütterung**

	Normalbereich in der Praxis	Spitzenqualitäten für Hochleistungstiere
Energiegehalt in MJ NEL/kg TM	4,8–5,8	5,9–6,7
Verdaulichkeit der org. Masse in %	65–70	71–80
Zellwandbestandteile und Gerüstsubstanzen % i. d. TM	50–60	40–50
Rohprotein % i. d. TM	10–14	15–20
Rohaschegehalt % i. d. TM	11–14	8–10
Carotingehalt in mg/kg TM	50–100	101–140
Hygienische Belastung	mittel bis hoch	gering

Die Ernte des ersten Aufwuchses muss wegen der unsicheren Wetterverhältnisse von Anfang Mai bis Anfang Juni meistens rasch durchgeführt werden. Die maschinelle Schlagkraft der Ernte und des Konservierungsverfahrens müssen aufeinander abgestimmt sein. In der Regel wird mit dem ersten Aufwuchs Silage bereitet, der zweite Aufwuchs vornehmlich getrocknet und der dritte respektive vierte Aufwuchs werden je nach Wetterlage eher wieder siliert. Entscheidend für eine hohe Futterqualität beim ersten Aufwuchs ist die Ernte zum Qualitätsreifezeitpunkt. Die Ernte ist mit einem gut funktionierenden Silierverfahren und mithilfe des Maschinenringes am ehesten zu bewerkstelligen. Bei den Vielschnittflächen (mehr als drei Schnitte pro Jahr) wird großteils stets zu Beginn des Ähren- und Rispenschiebens siliert. Die gut mit Belüftungsanlagen eingerichteten Heubetriebe erreichen mittlerweile eine große Schlagkraft und produzieren „Energieheu".

Mit der Ernte des letzten Aufwuchses im Jahr sollte nicht zu spät begonnen werden, da hier die Verpilzungsgefahr ansteigt und die hygienische Qualität abnimmt. Im September/Anfang Oktober sollten die Schnitte für die Grünfutter-, Heu- und Silagegewinnung abgeschlossen werden. Die Beweidung hingegen kann in milderen Lagen in günstigen Jahren bis in den November hinein durchgeführt werden.

Fixe Erntetermine sind bei den unterschiedlichen Standortverhältnissen nicht zu nennen. Der Erntezeitpunkt sollte sich ausschließlich nach der Entwicklung der Leitgräser sowie nach dem Erntewetter richten.

C WEIDEWIRTSCHAFT

Die europäische Agrarlandschaft weist Grünlandregionen auf, die in den Gunstlagen fast zehn Monate pro Jahr Weidefutter anbieten können. Je weiter wir aber in den Alpenraum vordringen, desto prägender werden die vegetationslose Winterzeit und die Strukturiertheit der Landschaft sowie die Besitzverhältnisse für die Weidewirtschaft. Im Alpenraum reicht die Weidezeit in den besten Lagen von Mitte April bis Ende Oktober und in den rauen Lagen stehen oft nur 60 Weidetage zur Verfügung.

Auf der Weide finden die Tiere die natürlichste Form des Futters.

Die Weidewirtschaft ist in Österreich durch einen relativ geringen Flächenanteil an Kulturweiden, einen relativ hohen Anteil an Extensivweiden und einen enorm hohen Anteil an Almweiden charakterisiert. In Österreich werden damit über 40 % der Grünlandfläche beweidet. Zählt man die Vor- und Nachweiden noch hinzu, so werden rund 80 % des Grünlandes zumindest einmal jährlich beweidet.

Das Beweiden ist die gebräuchlichste und kostengünstigste Form der Sommerfütterung. Der Arbeitsaufwand steigt allerdings mit der Länge der Triebwege und der Notwendigkeit des täglichen Vorzäunens. Kombinationsverfahren, wie beispielsweise Weide und Zufütterung von frischem Gras, sind durch einen erhöhten Arbeits- und Maschineneinsatz gekennzeichnet.

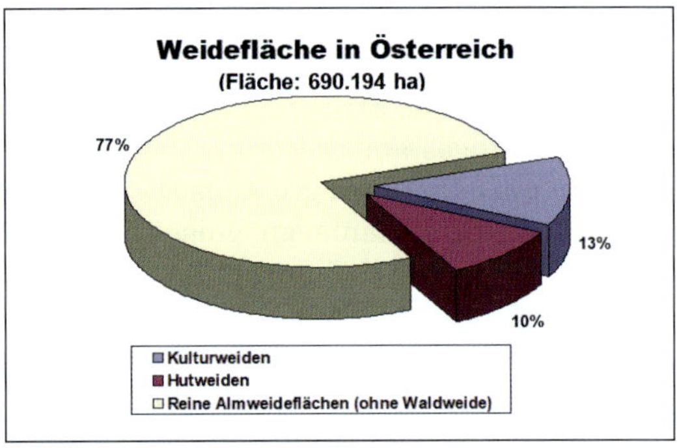

Grafik 34: **Weideflächen in Österreich im Jahre 2016** *(Quelle: BMLFUW, 2017a)*

Der größte Nachteil der Weiden liegt im schwankenden Futterangebot während der Saison, was auch oft unterschiedliche Milch- und Zuwachsleistungen bedingt. Bei einem geschickten Management wird der Nutzungsablauf mindestens für einen Monat im Voraus geplant, wodurch sich Engpässe vermeiden lassen. Schlecht bewirtschaftete Weiden haben eine ertragsschwache Grasnarbe mit einem hohen Anteil an Lückenbesiedlern und entsprechen häufig nur einem verbesserten Auslauf.

Vorteile der Weidewirtschaft
- Tiergerechte Ernährungs- und Haltungsform
- Kostengünstigste Art der Futternutzung und Schließen der Nährstoffkreisläufe
- Dichte, strapazierfähige Narben, bei hohem Anteil an Untergräsern
- Nutzung von extensiven Flächen, die schwierig mechanisierbar sind

Nachteile der Weidewirtschaft
- Saisonal oft stark schwankendes Futterangebot und Leistungsschwankungen
- Tritt- und Narbenschädigung besonders bei Regenperioden
- Höhere Futterverluste durch Weidereste bei extensiver Weideführung
- Hoher Arbeitsaufwand durch Zäunen, Viehtrieb und Pflege etc. bei intensiver Weideführung

1. VORAUSSETZUNGEN FÜR EINE NACHHALTIGE WEIDEWIRTSCHAFT

❑ Genügend weidefähige Fläche und weidegewohnte Tiere

Ebene bis leicht geneigte Flächen und **trittfeste Böden** mit **kompakter Grasnarbe** in arrondierter Lage um den Hof verkürzen die Triebwege und damit den Arbeitsaufwand – eine wesentliche Voraussetzung bei Milchviehweiden. Die steileren, kupierten und steinigen Flächen werden von leichteren Viehgruppen besser genutzt. Gewöhnt man bereits die Kälber an die Weide und erfolgt die Aufzucht in artgerechten Gruppen, so ist auch später die Weidehaltung im Herdenverband unproblematisch.

❑ Fortlaufende Bereitstellung von genügend weidereifem Futter

Die Futterproduktion beginnt im Frühjahr zögernd und wird von einer Phase der **stürmischen Zuwachsleistung im Mai** abgelöst. Gegen Ende Mai ist der Höhepunkt erreicht und die Nachwuchskraft der Narbe lässt gegen Herbst hin kontinuierlich nach. Im **Juli/August** ist allerdings noch ein **kleiner zweiter „Zuwachshöhepunkt“** zu beobachten. Dieser Futterzuwachs muss permanent beobachtet und im Weidemanagement insbesondere bei Flächenzuteilung und Tierbesatz berücksichtigt werden. Es setzt eine intensive Beschäftigung mit Grasnarbe, Futterzuwachs und Tierbesatz über die gesamte Vegetationsperiode voraus.

❑ Gute Ausnutzung des Futterangebotes gewährleistet die Nachhaltigkeit des Weidebetriebes

Ein **sauberes Abweiden** verringert den Aufwand an Koppelputz, birgt allerdings die Gefahr der „Überbeweidung“. Auf den Extensivweiden mit ihren wechselnden Boden- und Geländeverhältnissen besteht auch die Gefahr der partiellen „Unterbeweidung“. In diese Stellen dringen Farne, Disteln, Sträucher und Bäume vor. Eine fortschrittliche Weidetechnik orientiert sich an der Belastbarkeit des Standortes, findet die optimale Besatzzeit, pflegt laufend die weidefähige Grasnarbe und bietet den Tieren ihrem Leistungsstandard gemäß Futter an.

❑ Keine Überbeanspruchung oder „Erschöpfung“ der Grasnarbe

So paradox es klingen mag, doch durch einen **zu späten Auftrieb** bei bereits reifem Futter wird eine Überbeanspruchung gefördert. Hier gelangt das Weidegras unmittelbar nach dem Auftrieb in die stürmischste Wachstumsphase und wird viel zu rasch überständig. Auf den vorher genutzten Koppeln steht durch die zu geringe Ruhezeit noch nicht genügend reifes Futter, sie müssen aber mangels anderer Weiden erneut bestoßen werden. Die Übernutzung nimmt so ihren Anfang.

Besonders häufig ist das so genannte „Weideloch“ ab Mitte Juni zu beobachten, bedingt durch noch nicht genügend reife Weidekoppeln, die unter dauerndem Besatz leiden. Als Folge entwickeln sich ertragsschwache Grasbestände mit Zeigerpflanzen der Übernutzung.

Ständige Beweidung führt zu einer Übernutzung der Kulturgräser, deren Ausfall hat die Ausbreitung von Lückenbüßern zur Folge.

❑ Wasserversorgung

Auf den Weiden müssen die Weidetiere permanent **Zutritt zu sauberem Wasser** in einer erreichbaren Nähe von 50–150 m haben. Der Wasserbedarf liegt durchschnittlich bei 70 l (Milchkühe), 50 l (Mutterkühe) und 25 l (Kalbinnen) pro Weidetag (KREUZER et al., 2012). Kühles (unter 15 °C) und sauberes Wasser ohne Parasiten- und Krankheitsrisiko soll in Versorgungseinrichtungen (Quellfassungen, Trinkwasserleitungen, Wasserfässer und Tränkebecken etc.) kontinuierlich angeboten werden. Die Positionierung der Tränke stellt eine wichtige Lenkungsmöglichkeit auf der Weide dar.

2. STRATEGIEN DER WEIDEWIRTSCHAFT

❑ Tierbesatz etwas höher als Flächenangebot

Hier steht der **Ertrag** der Weidefläche im Vordergrund. Den Tieren wird eine eher knappe Fläche angeboten, damit sie nicht zu stark selektieren, sauber abweiden und die Weidereste gering gehalten werden. Es kann zugefüttert werden. Es besteht die Gefahr, dass die Grasnarbe durch den erhöhten Tritt und Verbiss überbeansprucht wird. Der sogenannte „**Weidedruck**“ braucht eine genaue Beobachtung oder Messung des Futterangebotes.

Zeigerpflanzen der Übernutzung
Gemeine Rispe, Jährige Rispe, Flechtstraußgras, Kuhblume, Kriechender Hahnenfuß, Gänseblümchen, Breitwegerich, Vogelknöterich, Hirtentäschel, Gänsefingerkraut etc.

❑ Futterangebot höher als Tierbesatz

Hier steht die **Leistung des Tieres** in Form von Milchmenge oder Fleischzuwachs im Vordergrund. Durch ein großzügigeres Flächenangebot nehmen die Weidetiere mehr Futter auf. Auch finden niederrangige Herdentiere ausreichend Platz vor und werden nicht ständig von den besseren Futterplätzen verdrängt, was sich positiv auf ihre Leistung auswirkt.
Durch die negative Futterselektion kommt es zur Unternutzung von Pflanzen, die von den Tieren nicht gefressen werden. Bei mangelnder Pflege nehmen diese Pflanzenarten durch Aussamen überhand. Eine Nachweide mit Pferden wäre hier empfehlenswert.

Ein größeres Futterangebot führt zu höheren tierischen Leistungen, allerdings auch zu höheren Weideresten.

Zeigerpflanzen der Unternutzung
Kratzdisteln, Farne, Quecke, ausgeprägte Horste von Rasenschmiele, Anflug von Sträuchern und Bäumen

❑ Artgerechte Aufzucht und Ernährung

Unter natürlichen Bedingungen wird den Tieren das Erleben und Trainieren des Sozialverhaltens ermöglicht (Rangordnung, Belecken, Brunstzeichen). Der Körper erfährt eine Ertüchtigung durch klimatische Herausforderungen und Bewegungsreize, die sich positiv auf die Leistungsbereitschaft auswirken. Die Vorteile der Weidehaltung sind unbestritten, wenn man das Verhalten der Tiere als Maßstab für die Tiergerechtheit eines Haltungssystems heranzieht.

„Der Weidegang bringt die Seele gestresster Tiere ins Gleichgewicht. Dies entspricht auch den Erwartungen und Wünschen der Konsumenten."

❑ Erhalten artenreicher Pflanzen- und Tiergesellschaften

In einer sachgemäß genutzten Waldweide des Almbereiches wird die Biodiversität um etwa 200 Arten bereichert (FÜRST, 1999). Das Offenhalten oft schwierig zu bewirtschaftender Landschaftsteile bei Erhaltung eines reizvollen und artenreichen Lebensraumes durch Beweidung wird in der Zukunft eine ständig steigende Bedeutung erfahren. Keine wie auch immer geartete Erntetechnik nutzt eine Grünlandfläche kostengünstiger als das Weidetier. Daher ist diese für die Erhaltung der Kulturlandschaft eine unverzichtbare Notwendigkeit. Nachdem in Österreich das Berggebiet und steilere Flächen vorherrschend sind, wird die Beweidung durch die „kleinen" Wiederkäuer Schafe und Ziegen noch erheblich an Bedeutung gewinnen.

3. FACHBEGRIFFE DER WEIDEWIRTSCHAFT

Besatz
Viehbesatz (Besatzdichte, -stärke) je ha während einer Weidesaison; ausgedrückt in GVE* pro Hektar

*GVE = Großvieheinheit = 500 kg Lebendgewicht
GVE im Sinne von ÖPUL = z. B. Kuh (1,0 GVE), Kalbin (0,6 GVE) etc.

Mischbesatz oder kombinierte Haltung
Unterschiedliche Tierarten weiden neben- oder hintereinander, z. B. Pferde mit oder nach Rindern bzw. Schafe oder Ziegen nach Rindern.

Besatzzeit, Bestoßzeit
Darunter versteht man die Weidedauer in Tagen, welche die Tiere je Umtrieb (= Nutzungsperiode) auf derselben Weidefläche (Koppel) verbleiben.

Nachwuchszeit, Ruhezeit
Zahl der Wachstumstage bzw. -wochen, zwischen Ende der Beweidung und Wiederbeginn der Beweidung auf derselben Fläche. Diese beträgt im Vorsommer ca. drei Wochen und verlängert sich allmählich gegen den Herbst bis auf sieben Wochen. Diese Weideruhe hängt jedoch auch sehr stark von der Weideform ab.

Umtriebszeit, Rotationszeit
Zahl der Tage bzw. Wochen der Besatzzeit auf der Koppel und anschließender Ruhezeit, bis dieselbe Koppel wieder zu weidereifem Futter nachgewachsen ist. Die Umtriebszeit ergibt sich aus der Besatzzeit + Ruhezeit.

Beispiel: 1 Woche Besatz-(Bestoß-)Zeit + 3 Wochen Ruhezeit = 4 Wochen Umtriebszeit

Nutzungsarten nach täglicher Weidezeit, Fresszeit, Dauer des Grasens
- Stundenweide Weidegang nur einige Stunden pro Tag
- Kurztagsweide 6–8 Stunden Fresszeit auf der Weide
- Halbtagsweide 10–14 Stunden Fresszeit auf der Weide
- Ganztagsweide für Jungvieh; Milchvieh nur Melkzeit im Stall
- Nachtweide mit Einstallung bei Tageshitze (auch Tauweide genannt)
- Vollweide Grundfutterdeckung erfolgt ausschließlich über die Weide und ohne Beifütterung
- Vorweide Die Weidenutzung im Frühjahr dient dem „Einbremsen von üppigem Kräuterwuchs" vor der Hauptnutzung und der Festigung von lockeren Wiesennarben.
- Nachweide Die Weidenutzung des letzten Aufwuchses im Herbst nach der letzten Schnittnutzung dient der Narbenfestigung, wenn die Trittverluste in Grenzen gehalten werden. Ideale Form der „Endnutzung" je nach Wetterbedingungen im Herbst.
- Mähweide Der Wechsel zwischen Schnitt- und Weidenutzung während der Hauptwachstumszeit fördert hauptsächlich die Ober- und Untergräser und somit einen ausgewogenen Pflanzenbestand.

GVE-Weidetage
Dies ist eine Maßzahl zur Ermittlung des Ertrages einer Weidefläche und ist auch für die Planung und Umstellung der Weidenutzung eine wichtige Entscheidungshilfe. Durch die Führung eines Weidebuches kann der Ertrag nach einer Weidesaison auf einfache Weise ermittelt werden. Die Futteraufnahme pro GVE (500 kg Lebendgewicht) pro Vollweidetag liegt bei rund 10 kg TM; die Futteraufnahme pro 100 kg Lebendgewicht beträgt 2 kg TM/Weidetag, dies gilt auch für Schafe, Ziegen und Pferde.

Beispiel: 18 GVE weiden in 6 Tagen die Koppel (1 ha) ab = 108 GVE-Weidetage
108 GVE-Weidetage x 10 kg TM/GVE = 1.080 kg TM/ha

Kulturweiden
Diese sind in mehrere Fressflächen mit geregelten Ruhezeiten unterteilt und werden wenigstens einmal jährlich durch einen Reinigungsschnitt „geputzt" oder gemulcht. In diese Kategorie sind die Koppel- und Umtriebsweiden, die Kurzrasenweide sowie Portionsweiden einzustufen. Diese Kulturweiden sind auch maschinell bearbeitbar und können gegebenenfalls auch gedüngt werden.

Extensivweiden
Zu dieser Gruppe zählen extensive Standweiden, Hutweiden sowie die überwiegende Anzahl der Almweiden und die Waldweide. Längere Aufenthaltszeiten und nur fallweise durchgeführte Pflegemaßnahmen sind ihr Kennzeichen. Im alpinen Raum ist ihr Anteil standortbedingt hoch. Hängiges, steiniges, mit Gräben/Kuppen/Waldstreifen durchsetztes Gelände lässt kaum eine andere Nutzung zu.

Almweiden
Dazu zählen alle im „österreichischen Almkataster" eingetragenen Weideflächen und Bergmähder. Die Agrarmarkt Austria (AMA) kontrolliert die Almfutterfläche, welche konkret mit Gräsern, Kräutern und Leguminosen als Weide für die Almtiere zur Verfügung steht. Von der Gesamtalmfläche sind nur mehr 39 % Almfutterfläche.

Tabelle 17: **Almen, Höhenlage und Weidedauer (Bestoßzeiten)**

Niederalmen	900–1.300 m	120–150 Weidetage
Mittelalmen	1.300–1.700 m	90–120 Weidetage
Hochalmen	über 1.700 m	ca. 60 Weidetage

4. ANSPRÜCHE UND VERHALTEN VON WEIDETIEREN

Unsere raufutterverzehrenden Nutztiere haben grundverschiedene Ernährungsmuster. Ihre Kenntnis sollten wir in die Überlegungen für die Weideführung mit einbeziehen, um die Pflanzenbestände der verschiedenen Standorte optimal zu nutzen. Das Weidemanagement auf hohem Niveau braucht viel Kenntnis über den Standort, den Pflanzenbestand, das tägliche Wachstum und um die Ansprüche der weidenden Tiere.

Milchkühe
Als wichtigste Einkommensbringer des Grünlandbauern verdienen die Milchkühe das größte Augenmerk. „Gute Kühe melken durch das Maul", lautet eine alte Bauernweisheit. Es zeigen sich erhebliche Unterschiede im Futteraufnahmevermögen je nach Tageszeit, Witterung und Jahreszeit. Werden Milchkühe geweidet, sollten die Weideflächen nicht zu weit vom Hof entfernt sein, um die tägliche Treibarbeit gering zu halten. Für schwere Milchkühe sollte die Hangneigung nicht über 30 % gehen, da sonst bei feuchten Verhältnissen die Grasnarbe und möglicherweise auch die Kühe darunter leiden.

Rinder schlingen mit der Zunge und rupfen mit Lippen und Kiefern das Gras.

Fleißige Fresser verzehren während eines Tages bis zu 90 kg Gras = 18 kg TM (GRUBER et al., 2001), aber nur wenn ihnen optimales Futter angeboten wird. Die **durchschnittliche Futteraufnahme** einer Kuh liegt bei **65–70 kg**, was 13–14 kg TM entspricht. Die Futteraufnahme ist auch von Kuhgröße und Milchleistung abhängig. Bei regnerischem Wetter wird weniger Futter verzehrt und bei trockener Witterung mehr, aber selten über 16 kg TM täglich. Lückige Bestände beeinflussen das Fressverhalten negativ, da die Zeitspanne für das Grasen verlängert wird bzw. die Kuh in derselben Zeit nur eine geringere Futtermenge aufnehmen kann.

Milchkühe benötigen Weidefutter mit hoher Energiekonzentration bei einem ausreichenden, aber nicht überhöhten Gerüstsubstanzanteil.

Hat das Futter eine **Wuchshöhe von 15–20 cm** (1. Halmknoten 10 cm hoch) erreicht, ist dies für die Koppel- und Portionsweide ideal. Pro 100 m² stehen je nach Ertragslage 70–100 kg

Gras zur Verfügung, das bei einer guten Ausnutzung (ca. 80 %) für die Ernährung einer RGVE ausreicht. 20 % Verluste entstehen durch Vertritt, Verkotung und nicht zu kurzes Verbeißen (ca. 4–5 cm).

Rinder sind **dankbare Futterverwerter** und selektieren die angebotene Nahrung in geringerem Maße als andere Nutztiere. Extensivrassen verwerten fast alles Fressbare. Instinktiv gemieden werden verkotete Futterstellen. Dies vermindert die Ansteckungsgefahr mit Parasiten (Reinfektion = wiederholte Infektion!).

Jungrinder
Sie zeigen dasselbe Weideverhalten wie die Milchrinder. Durch ihr geringeres Gewicht und die ruhige Bewegungsart sind sie hervorragend geeignet, um auch extensive und hängige Weideflächen zu nutzen.

Leichteres und trittsicheres Vieh nutzt schonend das steilere Gelände.

Je steiler das Gelände, desto leichter sollte das Weidevieh sein.

Auf Extensivweiden wachsen die Jungrinder zu dankbaren Futterverwertern heran. Durch die Beweidung von Berg- und Almweiden werden neben dem Fundament auch die Organe und der Kreislauf gestärkt. Diese positive Beeinflussung der Konstitution ermöglicht eine längere Nutzung der Tiere, da diese dadurch dem Leistungsstress besser gewachsen sind.

Weideparasiten – ein verbreitetes Problem
Hauptsächlich erwachsene Rinder scheiden mit dem Kot die Eier von Magen- und Darmparasiten aus. Ansteckungsfähige Larven schlüpfen bald daraus und warten an den Wachstumsspitzen des Futters, um von einem neuen Wirt aufgenommen zu werden. Nach einigen Wochen der geschlechtlichen Reifung beginnt der Kreislauf von Neuem. Besonders gefährdet sind Kälber, wenn sie nach anderen Rindern weiden.

Folgende **Vorsorgemaßnahmen** helfen, Weideparasiten zu vermeiden:
- Silage- und Heuschnitte zwischen den Weidenutzungen wirken reinigend und festigen außerdem die Grasnarbe.
- Für im Herbst zuletzt beweidete Flächen ist eine Schnittnutzung im darauffolgenden Frühjahr optimal, da im Kot viele Eier der Parasiten den Winter überdauern können.
- Kälber sollten von Jungrindern getrennt werden, da diese latenten Parasitenträger ständig Eier von Magen-/Darmwürmern ausscheiden und so den Infektionsdruck erhöhen.
- Pferde, Schafe und Ziegen sind ideale Koppelputzer nach den Rindern. Durch die Nutzung der Weidereste werden die meisten der streng wirtsspezifischen Larven unschädlich gemacht.
- Feuchtstellen, Sümpfe und Tümpel auszäunen. Sie sind eine Infektionsquelle für Leberegel und Lungenwürmer.
- Auf gefährdeten Flächen können zur „Desinfektion“ 300 kg/ha Kalkstickstoff auf die taunassen Pflanzen gestreut werden (Bio- bzw. ÖPUL-Richtlinien beachten!).
- Zwischen den Nutzungen Mistkompost statt Frischmist oder belüftete, mit Wasser verdünnte statt frischer Gülle anwenden.
- Rechtzeitige Entwurmung der Tierbestände.

Pferde

Die bodenständigen Rassen (z. B. Noriker, Haflinger, Isländer) nutzen auch Extensivweiden gut, während höher im Blut stehende Sportpferde nicht so genügsam sind. **Längere und größere Koppeln** erlauben das Decken des Bewegungsbedürfnisses und entsprechen dem angeborenen Fluchtinstinkt.

Der Bedarf an Gerüstsubstanzen der Pferde ist größer als jener der Rinder, weshalb grasreichere Bestände im Stadium des Schossens/Rispenschiebens für die Weide ideal sind. Ist das Futter aber zu alt, so werden junge Futterstellen ständig und rücksichtslos bis auf die Wurzeln verbissen.

Grasen Pferde nach Rindern, finden die Weidereste eine sinnvolle Verwertung. Es fördert auch die Weidehygiene. Für ein Pferd reichen die Weidereste von 7–10 Rindern. Bei überständigen Resten und zu langer Besatzzeit leidet aber die Grasnarbe. Laktierende Mutterstuten haben höhere Ernährungsansprüche. Steileres Gelände ist wegen der Gefahr des Abrutschens nicht so gut für Pferde geeignet wie für Jungrinder, Schafe und Ziegen. Pferdekoppeln benötigen ebenfalls unbedingt **Ruhezeiten** (Mischbesatz), damit sich die Pflanzendecke wieder erholen kann. Hier muss bei vielen Pferdebetrieben hinsichtlich Weidemanagement eine Verbesserung erfolgen.

Pferde nutzen auch noch „hartgrasiges Futter“ und putzen so manche Weide.

Schafe

Schafe zählen wohl zu den vielseitigsten Kostgängern und sind ausgesprochene Feinschmecker. Die **hohen Ansprüche der Milchschafe und Lämmer** an das Futter können nur auf weichgrasigen und krautigen Weiden gedeckt werden. Sie benötigen noch jüngeres Gras als die Milchkühe. Im Gegensatz dazu verwerten Mutterschafe auch extensive Flächen und hartgrasige Futterbestände besser als andere Raufutterverzehrer.
Will man Wiesen und Weiden, die 10–15 Jahre außer Nutzung gestanden sind und noch nicht verwaldet sind, wieder in Richtung „Grünland“ bringen, dann kann man mit Schafen bei gezielter Bewirtschaftung „Weide/Pflege/Nachsaat/Düngung“ auch in einer Weideperiode die Pflanzenbestände wieder verbessern.

Durch sein geringes Gewicht ist das Schaf bestens geeignet, **auch steile Hänge** ohne größere Narbenschädigungen zu nutzen. Als Beispiel für die Genügsamkeit mögen die steilen, bis in die höchsten Bergregionen reichenden Matten bei der traditionellen Bergschafhaltung dienen. Sowohl Magerrasen als auch Kräuterbestände decken oft nahe der Gletscherregion ihr Nahrungsbedürfnis ab.

Schafe sind Feinschmecker und helfen die Kulturlandschaft offen zu halten.

Die Schafe gelten auch als „Nomaden der Weide". Sie sind ständig mit Magen-/Darmparasiten belastet. Ein Koppelwechsel nach spätestens fünf Tagen und eine neuerliche Beweidung nach frühestens vier Wochen beugen der Reinfektion mit Parasiten vor.

Der marktorientierte Landwirt ist gezwungen, auf die anspruchsvollen Konsumentenwünsche einzugehen. Bei der Erzeugung von qualitativem Lammfleisch sollten die Stärken des Schafes in seiner Genügsamkeit und in seinem außerordentlichen Leistungspotenzial sowie seiner hervorragenden Futterverwertung gesehen werden. Vielleicht gelingt es uns noch mehr den Konsumenten das „Naturlamm" näherzubringen.

Ziegen

Sie sind die „kapriziösesten Nascher" und stellen die **größten Ansprüche** an den Abwechslungsreichtum der Nahrung. Die artenreichsten Grünlandbestände sind gerade gut genug für sie. Kleinere Bäume (Lärche, Eschen, Birken etc.), verholzte Sträucher jeder Art mit Knospen, Blättern und Rinde gehören zu ihren speziellen Vorlieben. Lässt man Ziegen die freie Wahl, dann werden sie zuerst zu den verholzten Arten und dann erst zu den verkrauteten und letztlich auch zu den Gräsern, Kräutern und Leguminosen, also zu den Grünlandpflanzen gehen.

Ein hoher Besatz an Ziegen erspart manch technische Lösung zur Freihaltung vor Sträuchern und Büschen.

SCHNECKENLEITNER (2017) konnte mit 14 Kleinziegen über einen Almsommer rund 2 ha verwilderte und verholzte Almfläche wieder in eine einigermaßen für Jungrinder brauchbare Almweide rückführen. Die Regenerierung dieser unzähligen extensiven Hutweiden und Almweiden sollte nicht mit großer Technik, sondern vielmehr mit Schafen (krautartig) und Ziegen (holzartig) erfolgen.

Für die **Offenhaltung** und auch für die **Rückführung von verkrauteten und verholzten Weiden** sind Schafe und Ziegen besonders wertvoll.

Schafe und Ziegen verfügen über „goldene Klauen", aber zu tief fassende „giftige Zähne". Sie sind schwierig zu hüten und stellen hohe Anforderungen an die Sicherheit des Zaunes.

Bei ausschließlicher Weidenutzung durch Schafe oder Ziegen ist eine wertvolle Grasnarbe auch bei Einhaltung der Nachwuchszeiten kaum aufrecht zu erhalten. Die Koppelanzahl sollte so groß sein, dass auf den besseren Flächen durch eine Mähweidenutzung auch Winterfutter gewonnen werden kann. Dies hebt die Regenerationskraft der Narbe.

Wildtiere in Produktionsgattern

Die Haltung von Dam- und Rotwild in Produktionsgattern als Alternative zur Aufforstung hat zugenommen. Diese „Wildtiere" nehmen in **mehreren kurz dauernden Fressperioden**, vorzüglich bei Tau, die Nahrung auf und verwenden die restliche Tageszeit zur Pflege der Sozialkontakte und zum Komfortverhalten.

Als Nahrungsquelle dienen nicht nur die Grünlandpflanzen, sondern auch die jungen Triebe von holzigen Gewächsen. Vorhandene Bäume und Sträucher heben die Qualität des für Wild-

Wildtiere stellen erhöhte Ansprüche an den Lebensraum und an Äsungsflächen.

tiere eingeengten Lebensraumes, müssen aber gleichzeitig vor dem totalen Verbiss geschützt werden. Wildtiere haben ein starkes Bedürfnis nach der Möglichkeit eines Rückzugsraumes, von dem aus sich ihr Habitat gut überblicken (sichern) lässt. Eine Möglichkeit zum Suhlen als Schutz gegen Insekten ist unbedingt einzurichten.

Das größte Problem stellen aber die Infektionen mit Magen- und Darmparasiten dar, die als Eier mit dem Kot auf das Gras gelangen. Ohne Bekämpfungsmaßnahmen führt dies oft zu einem derartig massiven Befall mit Parasiten, dass viele Gattertiere verenden.

Ein Weidewechsel in Gattern belebt nicht nur die Grasnarbe neu, sondern wirkt auch einem massiven Parasitenbefall entgegen.

Als Mindestforderung sollten wie bei den naturbelassenen Hutweiden mindestens **drei bis vier Weideabschnitte** zur Verfügung stehen. Durch den vermehrten Zaunaufwand steigen die Kosten nicht unbeträchtlich, doch wiegen sie auf lange Sicht die parasitär bedingten Ausfälle auf. Ähnlich gelagerte Probleme finden wir auch bei vielen Schafe haltenden Betrieben, wenn die Ruhezeiten zum Regenerieren des Pflanzenbestandes nicht in genügendem Maße eingehalten werden. Auch Schafe sind durch Reinfektionen (wiederholte Ansteckungen) äußerst gefährdet. Nur mit einem Weidewechsel, frischer Äsung auf Flächen nach einer Silage- oder Heunutzung oder einem erhöhten Medikamentenaufwand kann dieser Gefahr begegnet werden.

Wildfutterwiesen, **Wildäsungsflächen** wie auch **Grüninseln im Wald** zur Verbesserung des Äsungsangebotes können ihrer Rolle nicht gerecht werden, wenn sie nur der Natur überlassen werden. Böschungen von Forststraßen, Wegbegrünungen, Lift-/Schitrassen und Schneisen unter Stromleitungen dienen in steigendem Maße der Pflege von Wildäsungsflächen. Zur Erhaltung des Futterwertes und der Artenvielfalt sind Nutzungs- und Pflegemaßnahmen ähnlich wie auf Wirtschaftsgrünland notwendig. Wird kein Winterfutter von Äsungsflächen gewonnen, so wirkt die Arbeit mit dem Schlägelmulcher der Ausbreitung dominanter Platzräuber entgegen. Am wirksamsten ist sein Einsatz um die Sonnenwende, aber unbedingt noch vor der Samenbildung. Zur Feist- und Brunftzeit muss besonders Rotwild frische Äsung vorfinden.

5. WIRKUNG VON TRITT UND VERBISS

Rinder: Passen sich dem Gelände an; weitgehend rutschsicherer Tritt bei Steilheit des Geländes; zertreten Wurzelstöcke unerwünschter Kräuter (z. B. Doldenblütler) bei gleichzeitiger Schonung von Gräsern und Weißklee.

Pferde: Beanspruchen die Grasnarbe und den Boden sehr stark; verursachen oft Narbenschäden (starker Bewegungsdrang, harter Huf), oftmals zu tiefes Abbeißen der Pflanzen.

Schafe und Ziegen: „Goldene Klauen – giftige Zähne". Keine Narbenschäden durch Tritt, dafür aber durch zu tiefen Biss. Auf Weiden mit Trockenstress (Südhang mit seichtgründigem Boden). Der „leichte" Tritt wirkt sich positiv auf die Grasnarbe aus.

Der Tritt der Weidetiere wirkt festigend und verdichtend auf den Boden. Erwünscht ist dies bei aufgelockerten Wiesennarben und bei Wühlmausschäden. Bei einem erhöhten Anteil von Doldenblütlern („Wasserkraut") wirkt er verdrängend, wenn die Weide gezielt und mehrmals bei trockener Witterung bestoßen wird.

Wird vor dem letzten Weidetag bei normalen Trittschäden die ÖAG-Mischung „NA" oder „Nawei" eingesät und lässt man die Tiere das Saatgut in den Boden treten, so praktiziert man die so genannte „Hufkultivierung".

Trittschäden können eine Grasnarbe total zerstören und sind nach Einebnung durch eine Nachsaat zu beheben.

Auf **Steilflächen** bilden sich die so genannten „Gangeln". Diese horizontalen Pfade, von denen aus die Rinder bergsseitig grasen, wirken Erosionen und dem Abrutschen des Schnees entgegen.

Die **Beweidung zu feuchter Standorte** führt zu Bodenverdichtungen, fördert den Ausfall wenig trittfester Pflanzen und führt zur Ausbreitung von Lückenbesiedlern.
Wenn **Neueinsaaten** beweidet werden, dann sollte ein ausreichendes Entwicklungsstadium (Schossen) abgewartet werden. Der Boden muss trocken und fest (Scherkräfte der Hufe) sein. Eine gezielte Weidenutzung fördert die Entwicklung der Übersaaten, da die Konkurrenz durch „Altpflanzen" eingedämmt wird und somit die Jungpflanzen genügend Licht und Platz für ihre Entwicklung vorfinden.
Im Bereich von Weidetoren, Tränkefässern und Raufen für die Vorlage von Raufutter (der Standplatz sollte dafür befestigt sein) wird die Grasnarbe meist völlig zertreten. Nachsäen kann man diese Kahlstellen mit ÖAG-Weidemischung „G", „H" oder „NiK".

Bei günstigen Verhältnissen soll eine „hohe Besatzdichte" (viel Vieh pro Fläche) und „geringere Flächenvorgabe" für die Nutzung der Weide gewählt werden.
Bei feuchter Witterung hingegen schonen „geringere Besatzdichten", „großzügigere Tagesportionen" und „kürzere Fresszeiten" die Weide.

Das jüngste, zarteste, frisch nachgetriebene Futter wird von allen Weidetieren bevorzugt. Schafe, Ziegen, Pferde und in Gattern gehaltenes Schalenwild fassen das Futter wesentlich tiefer als Rinder und schädigen bei zu langer Bestoßung einer Koppel die wertvollsten Weidepflanzen. Die Rinder hinterlassen fast immer einen gut assimilations- und regenerationsfähigen Restbestand und können daher auch von Pferden oder Schafen überstrapazierte Weiden wieder ins rechte Lot bringen.

Wird eine Koppel über drei Tage lang bestoßen, so verbeißen die Tiere die besten Pflanzen und Ertragsbringer mehrmals. Besonders die rasch nachtreibenden und Horste bildenden Obergräser werden dabei am meisten geschädigt. Dies ist von größtem Nachteil für die Ertragsfähigkeit einer Weide und sollte bei der Wahl der Flächengröße Berücksichtigung finden. Daraus ist ein **Grundsatz der Weidewirtschaft** abzuleiten:

Hohe Besatzdichten – kurze Fresszeiten – längere Ruhezeiten

Nicht alle Pflanzen werden von den verschiedenen Tierarten gleichermaßen verbissen. Je länger aber die Aufenthaltszeit in einem Weideabschnitt ist, desto dramatischer wirkt sich der Verbiss der besten Pflanzen bei gleichzeitiger Schonung der weniger schmackhaften aus. Vor allem auf Extensivweiden können sich die unbekömmlichen und daher geschonten Pflanzen bis zur Samenreife entwickeln und vermehren.
Wird der Verbiss der Tiere nicht gesteuert, kommt es unweigerlich zur partiellen Unter-/Übernutzung. Je extensiver die Weideführung, desto stärker sind beide Bereiche unmittelbar nebeneinander anzutreffen. Das erklärt auch die Notwendigkeit eines **Reinigungsschnittes**.

Der Selektion durch das Maul des Weidetieres müssen entweder ein gemischter Viehbesatz und/oder der Koppelputz entgegenwirken. Auf ungepflegten Weiden steigt der Anteil der unverwertbaren Futterreste von 10 % im Vorsommer auf bis zu 30 % im Nachsommer an.

6. ELEKTROZÄUNE UND TIERGATTUNG

Der Tierhalter ist nach dem „Allgemein bürgerlichen Gesetzbuch (§ 1320 ABGB) für Schäden durch ausgebrochene Weidetiere haftbar, er muss seine Tiere ordnungsgemäß verwahren. Die Weidezäune und Triebwege müssen daher technisch entsprechen und ordnungsgemäß gewartet werden.

Neben dieser ordnungsgemäßen Weidehaltung müssen auch Wanderer über weidende Tiere noch besser aufgeklärt werden, damit sich diese richtig verhalten (STEINWIDDER und PÖTSCH, 2016).

Eine rationell betriebene Weidewirtschaft kann heute auf die verschiedenen Elektrozaunsysteme nicht mehr verzichten. Zäune aus Stacheldraht sind wegen des hohen Verletzungsrisikos umstritten und werden immer häufiger durch elektrische Festzäune im Außenbereich abgelöst. Dabei lassen sich Mobilzäune im Inneren der Koppeln einfach installieren (vergleiche Tabelle 18). Als Zaunsteher werden Kunststoff, Stahl, Glasfiber oder Holz verwendet.
GASTECKER und STEINWIDDER (2018) machten einen Preisvergleich zwischen einem Elektrofestzaun und einem Mobilzaun mit Ecken und Toren; verglichen wurden jeweils 1.000 m Zaunlänge, wobei der Festzaun

Ein leistungsstarkes Solarpaneel garantiert die Hütesicherheit auch in schwierigen Lagen.

Mobile, dem Weidevieh entsprechende Elektrozäune bieten praktikable Lösungen.

mit Stahldraht (Zweileiter) auf € 3.020 und der Mobilzaun mit Litzen und Glasfiberpfählen auf € 2.711 kam.

Tabelle 18: **Richtwerte für den Bau von Elektrozäunen für Weidetiere**

Weidetiere	Elektrozaun	Tierart	Drahtabstände bzw. Zaunhöhe in cm
Rinder	Festzaun	Jungrinder, Kühe, Mutterkühe	45–75–105
	Mobilzaun	Jungrinder, Kühe, Mutterkühe	60–85
Pferde	Festzaun	Großpferde, Kleinpferde	65–100–135 60–90–120
Schafe	Festzaun	Mutterschafe, Ziegen	15–30–45–65–90
Ziegen	Mobilzaun	mit Lämmern / Kitzen	15–30–45–80
		ohne Lämmer / Kitze	15–45–80
Wild	Festzaun	Rotwild, Damwild	20–50–80–110–130

Die wesentlichsten **Vorteile der Elektrozäune** liegen in der **Hütesicherheit**, dem **geringen Verletzungsrisiko** und der großen **Flexibilität** bei der Nutzung und Teilung von Weidekoppeln. Der Arbeitsaufwand für das Auf- und Ablegen der Drähte in schneereichen Gebieten lässt sich durch die Wahl geeigneter Isolatoren auf Bruchteile des Aufwandes im Vergleich zu herkömmlichen Zäunen reduzieren. Leistungsstarke Weidegeräte, die über Solarpaneele, Batterien oder über das Stromnetz betrieben werden, gewährleisten die Hütesicherheit.

Neue Techniken reichen von blinkenden Neonlampen, mit deren Hilfe sich die Funktion des Zaunes aus großer Entfernung beobachten lässt, bis zu durchfahrbaren elektrisch geladenen Weideschranken.

Die letzte Innovation, „Hüten auf Weiden ohne sichtbaren Zaun“, wird wohl erst in einigen Jahren auch bei uns Verbreitung finden. Bei diesem System wird ein hellfarbig isoliertes Kabel, das vom Tier leicht zu erkennen ist, um die Weidefläche herum sichtbar auf dem Gras verlegt. Das Tier trägt ein elektronisches Halsband, das ein Warnsignal abgibt, sobald es sich der Abgrenzung nähert, und einen Stromschlag auf den Hals, sofern es sich weiter in dieselbe

Richtung zum isolierten Kabel hin bewegt. Das am Boden liegende und stromführende Kabel ist durch die Isolation für Mensch und Tier ungefährlich.
Am schwierigsten sind Schafe, Ziegen und Hochlandrinder zu hüten. Die isolierende Wolle, das steife bzw. üppige Haar und der nahe über dem Boden zu führende unterste Draht mit daraus resultierenden Pflanzenberührungen, kosten Energie und verlangen daher impulsstarke Geräte mit Leistungsreserve. Rinder sind nach einer Gewöhnungsphase relativ leicht zu hüten und für Pferde sind Breitbänder wegen der guten Erkennbarkeit empfohlen. Auch bei fix gebauten elektrischen Drahtzäunen sollten für Rinder beim ersten Weideaustrieb zusätzlich gut sichtbare Bänder angebracht werden. Das rechtzeitige Erkennen des Zaunes schützt vor größeren Reparaturen.

7. PFLANZENWACHSTUM UND NUTZUNGSREIFE AUF WEIDEN

Je nach der **Höhenlage** eines Betriebes beginnt das Pflanzenwachstum zwischen Anfang und Ende April. Das zögernd beginnende Wachstum wird im Mai von einer „stürmischen" Phase der Masseproduktion abgelöst.
In höheren Lagen zeigt sich die Wuchskraft der Pflanzen ab Juni deutlich gesteigert. Ab August ist der Verlauf der Zuwachskurve ständig fallend.
Bereits zur Zeit der Sommersonnenwende ist fast in allen Höhenlagen die Hälfte der Jahrestrockenmasse gebildet.

Mit zunehmender Höhenlage wird die **Vegetationszeit** kürzer und damit die Produktion von Futtermasse geringer. Verfügt im Alpenraum ein Talbetrieb in 500 m Seehöhe über etwa 220 Wachstumstage, so verringern sich diese bei 750 m auf etwa 200 und bei rund 1.000 m Seehöhe auf etwa 180 Vegetationstage.

Mit der **Weidenutzung** im Frühjahr ist **rechtzeitig zu beginnen**, damit den Tieren nach einer Gewöhnungsphase das Futter auf den Koppeln „in das Maul" und nicht „aus dem Maul" wächst. Wird zu altes Futter angeboten, ist ein höherer Anteil von Weideresten zu erwarten. Besonders auf Standorten mit geringerer Futterqualität (Bürstling) ist ein früherer Auftrieb zweckmäßig. In diesem Fall wird wesentlich sauberer abgeweidet als bei zu später Bestoßung und die üblicherweise bis zur Samenreife geschonten Problempflanzen sind besser in den Griff zu bekommen.
Je nach Weidesystem ist die **Nutzungshöhe** unterschiedlich, sie sollte jedoch **nicht unter 5 cm** (Kurzrasenweide) und **nicht über 15 cm** (Koppelweide) liegen.

7.1 Pflanzenwachstum und Nachwuchszeit (Ruhezeit)

Darunter versteht man die Zeitspanne, welche abgeerntetes Grünland benötigt, um **wieder zur Weidereife heranzuwachsen**.
Grünlandwirtschaften finden wir in einem breit gefächerten Produktionsspektrum von den Niederungen bis zur montanen Stufe. Die Wachstumsbedingungen nehmen mit zunehmender Höhe ab. Der folgenden Tabelle 19 sind die Nachwuchszeiten (Ruhezeiten) für die unterschiedlichen Standorte zu entnehmen.

Tabelle 19: **Nachwuchs- und Ruhezeiten für Weidefutter bei Koppel- und Portionsweide**

Standort- und Bewirtschaftungsverhältnisse	Nachwuchs- und Ruhezeiten in Wochen				
	Mai	Juni	Juli	Aug.	Sept.
Beste Standorte Höhere bis mittlere Bewirtschaftungsintensität mit guter Nährstoffversorgung Talbetriebe bis etwa 700 m Seehöhe Sehr junges Weidefutter von ca. 15 cm Höhe	3	4	4	5	6
Mittlere Standorte Mittlere bis geringe Bewirtschaftungsintensität mit mittlerer Nährstoffversorgung Berglagen von 700–1.000 m Seehöhe	3–4	4	5	6	6
Ungünstige Standorte Geringe bis extensive Bewirtschaftungsintensität mit geringer Nährstoffversorgung Berglagen über 1.000 m Seehöhe	4–5	5	6	6	7

Die traditionsreiche Bewirtschaftung dieser komplexen Lebensräume genießt hohes Ansehen und erfüllt wirtschaftliche, ökologische und landeskulturelle Aufgaben (vgl. Fachbuch „Almen bewirtschaften", AIGNER et al., 2003).
Diese extensive Weidehaltung in den Berglagen erfährt durch die großen Beutegreifer, insbesondere durch das Auftreten des Wolfes, eine völlig neue Dimension, wo die traditionelle Weideform und die Almwirtschaft als Gesamtes in Frage gestellt werden. Ein flächendeckender Herdenschutz ist rein von der Topographie, dem Arbeitsaufwand und dem Geldaufwand nicht realistisch.

7.2 Pflanzenwachstum und Flächenbedarf

Überlastete Weiden verwandeln sich rasch in verunkrautete Weiden! Gleichermaßen nachteilig wirkt sich aber auch eine Unternutzung aus, da die wertvollen Weidepflanzen von Platzräubern überwuchert werden und das Eindringen von Sträuchern und Bäumen innerhalb einiger Jahre ermöglicht wird.

Das **Nachlassen des Zuwachses an Futtermasse mit fortschreitender Vegetationsdauer** verursacht einen zusätzlichen Bedarf an Weidefläche. Schwierigkeiten gibt es fast immer in der ersten Junihälfte, wenn auf den zuerst bestoßenen Koppeln das Futter zu langsam nachwächst.

Die Kunst der Weideführung liegt darin, den Tieren stets einheitliches und weidereifes Futter anzubieten.

Die Umtriebszeit (Rotation) dauert so lange, bis das Futter in der ersten Koppel nach dem Abweiden wieder nachgewachsen ist (vergleiche Tabelle 20).

Umtriebszeit = Ruhezeit zum Nachwachsen + Bestoßzeit je Koppel

Tabelle 20: **Nachwuchszeit, Bestoßzeit und Umtriebszeit guter Weidestandorte**

Weidemonat	Nachwuchszeit in Wochen	Bestoßzeit in Wochen	Umtriebszeit in Wochen bzw. Wochenkoppeln	Gesamte Weidefläche in m²/GVE/Monat
Anfang Mai	3	1	4	2.800
Anfang Juni	4	1	5	3.500
Anfang Juli	5	1	6	4.200
Anfang August	6	1	7	4.900
Anfang September	7	1	8	5.600

Der Weideflächenbedarf lässt sich durch die Teilung der Koppel mit einem Ruhezaun verringern. Dieser verhindert, dass die bereits abgeweidete Fläche neuerlich verbissen wird.

Die optimale Bestoßzeit einer Koppel beträgt 3–4 Tage. Werden größere Grundstücke länger bestoßen, wirkt sich dies auf die Nachwuchszeit ungünstig aus. Die schmackhaftesten und ertragreichsten Weidepflanzen werden mehrmals knapp hintereinander verbissen, was schließlich langfristig zu ihrer Verdrängung führt, da sie nicht mehr genügend Reservestoffe einlagern können.

Nichts schadet der Weidepflanze mehr, als wenn sie dauernd zurückgebissen wird.

8. WEIDENUTZUNGSFORMEN (WEIDESTRATEGIEN UND WEIDESYSTEME)

Die Grundlage für eine erfolgreiche Weidewirtschaft ist ein dichter und qualitativ hochwertiger Weidebestand. Je nach Arrondiertheit der Flächen und der weiteren betrieblichen Voraussetzungen bieten sich folgende **Weidestrategien** an:
- Ganztagsweide
- Stunden- bzw. Halbtagsweide

Welches Weidesystem bzw. welche Kombinationen daraus jeweils am Betrieb zur Anwendung kommen, hängt in erster Linie von der Flächenausstattung, Steilheit und den erwarteten Leistungsniveaus der Tiere ab. Folgende Weidesysteme stehen in den Viehbetrieben in den Grünlandgebieten in Verwendung.

8.1 Extensive Standweide – Hutweide und Almweide

Die Weide ist **nicht unterteilt** und wird dem Vieh **vom Vorsommer bis zum Herbst als gesamte Fläche** angeboten. Diese Weideform ist vorwiegend auf Almen anzutreffen, wo auf das Errichten von Zäunen großteils verzichtet wird.
Die Aufgabe der Hirten bestand darin, die Herde so zu lenken, dass alle Weideabschnitte mit ihren verschiedenen Bonitäten genutzt wurden. Diese traditionelle Rolle muss heute der „elektrische Halter“ zur Lenkung der Nutzung übernehmen. Auf den extensiven Weideflächen am Heimbetrieb sind traditionell die Hutweiden eingerichtet.

Häufig wird auf zwei bis drei verschiedenen Hutweideflächen bis Mitte Juni das **Jungvieh** auf die Almperiode vorbereitet. Ein deutlich verringerter Viehbesatz mit **trächtigen Kalbin-**

nen etc. nutzt nach dem Almauftrieb den Zuwachs dieser Weiden während des Sommers. Nach der Alpung wird das restliche Futter noch einmal vom gesamten Jungvieh verwertet.

Vorteile
- Geringer Arbeitsaufwand
- Landschaft wird freigehalten
- Positive Wirkung für die Aufzucht von Jungvieh
- Hohe Artenvielfalt der Pflanzen

Nachteile
- Der Standweide ähnliche Verhältnisse mit selektiver Über- und Unternutzung
- Geringe Pflegemöglichkeiten
- Weite Wege zur Tränke und bei der Futtersuche erhöht sich die Trittbelastung
- Geringerer Zuwachs bei den Tieren durch erhöhten Bewegungsaufwand

Den größten Nachteil stellt das **ungleichmäßige Futterangebot** dar: Überschuss im Vorsommer, Knappheit im Sommer und Mangel gegen den Herbst. Eine Anpassung an den dramatisch nachlassenden Ertrag ist nur durch eine Verringerung des aufgetriebenen Viehs möglich. Heimweiden werden so durch die häufig praktizierte Alpung des Jungviehs ab Juni entlastet.

Auf Standweiden ist die Gefahr der Unternutzung im Vorsommer sehr hoch.

Das **selektive Fressverhalten** ist zu Weidebeginn besonders stark ausgeprägt, da ein Überangebot an schmackhaften Pflanzen vorhanden ist. Weniger bekömmliche Pflanzen werden gänzlich geschont und können so ungehindert blühen, fruchten und sich durch Samen vermehren, während die bevorzugten Futterstellen immer wieder aufgesucht und verbissen werden. Dies führt schließlich zu einer partiellen Überanstrengung der Narbe (= Überbeweidung).
Im Gegensatz dazu finden wir auf den unternutzten Stellen bald überständige Gräser, Wildwuchs, Farne und holzige Stauden, die sich mit der Fortdauer der versäumten Pflegemaßnahmen ständig größere Bereiche erobern. Die Regenerationskraft der Weidenarbe erfährt einen dauerhaften Schaden und die Flächenleistung beträgt nur ein Drittel im Vergleich zu den Umtriebsweiden.

Die tierische Leistung in Form von Zuwachs ist gering, da mit fortschreitender Vegetationsdauer der Bewegungsaufwand für die Nahrungssuche unverhältnismäßig ansteigt. Proportional dazu vermehren sich die Trittverluste und Bodenverwundungen. Das Resultat ist ein sukzessiver Qualitätsverfall der Grasnarbe, der bis zu einem möglichen Verlust an Kulturland reicht.

Verbesserungen
Auch für die Bewirtschaftung von Almen ist diese Nutzungsform kaum geeignet. Die wirksamste und nachhaltigste Maßnahme zur Erhöhung der Erträge und zur Wahrung der ökologischen Aufgaben stellt die **Unterteilung der Weidefläche** in mehrere Abschnitte dar. Der gelegentlichen Pflege durch das Entfernen von Wildwuchs sowie Anflug von Stauden und Bäumen sind durch den ständigen Besatz mit Weidevieh Grenzen gesetzt.

8.2 Kurzrasenweide – die intensive Standweide

Es braucht eine **optimale Abstimmung zwischen Weidezuwachs und Tierbesatz** auf der Fläche. Die Weidefläche oder der Tierbesatz werden dabei über die Weidesaison verändert. Die ideale **Aufwuchshöhe** liegt bei **5–7 cm**, das Weidefutter hat nahezu Kraftfutterqualität. Die Weidefläche ist über die gesamte Weidezeit mit Tieren besetzt.

Unter Wahrung der arbeitswirtschaftlichen Vorteile dieser intensiven Standweide bei nahezu gleich hohen Milcherträgen guter Portionsweiden wurde diese Form in Neuseeland entwickelt. Sie verbreitete sich über die küstennahen Gebiete Europas. Die äußerst positiven Erfahrungen aus der Schweiz (BURI und THOMET, 1996) wurden von STEINWIDDER und STARZ erfolgreich in die österreichischen Verhältnisse umgesetzt – sowohl in der Wissenschaft wie auch in der Praxis. Nähere Informationen dazu sowie ein Aufwuchsmessblatt auf der Website der HBLFA Raumberg-Gumpenstein (www.raumberg-gumpenstein.at).

Tabelle 21: **Schema einer Kurzrasenweide in der Weideperiode**

	1. Weideabschnitt	**2. Weideabschnitt**	**3. Weideabschnitt**
Besatzstärke	5–8 Kühe/ha	3–6 Kühe/ha	2–3 Kühe/ha
Vorsommer	Weidenutzung	Mähnutzung	Mähnutzung
Sommer	Weidenutzung	Weidenutzung	Mähnutzung
Nachsommer	Weidenutzung	Weidenutzung	Weidenutzung

Die optimale Nutzungshöhe für das Weidegras beträgt 5–7 cm, daher auch die Bezeichnung „Kurzrasenweide“. Das wesentlichste Element der Weideführung ist die peinlich genaue **Beobachtung und Messung des Weidefutters**. Droht das Gras höher als 10 cm zu wachsen, wird der Viehbestand erhöht oder die Fläche verkleinert (vergleiche Tabelle 21). Droht diese unter 5 cm zu sinken, so wird die Weidefläche um den nächsten Abschnitt erweitert oder der Tierbesatz reduziert. Bereits im Vorsommer kann man bei ungünstigen Witterungsverhältnissen zu einer Verdoppelung der Weidefläche gezwungen werden.

Eine laufende Ertragsmessung ist die Voraussetzung für einen angepassten Tierbesatz.

Tabelle 22: **Viehbesatz und Flächenbedarf der Kurzrasenweide**

Weideperiode	**Viehbesatz**	**Bedarf an Weidefläche**	
	(Kühe je ha)	in m²/Kuh	in m²/GVE (500 kg LG)
Vorsommer	ca. 5–8	1.200–2.000	1.000–1.700
Sommer	ca. 3–6	1.700–3.300	1.400–2.800
Nachsommer	ca. 2–3	3.300–5.000	2.800–4.000

Was bringt die Kurzrasenweide?

- Geringster Arbeitsaufwand im Vergleich zu anderen Nutzungsformen
- Maximaler Milchertrag je ha Weidefläche
- Bestmögliche Ausnutzung des Graswuchses
- Geringste Futterkosten je kg Milch
- Auch rangniedere Tiere finden ein größtmögliches Futterangebot vor
- Vereinfachte Arbeitsabläufe, möglicherweise durch synchronisierte Abkalbungen

- Keine zusätzlichen Investitionen für die Futterkonservierung (z. B. TMR)
- Geringer Wirtschaftsdüngeranfall im Stall und somit geringere Ausbringung, dafür Geilstellen auf der Weide

8.3 Koppel- und Umtriebsweiden

Die Entwicklung neuer Weidenutzungsformen mit den Zielen **„bessere Flächenausnutzung, weniger Futterverluste und höhere Tierleistung"** hat eine lange Tradition (seit 1760). Das System Schuppli vom Grabnerhof (1936) zeichnete sich durch die Teilung der Herde in drei Gruppen aus. Ein fortschrittlicher Weidebetrieb um 1950 errichtete 20–24 mit Stacheldraht umzäunte Weidekoppeln und praktizierte die Halbtagsweide. Diese Aufwendungen sind heute kaum nachvollziehbar, da sich mit der Einführung des Elektrozaunes viele Möglichkeiten der Rationalisierung ergeben haben.

Die Weidefläche eines Betriebes wird in mehrere Koppeln eingeteilt. Wir finden dabei Systeme von etwa 4–10 Koppeln. Das Vieh bleibt **so lange in einer Koppel, bis diese abgeweidet ist**, und erhält **danach eine frische Koppel** zugeteilt. Je mehr Koppeln (8–10) vorhanden sind, desto kürzer sind die Besatzzeiten (3–4 Tage) und desto eher werden die Voraussetzungen der Umtriebsweiden erreicht. Bei dieser Nutzungsform ist das Weidegras auf der zu Beginn beweideten Koppel wieder nachgewachsen, wenn die zuletzt benötigte Fläche genutzt wird. Die **Aufwuchshöhe** des Weidegrases soll zur Bestoßung bei **12–15 cm** liegen.

Koppel- und Umtriebsweiden mit festen Zäunen und flexiblen E-Zaun-Abteilungen

Auf Großkoppeln herrschen ähnliche Verhältnisse vor wie auf Standweiden. Je nach Standort, Geländeform und Maschineneinsatz bringt eine zusätzliche Unterteilung mit dem Elektrozaun Vorteile. Werden beispielsweise die zwei frühesten Koppeln beim ersten Umtrieb mit einer Zaunschnur geteilt, weiden die Tiere das Futter auf den kleineren Teilflächen sauberer ab als ohne Trennung. Ab Juni wird die Trennung entfernt und die Tiere beweiden die gesamte Koppel. Zur Zeit des besten Pflanzenwachstums wird so mit einem geringen Mehraufwand eine relativ intensive Weideführung erreicht, die mit dem Nachlassen des Futterangebotes in eine extensive Form übergeht.

Die Wasserversorgung auf den Weiden stellt eine wesentliche Grundlage für das übrige Weidemanagement dar.

Eine Weidepflege mit dem Mulcher sollte bei Weideresten erfolgen, damit der Weidepflanzenbestand nicht entartet.

Vorteile
- Leichtere Regelung des Futterangebotes als auf Standweiden
- Geringerer Arbeitsaufwand als bei Portionsweiden
- Zusätzliche Unterteilung mit Elektrozaun (Portionsweide) gut möglich

Nachteile
- Unregelmäßiges Futterangebot und schlechtere Futterausnutzung durch Tritt und Verkotung (ohne zusätzliche Unterteilung mit Elektrozaun);
- Die ersten Tage mit einem Überangebot an Futter werden von Besatztagen mit Mangel abgelöst (Verzehrsleistungen von 16 kg auf etwa 8 kg TM/GVE sinkend).
- Je mehr die Besatzzeit über drei Tage dauert, desto überproportionaler steigen die Verluste und schwankt das Tagesgemelk.

8.4 Portionsweidehaltung

Die Einführung des Elektrozauns ermöglichte die Führung von Rationsweiden. Wird dem Weidetier die jeweils für eine Tagesration benötigte Fläche zum Grasen zugeteilt, so gibt es keine Futterverschwendung durch Tritt, Kot oder Liegestellen. Im Bestreben, die Weidefläche möglichst rationell zu nutzen, wurde auch die Kurztagsweide mit 6–8 Stunden Weidezeit entwickelt.

1. Nutzungsprinzip 100 m² je GVE und Tag

100 m² (1 Ar) Fläche mit 15 cm hohem Futter entspricht etwa einem Bruttoertrag von 100 kg Weidegras (= 20 kg TM). Nutzbar sind 10 cm bei mindestens 5 cm hohem Restbestand, was etwa einem Nettoertrag von 75 kg Gras = 15 kg TM entspricht.

2. Nutzungsprinzip Hohe Besatzdichten

Das Vieh wird angehalten, das Futter auf kleiner Fläche in kurzer Zeit sauber abzuweiden. Zwangsläufig ist die Trittbelastung dadurch hoch und eine knappe Portionierung daher nur auf entsprechenden Böden bei trockener Witterung verkraftbar. Bei Regenperioden empfiehlt es sich, auf geeigneten Ausweichflächen großzügiger vorzustecken.
Im Bestreben, sauber abweiden zu lassen, kann es zu einer Übernutzung kommen. Die Untergrenze des Verbisses liegt bei 4–5 cm Stoppelhöhe, bei 7 cm erfolgt der Neuaustrieb jedoch etwas rascher, insbesondere in den trockenen und heißen Sommermonaten.

3. Nutzungsprinzip Kurze Fresszeiten

Tiere reagieren empfindlich auf die Änderung ihrer Weidegewohnheiten! Umstellungen sind daher nur behutsam und in längeren Zeiträumen vorzunehmen.
Verkürzt man die übliche Fresszeit von 8 auf 6 Stunden, so reagieren die Kühe mit einem Milchrückgang, da sie Pausen zum Wiederkauen gewohnt waren. Sind für die Milchkühe aber 6 Stunden Weidezeit üblich, so wird die Koppel weniger vertreten und verkotet als bei längerer Fresszeit.

4. Nutzungsprinzip Lange Ruhezeiten

Lange Ruhezeiten erreicht man durch kurze Besatzzeiten. Auf größeren Grundstücken und vor allem auf gelegentlich beweideten Wiesenschlägen überschreiten die Besatzzeiten häufig vier Tage. Will man die Eintriebsbereiche nicht hoffnungslos überbeanspruchen, schafft ein zweites Koppeltor neben besserer Zaunführung geregelte Ruhezeiten und eine gleichmäßige Ertragsleistung.

Vorteile der Portionsweiden

- Höchste Flächenerträge durch bestmögliche Futterausnutzung
- Beste Steuerung von Futterangebot und Verzehr
- Geringe Trittschäden
- Geringer Pflegeaufwand

Nachteile der Portionsweiden

- Geringere tierische Leistungen bei zu strenger Portionierung
- Unterrangige Tiere werden von den besseren Futterplätzen verdrängt
- Hoher Arbeitsaufwand: Dieser vermehrt sich, je besser portioniert wird und je länger der Triebweg ist.

D DÜNGUNG DES GRÜNLANDES

Die Wiesen, Weiden, Almen und das Feldfutter benötigen je nach Standortverhältnissen und Bewirtschaftungsgrad unterschiedliche Mengen an Nährstoffen und anorganischer Masse. Diese Nährstoffversorgung der Pflanzenbestände erfolgt im Grünland- und Viehwirtschaftsbetrieb großteils in der **kreislaufbezogenen Rückführung der Wirtschaftsdünger**. Je nach Betrieb und Aufstallungssystem werden Gülle, Stallmist, Jauche oder Kompost standortbezogen und nach Vorgaben der Richtlinien für die sachgerechte Düngung (BMLFUW, 2017b) und Aktionsprogramm Nitrat (BGBl., 2017), basierend auf dem Wasserrechtsgesetz (WRG 1959 i. d. g. F.) und der EU-Nitratverordnung 2003, ausgebracht. Bei geschlossenem Kreislauf (Boden – Pflanzenertrag – Futter – Tierbesatz – Wirtschaftsdünger) im Betrieb und auch auf die Feldstücke bezogen stellen die vorhandenen Nährstoffe die Basis für Boden und Pflanzen sowie Tiere und Produkte dar.
Die Ertragslagen sind entscheidend, wie viel Futter geerntet und konserviert wird und wie viele Tiere daraus ernährt werden können, es entstehen daraus Kreisläufe auf unterschiedlichem Niveau. Reicht dieses natürliche Niveau nicht aus, so kann der Landwirt über Nährstoff- oder Kraftfutterzukauf diese Ertragslage bis zu einem bestimmten Bereich anheben.

Im Berggebiet Österreichs liegt durchschnittlich das natürliche Kreislaufniveau bis zu 1 GVE/ha, in den Übergangslagen (Tal- und Beckenlagen des Alpenraumes) mit reinen Grünlandflächen sind durchaus 1,5 GVE/ha und in besten Gunstlagen mit Silomais- und Kleegrasanbau auch 2 GVE/ha realistisch.
Die **Obergrenze für den Tierbesatz** liegt bei **170 kg Stickstoff/ha feldfallend** aus dem Wirtschaftsdünger. Will nun der Landwirt noch mineralischen Stickstoff verabreichen, so kann lt. WRG-Novelle 1990 der Gesamtstickstoff auf 210 kg/ha bei besten Ertragslagen angehoben werden. Die Empfehlungsgrundlage für die Stickstoff-, Kali- und Phosphordüngung hängt aber ganz wesentlich von der jeweiligen Ertragslage am Standort ab (BMLFUW, 2017b). Außerdem werden über das ÖPUL-Programm (BMLFUW, 2016) Anreize zur N-Reduzierung für eine ökologische Bewirtschaftung über Maßnahmen angeboten.
In **Wasserschongebieten** werden die **Nährstoffzufuhren** insbesondere **bei Stickstoff nochmals reduziert**, um das Grundwasser ohne Risiko unter 50 mg NO_3/l Wasser zu halten.

Der Grünland- und Viehbauer muss seine Nährstoffflüsse im gesetzlichen Rahmen halten und sollte mit seiner vorsorglichen Bewirtschaftung Boden, Wasser, Pflanzen und Luft im guten Zustand bewahren.

1. GRUNDSÄTZLICHES ZUR GRÜNLANDDÜNGUNG

Rund 85 % der Grünlandflächen in Österreich erhalten ausschließlich entweder über den Weidegang oder über die Wirtschaftsdüngerausbringung die Nährstoffe über das Jahr rückgeliefert. Die Nährstoffzufuhren sollten sich mit den Nährstoffentzügen der Futtererträge über die Jahre die Waage halten, dabei dürfen weder der Boden, die Pflanzen, die Atmosphäre noch das Grundwasser belastet werden oder unter einer Mangelsituation leiden (vergleiche Grafik 36).

Die Auswaschungsverluste werden durch die meist oftmalige und mit geringen Mengen versehene Ausbringung sowie den Ausbringungsverboten in kritischen Zeiten (vegetationslose Zeiten, Boden schneebedeckt, wassergesättigt, überschwemmt oder gefroren) gering gehalten.

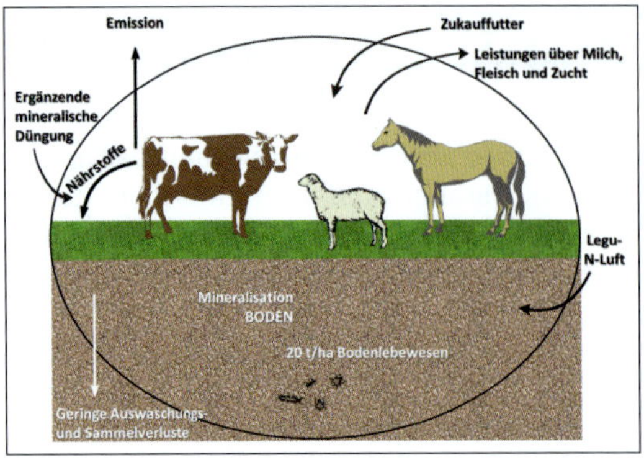

Grafik 36: ***Kreislaufbezogene Nährstoffversorgung im österreichischen Grünland***

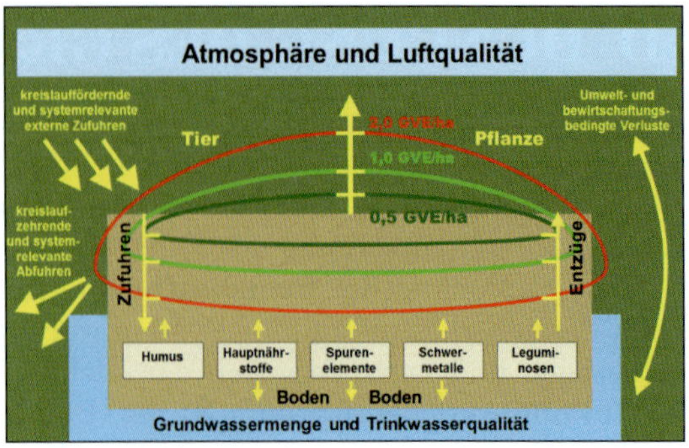

Grafik 37: ***Geschlossene Kreisläufe mit kreislauf- und systemrelevanten Zu- und Abfuhren in Grünland- und Viehwirtschaftsbetrieben.***

Die Ammoniak- und Methanemissionen bei den raufutterverzehrenden Tieren sind vorhanden, viele stallbauliche und technische Maßnahmen bei der Lagerung und Ausbringung werden ständig verbessert. Über Düngepläne zu den einzelnen Kulturen und Feldstücken werden die Düngemengen gezielt zugeteilt (vergleiche Grafik 37).

In den Hochleistungsbetrieben mit Milchkühen wird in reinen Grünlandregionen relativ viel Kraftfutter importiert, was sich auf die anfallenden Nährstoffe und Düngemengen erheblich auswirkt.

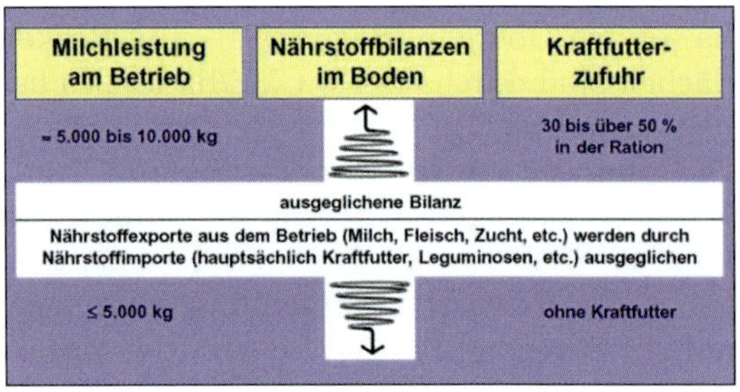

Grafik 38: ***Bewirtschaftungsintensität und Auswirkungen auf die Nährstoffbilanz in den Grünland- und Viehwirtschaftsbetrieben.***

Etwa 60 % der Grünland- und Viehwirtschaftsbetriebe bilanzieren in der Hoftor- und Parzellenbilanz mit ± 0. Hier werden all die Nährstoffe, die über den Verkauf von Milch, Fleisch, Zucht usw. den Betrieb verlassen, mit dem Zukauf von Kraftfutter, Stroh, Mineralstoffen etc. wieder ausgeglichen (siehe Grafik 38).

Im Stall werden die Wirtschaftsdünger gesammelt, gelagert und in den Kreislauf gebracht.

Betriebe, die keinen Ausgleich infolge einer totalen Extensivierung (z. B. Mutterkuh, Schafe, Ziegen, Pferde) herbeiführen, steigen jedes Jahr mit einem negativen Saldo aus, schätzungsweise rund 20 % der Betriebe investieren nicht mehr in die ausgeglichene Kreislaufwirtschaft. Betriebe, die durch hohe Milchleistungen Kraftfutter zukaufen müssen, erhöhen die Nährstoffausscheidung und auch die Nährstoffkonzentrationen.
Etwa 20 % der Grünland- und Viehbetriebe in Österreich, ohne nennenswerten Ackerbau, kurbeln über Zukauf (Kraftfutter und/oder Mineraldünger) diese Bilanz an. Nicht selten kommen vor allem flächenschwächere Betriebe mit der Obergrenze von 170 kg N/ha aus dem Wirtschaftsdünger nicht zurecht. Eine gewisse Zeit, je nach Bodenart und Tiefgründigkeit, kann der Boden kompensieren, aber früher oder später können Nährstoffe ins Grundwasser oder in die Atmosphäre gelangen.

Die **Leguminosen** (Rotklee, Luzerne, Weißklee, Wicken, Blatterbsen etc.) haben im Dauergrünland und besonders im Feldfutterbau eine besondere Bedeutung. Ein Hindernis für ein noch verstärktes Auftreten liegt oftmals in der schwachen Phosphorversorgung so mancher Grünlandböden. Nahezu 90 % der Grünlandböden sind mit unter 47 mg P/1.000 g Feinboden mangelhaft versorgt.

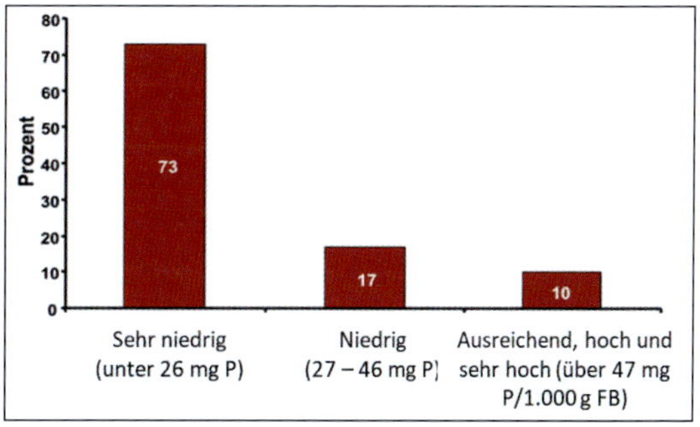

Grafik 39: ***Wasserlösliche Phosphorreserven im Oberboden (0–10 cm) von Wiesen und Weiden in Österreich im Jahr 2015*** *(BOHNER et al. 2014)*

Die Entzüge bei P_2O_5 liegen pro t TM je nach Bewirtschaftungsintensität bei 7–10 kg, bei K_2O werden dem Boden je t TM dabei 20–25 kg pro ha entzogen. Bei einem pH-Wert des Bodens von über 6,0 kommt weicherdiges Phosphat (z. B. Hyperphosphat) nicht mehr zur Wirkung. Ab diesen pH-Wert wird daher der Einsatz von aufgeschlossenen Phosphaten (z. B. Superphosphat) empfohlen. Leider haben Biobetriebe bei pH-Wert ≥ 6 derzeit keine Möglichkeit, den Phosphorwert mineralisch zu verbessern und daher müssen die Biobetriebe oft auf „Legu-N" weitgehend verzichten, obwohl sie diese Stickstoffquelle für die Proteinsynthese dringend bräuchten.

Die natürlichen Phosphorreserven gehen weltweit zu Ende, es gilt den im Boden festgelegten Phosphor für die Wurzeln über das Bodenleben freizumachen.

2. STANDORTANGEPASSTE DÜNGUNG

Die Düngung und somit die Nährstoffversorgung muss an die sehr unterschiedlichen natürlichen Gegebenheiten sowie an die Ertragslage am Standort der Fläche angepasst werden, also Klima (Jahreswitterung, Neigung zu Dürre, Starkniederschlag etc.), Höhenlage, Exposition (Himmelsrichtung), Geländeneigung, Boden (vorangegangene Bewirtschaftung in den letzten zehn Jahren), Pflanzengesellschaft und Nutzungsart berücksichtigen. Dazu gibt es von der HBLFA Raumberg-Gumpenstein langjährige Versuche und praktische Umsetzungserfahrungen.

Um diese möglichen Ertragspotenziale auszuschöpfen, braucht es eine **auf den Standort abgestimmte Nutzung** und dazu auch die **Zufuhr von Nährstoffen**. Die erzielbaren Futtermengen aus diesen Ertragspotenzialen ergeben einen „natürlichen und kreislaufbezogenen" Tierbesatz. Dieser Tierbesatz scheidet nach der Verdauung der Futtermittel wieder Kot, Harn und damit Nährstoffe aus. Diese Ausscheidungen werden je nach Aufstallungssystem und Weiterbehandlung als Wirtschaftsdünger (Gülle, Stallmist, Jauche, Kompost) auf die Flächen gezielt (Kultur, Menge, Zeit, gesetzliche Vorgaben etc.) mit bester Verteiltechnik ausgebracht. In Anlehnung an die Ertragslage „niedrig, mittel, hoch" werden für die Grünlandnutzungsformen Erträge von 2,5–12 t/ha und Vegetationsperiode erzielt (siehe Tabelle 23).

Wird das Grünland (Wiesen, Weiden, Almen und Feldfutter) standortangepasst mit Wirtschaftsdünger wie Gülle, Jauche, Stallmist und Stallmistkompost kreislaufmäßig versorgt, dann ist für eine kontinuierliche Versorgung der Böden und Pflanzen mit organischer Substanz, Hauptnährstoffen und Spurenelementen gesorgt. Ein „lebendiger" Boden kann bei guten

Tabelle 23: **Ertragspotenziale bei unterschiedlichen Ertragslagen und Nutzungsformen auf den Grünlandflächen in Österreich (BMLFUW, 2017b).**

Nutzungsformen	Ertragslage Ø Ertrag in t TM/ha und Jahr		
	niedrig	mittel	hoch
Dauer- und Wechselwiesen			
1 Schnitt	< 2,5	≥ 2,5	-
2 Schnitte	< 4,0	≥ 4,0	-
3 Schnitte	< 6,0	6,0–8,0	> 8,0
4 Schnitte	-	< 9,5	≥ 9,5
5 Schnitte	-	< 11,0	≥ 11,0
6 Schnitte	-	-	≥ 12,5
Mähweiden			
1 Schnitt + 1 bis 2 Weidegänge	< 5,5	≥ 5,5	-
2 Schnitte + 1 bis 2 Weidegänge	-	< 8,0	≥ 8,0
2 Schnitte + 2 oder mehr Weidegänge	-	< 9,0	≥ 9,0
Dauerweiden (ein Weidegang entspricht 1,5 – 2,0 t TM/ha), Kulturweiden			
Ganztagsweide (> 12 Stunden)	< 6,0	6,0–9,0	> 9,0
Halbtagsweide (6–12 Stunden)	< 6,0	6,0–9,0	> 9,0
Stundenweide (2–6 Stunden)	< 6,5	6,5–9,5	> 9,5
Hutweiden	< 2,0	≥ 2,0	-
Feldfutter			
Kleebetont	< 7,0	7,0–10,0	> 10,0
Gräserbetont	< 7,0	7,0–10,5	> 10,5
Gräserreinbestände	< 8,0	8,0–12,0	> 12,0
Sämereienvermehrung (Samenertrag)			
Alpingräser	< 0,1	0,1–0,4	> 0,4
Gräser für das Wirtschaftsgrünland	< 0,2	0,2–0,7	> 0,7
Rotklee	< 0,3	0,3–0,5	> 0,5

Temperaturen und Niederschlägen über die Mineralisierung und die organische Stickstoffbindung der Leguminosen wertvolle oder beträchtliche Nährstoffmengen nachliefern.

Je nach Standort und Humusgehalt in Böden können **im Extensivgrünland zwischen 10 und 30 kg N/ha** und **im Wirtschaftsgrünland zwischen 30 und 60 kg N/ha** über die **Vegetationsperiode** im Boden freigesetzt werden. Die Leguminosen (Weißklee, Rotklee, Luzerne, Wicken etc.) können pro Flächenprozent im Pflanzenbestand und Vegetationsdauer rund 1–4 kg/ha Luftstickstoff in den Knöllchenbakterien binden und später nach Abbau des Bakterieneiweißes an die umliegenden Wurzeln freigeben. In einer Dreischnittwiese mit 15 Fl.-% Leguminosenanteil auf 700 m Seehöhe können rund 45 kg N/ha (Luft-N) gebunden werden und stehen der Kultur zur Verfügung. Je nach Nutzungsform und Ertragslage können 0–210 kg Stickstoff/ha durchschnittlich auf den Flächen über die Vegetationszeit angeboten werden (vergleiche Tabelle 24).

Tabelle 24: **Empfehlung der Stickstoffdüngung in Abhängigkeit von der Ertragslage und der Nutzungsform im Grünland (BMLFUW, 2017b).**

	Ertragslage in kg N/ha		
Nutzungsformen	**niedrig**	**mittel**	**Hoch**
Dauer- und Wechselwiese			
1 Schnitt	0–20	20–30	-
2 Schnitte	40–60	60–90	-
3 Schnitte kleereich	60–80	80–100	100–120
3 Schnitte gräserbetont	-	100–120	120–150
4 Schnitte kleereich	-	100–120	130–150
4 Schnitte gräserbetont	-	140–160	170–200
5 Schnitte gräserbetont	-	160–200	210
6 Schnitte gräserbetont	-	-	210
Mähweide			
1 Schnitt + 1 bis 2 Weidegänge	40–60	70–90	-
2 Schnitte + 1 Weidegang	-	90–110	120–140
2 Schnitte + 2 oder mehr Weidegänge	-	100–120	150–170
Dauerweiden, Kulturweiden			
Ganztagsweide (> 12 Stunden)	40–60	80–100	120–140
Halbtagsweide (6–12 Stunden)	50–70	90–110	130–160
Stundenweide (2–6 Stunden)	60–80	100–130	140–180
Hutweiden	0–20	20–30	-
Feldfutter			
Kleebetont (über 40 Flächen-%)	0–40	0–40	0–40
Gräserbetont	60–100	140–180	210
Gräserreinbestände	-	160–200	210
Sämereienvermehrung (Samenertrag und Futter)			
Alpingräser	40–80	80–100	100–150
Gräser für das Wirtschaftsgrünland	70–90	90–110	110–170
Rotklee	0–20	0–20	0–20

* Die für Mähweiden und Dauerweiden angeführten Empfehlungen verstehen sich als Summe aus N-Ausscheidungen auf der Weide sowie einer allfälligen Ausbringung von Wirtschaftsdüngern und/oder Mineraldüngern. Bei kleebetonten Feldfutterbeständen ist eine Start- oder Herbstdüngung im Ausmaß von bis zu 40 kg N/ha möglich.

3. WIRTSCHAFTSDÜNGER

Die Wirtschaftsdünger (Stallmist, Jauche, Stallmistkompost, Gülle, Biogasgülle etc.) spielen im Grünland- und Viehwirtschaftsbetrieb in der Nährstoffversorgung der Böden und Pflanzen eine zentrale Rolle. Die Wirtschaftsdünger sind ein wichtiges Betriebsmittel und sie haben einen hohen Stellenwert. Der **Umgang** mit dem Wirtschaftsdünger sollte aus ökologischer und ökonomischer Sicht **sorgsam und zielgerichtet** sein.

Eine Ergänzung mit Mineraldünger ist im Grünland in Österreich eher seltener notwendig – kann aber bei Bedarf und Bewirtschaftungsintensität unter Einhaltung der gesetzlichen und vertraglich vereinbarten Obergrenzen erfolgen.
Unter Einbeziehung der Ergebnisse der Bodenuntersuchung, der Ertragslage und der Nutzungsform sollte der Wirtschaftsdüngeranfall auf den Flächen in guter Verteilung und Menge mit Einhaltung aller Regelungen zeitlich richtig eingesetzt werden. Daraus ergeben sich die Nährstoffmengen aus dem Wirtschaftsdünger, die allerdings in der Wirksamkeit (rasch/langsam) eingestuft werden müssen.

In den Güllegruben oder Stallmistplätzen wird der Dung gelagert und zielgerichtet auf die Wiesen und Weiden ausgebracht.

Die **Nährstoffe aus Boden und Leguminosen** sollten **in die Düngerplanung miteinbezogen** werden. Stellt man die Nährstoffentzüge aus den Erträgen von den Flächen in Bezug zur verlustbereinigten Nährstoffversorgung (Boden, Leguminosen, Wirtschaftsdünger), so sollte zumindest über die Jahre ein N-Saldo mit ± 0 entstehen. Der Stickstoffeintrag über die nasse Deposition hält sich mit der Denitrifikation im Boden etwa die Waage und wird deswegen in dieser N-Bilanzierung nicht berücksichtigt.

3.1 Wirtschaftsdüngeranfall

Je nach Tierart, Fütterung und Haltungssystem ist beim Anfall von Wirtschaftsdüngern mit unterschiedlichen Nährstoffgehalten zu rechnen. Die Nährstoffversorgung der Böden und damit der Pflanzenbestände sowie die Nutzungsart (Mähzeitpunkt, Konservierung etc.) beeinflussen die Nährstoffgehalte der Wirtschaftsdünger ebenso wie die Rationsgestaltung und der Kraftfutteranteil. In der Tabelle 25 sind alle Nährstoffwerte in kg/t angegeben. Als mögliche Umrechnung von m³ zu t und umgekehrt soll die Tabelle 26 dienen.

Tabelle 26: **Umrechnung von m³ zu t bei Wirtschaftsdüngern (Richtlinie für die sachgerechte Düngung, BMLFUW, 2017b).**

	t/m³	**m³/t**
Flüssige Wirtschaftsdünger (Gülle, Jauche, Biogasgülle)	1	1
Rindermist	0,83	1,2
Pferdemist	0,5	2
Schweinemist	0,91	1,1
Schaf- und Ziegenmist	0,7	1,4
Stallmistkompost	0,8	1,2
Hühner- und Putenmist	0,5	2
Hühnertrockenkot (mit 50 % TM)	0,5	2
Bio- und Grünschnittkompost	0,7	1,4

Tabelle 25: **Mengenanfall pro GVE und Jahr an Wirtschaftsdünger sowie anrechenbare, durchschnittliche Nährstoffgehalte von Wirtschaftsdüngern aus der Tierhaltung in kg/t (BMLFUW, 2017b)**

Tierart und Wirtschaftsdüngeranfall	TM-Gehalt in %	Mengenanfall in t/Jahr	Nff [1] anrechenbar, feldfallend	P_2O_5	K_2O	CaO	MgO	Org. Substanz
Rottemist von Rindern (einstreuarm)	20–30	9–13 t/GVE [2]	3,0–4,5	2,5–3,0	4,5–5,5	5,0	2,0	175
Stallmistkompost aus Rindermist	30–50	5–7 t /GVE	4,0–5,5	4,0–5,0	6,0–10,0	9,0	4,0	155
Rottemist von Schafen und Ziegen (viel Einstreu mit Stroh/Heu)	25–35	5–8 t/GVE	4,0–5,0	2,0–3,0	5,0–10,0	4,0	2,0	200
Pferdemist (auf Stroh)	25–30	5–12 t/Klein- bis Großpferd	4,0–5,6	2,0–3,0	6,0–8,0	8,0	1,5	225
Pferdemist (auf Sägespänen)	30–35	5–12 t/Klein- bis Großpferd	4,0–5,6	2,0–3,0	6,0–8,0	8,0	1,5	225
Rindergülle (Sommergülle bei Grünfütterung unverdünnt oder Wintergülle verdünnt)	5–7	20–30 t/GVE	2,0–3,0	1,0–1,5	2,5–4,0	1,5	0,8	38
Rindergülle unverdünnt (Ganzjahresstallfütterung und Mast mit Silomais in der Ration sowie kraftfutterbetonte Fütterung)	8–10	15–25 t/GVE	3,5–4,5	1,5–2,5	5,0–8,0	3,0	1,5	75

[1] Hier sind schon die Verluste im Stall, am Lager und bei der Ausbringung abgezogen.
[2] GVE lt. AMA-Liste, z. B. 1 Kuh = 1 GVE; 1 Kalbin = 0,6 GVE

Nährstoffwert pro GVE und Jahr
Euro 150,00–200,00

Nährstoffwert pro m³/t Gülle, Jauche bzw. t Mist bzw. Kompost
~ Euro 10,00–20,00

3.2 Nährstoffgehalte

Die Nährstoffe und deren Konzentration im Wirtschaftsdünger hängen stark von der Tierart, dem Aufstallsystem, der Fütterung (Ration), der Verdünnung (Wasser, Stroh), der Lagerung und der Ausbringung ab (siehe Tabelle 25).

Oberstes Ziel sollte sein, die Nährstoffe, wie sie im Stall anfallen, möglichst mit geringsten Verlusten in den Boden und schließlich zur Pflanze zu bringen. Es muss im Betrieb gelingen, die umweltrelevanten Auswirkungen der „Nährstoffe" zu vermeiden oder zu verringern. Die Wirtschaftsdünger sind wertvolle Betriebsmittel und daher ökologisch wie ökonomisch höchst bedeutend.

Düngemittel und Treibhausgase

Das Treibhausgas **Lachgas (N_{20})** wird vorwiegend bei Abbauprozessen stickstoffhaltiger Dünger und im Zuge der Güllelagerung freigesetzt. Lachgas besitzt eine knapp 300-mal so hohe Treibhausgaswirksamkeit wie Kohlenstoffdioxid (CO_2). Bei der Lagerung von Wirtschaftsdüngern wird darüber hinausgehend auch das Treibhausgas **Methan (CH_4)** emittiert, das um einen Faktor 25 stärker als CO_2 wirkt. Methan entsteht durch anaerob ablaufende Gär- und Zersetzungsprozesse von organischem Material. In den Biogasanlagen nutzt man diesen Prozess, um daraus Strom zu gewinnen.

Düngemittel und Luftqualität

Ammoniak (NH_3) entsteht hauptsächlich beim Abbau von organischem und mineralischem Dünger sowie bei der Lagerung von Gülle. NH_3 ist an der Bildung versauernder und eutrophierender Schadstoffe und sekundärer Partikel (Feinstaub) beteiligt.

Düngemittel und Wasserqualität

Nitrat (NO_3) wird einerseits im Boden durch Mineralisierung organischer Substanzen gebildet, andererseits kann es dem Boden auch unmittelbar als Stickstoffdünger zugeführt werden. Nitrat kann im Boden kaum gespeichert werden. Das nicht von Pflanzen aufgenommene Nitrat kann daher ausgewaschen werden und ins Grundwasser gelangen. Wesentliche Grundlage für Regelungen und Vorschriften im Bereich der Stickstoffdünger ist die EU-Nitratrichtlinie aus dem Jahr 1991. In Österreich wird diese Richtlinie mittels eines periodisch zu überarbeitenden Aktionsprogrammes umgesetzt, das die Bedingungen und Verfahren für die Ausbringung von stickstoffhaltigen Düngemitteln enthält. Darüber hinaus werden auch im Rahmen des Österreichischen Umweltprogrammes (ÖPUL) freiwillige Förderungsmaßnahmen angeboten, die das Thema Düngung im Zusammenhang mit Wasser behandeln.

Entsprechende periodisch erstellte Berichte vom Umweltbundesamt sowie vom Lebensministerium über Düngemittel und Treibhausgase/Luftqualität sowie die Wasserqualität können unter diesen Links heruntergeladen werden:
http://www.umweltbundesamt.at/umweltsituation/luft/emissionsinventur/emiberichte/
http://www.bmlfuw.gv.at/wasser/wasser-eu-international/europaeische_wasserpolitik/Nitratbericht_2012.html

3.3 Nährstoffwirksamkeit

Die Nährstoffe in den aufgezeigten Schwankungsbreiten sind gute Richtwerte für die Einschätzung der Größenordnung um die ausgebrachte Nährstoffmenge. Bei genauer Einschätzung geben die Richtlinien für die sachgerechte Düngung (BMLFUW, 2017b) detaillierte

Werte wieder, will man die Nährstoffgehalte der eigenen Wirtschaftsdünger, so sollte nach repräsentativer Probennahme eine Analyse eines anerkannten Labors die exakten Werte ermitteln, die dann für die exakte Düngeplanung eingesetzt werden können.

❑ Wirksamkeit des Stickstoffs aus den Wirtschaftsdüngern

Die unmittelbare Wirksamkeit des in Wirtschaftsdüngern enthaltenen Stickstoffs (N) ist wesentlich vom Verhältnis zwischen mineralisch und organisch gebundenen Anteilen abhängig. Der mineralische Stickstoff, bestehend aus dem raschwirksamen Ammoniumstickstoff (NH_4N), kann relativ rasch von den Pflanzen über die Wurzeln aufgenommen werden. Allerdings ist diese Stickstofffraktion sehr mobil und erfordert höchste umweltrelevante Aufmerksamkeit. Es sollte nicht zu viel an leichtlöslichem Stickstoff in der Bodenlösung vorliegen, eben so viel, wie von den Pflanzen in der jeweiligen Wachstumskurve benötigt wird. Der organisch gebundene Stickstoff hingegen wirkt erst dann, wenn dieser von den Mikroorganismen abgebaut wird, daraus entsteht eine mehr oder weniger lange Nachwirkung des ausgebrachten Stickstoffs über die Wirtschaftsdünger im Boden.

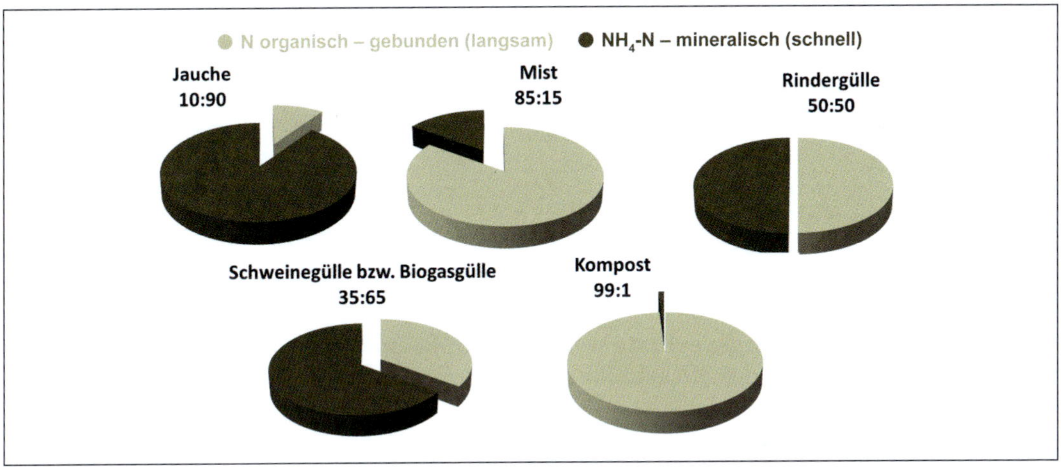

*Grafik 40: **Stickstoffkomponenten in den Wirtschaftsdüngern***

Wirtschaftsdünger mit hauptsächlich den Komponenten „Kot + Stroh" weisen einen geringen NH_4N-Anteil (1–15 %) und hohen Anteil an organisch gebundenem Stickstoff (85–99 %) auf. Sind umgekehrt im Wirtschaftsdünger hauptsächlich die Harnanteile (Jauche), so steigt der NH_4N-Anteil bis 90 %. Werden Kot und Harn im Aufstallungssystem zu Gülle, so enthalten je nach Tierart und Fütterung die Güllen 50–60 % NH_4N-Anteile. Auch die Biogasgüllen liegen bei etwa 60–65 % NH_4N-Anteilen. Werden Güllen in der Biogasanlage fermentiert, so wird Biomasse abgebaut und es steigt der leichtlösliche N-Anteil.

Je höher die NH_4N-Anteile, desto höher auch die unmittelbare Wirksamkeit und die Jahreswirksamkeit der Wirtschaftsdünger. Wird der Wirtschaftsdünger im Sinne einer Kreislaufwirtschaft Jahr für Jahr regelmäßig auf den Flächen angewandt, dann erhöht sich die Gesamtwirksamkeit (unmittelbare Wirksamkeit, Jahreswirksamkeit und Nachwirkungen der vorangegangenen Düngeperioden) durch die langsame Wirksamkeit des organisch-gebundenen Stickstoffs.

Bei regelmäßigem Einsatz von Wirtschaftsdüngern und günstigen Mineralisierungsverhältnissen kann im Grünland bestenfalls 100%ige Wirksamkeit bezogen auf den feldfallenden Sticksoff (Nff) erreicht werden.

Der Stickstoff (N) ist verantwortlich für das Wachstum der Pflanze, wobei aber Phosphor (P) und Kalium (K) ausreichend vorhanden sein müssen. Außerdem braucht es Stickstoff, damit Protein (Eiweiß) in der Pflanze entstehen kann. Im Blattgrün kann der Stickstoffversorgungsgrad visuell eingeschätzt werden.

❑ Kalkulatorische Stickstoffverluste im Stall, am Lager und bei der Ausbringung

Laut Aktionsprogramm „Nitrat", es setzt national die EU-Nitratrichtlinie um, darf die jährlich ausgebrachte Menge an Wirtschaftsdüngern nicht mehr als 170 kg Stickstoff durchschnittlich pro ha landwirtschaftlich genutzter Fläche betragen. Dieser Begrenzungswert bezieht sich auf den stallfallenden Stickstoff abzüglich unvermeidbarer gasförmiger Verluste im Stall, am Lager und letztlich bei der Ausbringung (vergleiche Tabelle 27).

Tabelle 27: **Kalkulatorische Stickstoffverluste in % im Stall und am Lager (BMLFUW, 2017b).**

	Entmistungssystem		
Tierart	**Gülle**	**Mist/Jauche**	**Tiefstallmist**
Rinder	15	30	30
Schweine	30	35	35
Geflügel	30		40
Pferde			30
Puten			45
Schafe, Ziegen			45

Die **Stickstoffausbringungsverluste** werden bei Gülle und Jauche mit 13 % und bei Stallmist und Kompost mit 9 % des Stickstoffanfalls ab Lager angesetzt. Wird mineralischer Stickstoffdünger eingesetzt, so werden keine Verluste angesetzt.
Bei der Düngeplanung wird von den Wirtschaftsdüngern der eingesetzte Stickstoff feldfallend kalkulatorisch wirksam. Für die ökologisch und ökonomisch denkenden Landwirte ergibt sich daraus, dass einerseits diese kalkulatorische Stickstoffobergrenze absolut eingehalten wird und dass das beste Wirtschaftsdüngermanagement die möglichst geringsten Verluste zulässt.

❑ Wirksamkeit der wertvollen Nährstoffe im Wirtschaftsdünger

Im Grünland (Wiesen, Weiden, Feldfutterbau und Almen) bilden die im Kreislauf anfallenden Wirtschaftsdünger die Hauptquelle für eine kontinuierliche Versorgung der Böden und Pflanzen mit organischer Substanz, mit Haupt- und Nebennährstoffen sowie Spurenelementen.

Grünlandwirtschaft mit Viehhaltung ergänzt sich in idealer Form – eine nützliche Symbiose mit Kreislaufwirtschaft.

Eine mineralische **PK-Düngung** im Grünland soll jedenfalls dann erfolgen, wenn entweder eine Anwendung von Wirtschaftsdünger nicht möglich ist oder die P- und K-Gehalte im Boden die Gehaltsklasse (47 mg P und 88 mg K je 1.000 g Feinboden) unterschreiten. Die Empfehlung der PK-Versorgung hängt ebenso wie bei der N-Versorgung von der Ertragslage und den Nutzungsformen ab (vergleiche BMLFUW, 2017b).

Der Grünlandbestand entzieht dem Boden pro t Heu etwa 7 kg (extensiv) und 10 kg P_2O_5 (intensiv). Beim K_2O werden bei extensiver Bewirtschaftung pro t Heu etwa 20 kg und bei intensiver Bewirtschaftung 25 kg K_2O dem Boden entzogen.
Bei Phosphor und Kali werden die Gehaltswerte im Wirtschaftsdünger ohne Verluste angerechnet. Im Zeitraum von 5 Jahren sollten die K_2O und P_2O_5-Salden auf den Feldstücken ausgeglichen bilanzieren.

Die Grünlandböden in Österreich sind großteils mit **Magnesium** ausreichend versorgt. Bei sachgerechter Düngung mit Wirtschaftsdünger sollte eine ausreichende Magnesiumversorgung im Grünland möglich sein. Auf kalkarmen Böden können zur Magnesiumversorgung auch magnesiumhaltige Düngekalke eingesetzt werden, auf Kalkböden ist hingegen die Verwendung von Kieserit oder Bittersalz zu empfehlen. Bei gleichzeitigem Kalium- und Magnesiummangel eignet sich der Einsatz von Patentkali.

3.4 Schwefeldüngung im Grünland

Vor Jahren waren auch die Schwefeldioxid-Emissionen hinsichtlich sauren Regens und Gesundheitsgefährdung ein großes Thema. Damals wurden noch etwa 50 kg Schwefel/ha aus der Atmosphäre eingetragen. Heute sind es aufgrund der verbesserten Abgasreinigungstechnik und des Ersatzes von schwefelarmen bzw. schwefelfreien Kraft- und Brennstoffen noch etwa 6 kg Schwefel pro ha und Jahr, die auf unsere Felder wirken.

Wozu Schwefel?
Schwefel wird als **Sulfat (SO_4)** über die Wurzeln und zu einem geringen Teil als **Schwefeldioxid (SO_2)** über die Blätter aufgenommen. Schwefel ist Bestandteil in essenziellen Aminosäuren und daher für den Proteingehalt und die -qualität von besonderer Bedeutung.

Löst der Schwefel in der Nährstoffversorgung der Pflanzen eine Mangelsituation aus, kann auch die Stickstoffdüngung nicht voll wirken. Bei Schwefelmangel wird aufgenommenes Nitrat (NO_3) nicht in Proteine umgewandelt, da das schwefelhaltige Enzym „Nitrat-Reduktase" fehlt. Ein Schwefelmangel bewirkt Ertragsreduktion und geringere Proteinwerte. Als S-Richtwert im Futter werden 2 g/kg TM für den Bedarf der Tiere angesehen. Eine unzureichende S-Versorgung bei den Tieren führt zu einer verminderten mikrobiellen Proteinsynthese und zu einer geringeren Verdaulichkeit der organischen Masse.

In der Weide kann mit 3,5 g S/kg TM, im Wiesenfutter mit 1,9–2,1, im Rotklee mit 2,5, im Sojaextraktionsschrot mit 4,8 und im Rapsextraktionsschrot mit 16,3 g S/kg TM gerechnet werden. Um diese S-Werte in der TM für die Fütterung der Tiere und in weiterer Folge für die menschliche Ernährung zu haben, braucht es eine ausreichende S-Versorgung (BMLFUW, 2017b).

Schwefeleinträge sind gesunken
Im Boden liegt Schwefel (S) zum überwiegenden Teil organisch gebunden vor. Für die Mineralisation von Schwefel aus dem Humusvorrat ist der mikrobielle Umsatz von schwefelhaltigen Verbindungen von zentraler Bedeutung. Meist werden daraus jedoch nur etwa 10 kg/ha Schwefel für die Pflanzenversorgung bereitgestellt.

Aus der Luft wurden Mitte der 80er Jahre rund 50 kg S/ha in den Boden eingetragen. Heute können wir mit durchschnittlich 6 kg S/ha rechnen. Pro Großvieheinheit (GVE), natürlich abhängig von der Leistung, wird eine durchschnittliche S-Ausscheidung von rund 15 kg pro Jahr gerechnet.

Im Jahre 1985 hat ein Grünlandbetrieb mit 1 GVE/ha und der Bodennachlieferung und des Lufteintrages rund 75 kg S/ha, mit 2 GVE rund 90 kg S/ha in den Boden eingebracht. Heute liegen die Betriebe bei gleichem GVE-Besatz bei 30–45 kg S/ha (siehe Grafik 41).

Schwefelentzug bei den Kulturen
Die Schwefelentzüge richten sich nach den Pflanzenarten und der Ertragslage. Beim Grünland wird davon ausgegangen, dass ein normaler Aufwuchs von 2.500–3.500 kg TM/ha dem Boden rund 8 kg S/ha entzieht. Legt man diesen Durchschnittswert pro Aufwuchs zugrunde, so braucht eine Dreischnittwiese 24 kg S/ha, eine Fünfschnittwiese 40 kg S/ha.

Im Jahr 1985 hatte sicher keine Intensitätsstufe ein S-Versorgungsproblem, heute kann ein Grünland-Viehbetrieb mit 1,0 GVE/ha ein Dreischnittsystem mit ausreichend Schwefel abdecken. Würde dieser Betrieb mit diesem GVE-Besatz auf vier Schnitte gehen, so käme dieser an die Grenzen der S-Versorgung. Bei 1,5 GVE/ha liegt der Betrieb bei rund 40 kg S/ha und könnte Vierschnittflächen noch gut mit Schwefel nährstoffmäßig abdecken. Intensivste Betriebe mit 2 GVE/ha und Vielschnittflächen stoßen schon heute leicht an die Grenze der Schwefelversorgung. Sie bieten im Boden 46 kg S/ha an und verbrauchen bei einer Sechsschnittwiese rund 48 kg S/ha (siehe Grafik 41). Nehmen in Zukunft die S-Vorräte im Boden ab, so wird man Schwefel in der Düngung einsetzen.

Schwefeldüngung bringt keine Mehrerträge
An der HBLFA Raumberg-Gumpenstein konnten nun 10-jährige Exaktversuche mit zusätzlicher Schwefeldüngung auf Drei- und Vierschnittflächen ausgewertet werden. Der Gülle- bzw. NPK-Düngung wurden auf den Dreischnittflächen auf der Nährstoffbasis von 1 GVE/ha noch 500 kg/ha Biosalin (45 kg S/ha) sowie auf der Vierschnittfläche bei 2 GVE/ha Grunddüngung noch 800 kg/ha Biosalin (75 kg S/ha) verabreicht. Somit lag die Schwefelzufuhr bei der Dreischnittvariante bei 31 kg/ha, der errechnete Schwefelentzug wird mit 24 kg/ha angenommen. Die Vierschnittvariante bei 2 GVE/ha bringt hier eine Schwefelzufuhr von 46 kg/ha, der S-Entzug wird hier bei 32 kg S/ha errechnet (siehe Grafik 41).

Die 10-jährigen Dauerwiesenversuche mit Schwefeldüngung zeigten, dass bei der Dreischnittvariante ein geringfügig höherer Kleeanteil vorherrscht. Im Rohproteingehalt wie auch im Rohproteinertrag konnte aber bei allen Vergleichsvarianten keine Erhöhung durch die Schwefeldüngung festgestellt werden. Im Durchschnitt von 10 Jahren kamen sowohl bei der Drei- wie auch bei der Vierschnittvariante beachtliche Futtererträge von 9.000–10.774 kg TM/ha zustande.

Die Vierschnittvariante auf diesen Standorten war den Dreischnittflächen nur um rund 7 % überlegen. Die zusätzliche Schwefeldüngung brachte in den 10 Jahren durchschnittlich keine signifikanten Mehrerträge. Werden alle Varianten einbezogen, so ergibt sich derzeit im Grünland keine Ertragserhöhung durch die zusätzliche Schwefeldüngung.

Bei einem Tierbesatz von 1 GVE/ha und Kreislaufwirtschaft werden mit dem Eintrag aus der Atmosphäre sowie der Mineralisationsrate im Boden rund 30 kg Schwefel/ha und Jahr den Pflanzen zur Verfügung gestellt. Das extensiv geführte Grünland bis hin zu Dreischnittflächen kann vom Schwefelbedarf gedeckt werden. Die intensive Grünlandwirtschaft mit Vielschnittwiesen und Kurzrasenweiden könnte bei höherem Schwefelbedarf zu leichten Engpässen kommen.

Steht allerdings genug Gülle bzw. Stallmist aus der Tierhaltung zu Verfügung, so werden bei einem Tierbesatz von 2 GVE/ha rund 30 kg S pro ha und Jahr dem Boden bereitgestellt. Bei guter S-Nachlieferung in die Böden können damit Fünfschnittflächen noch ausreichend mit Schwefel abgedeckt werden. Je höher die Schnitt- und Weidefrequenz, je leichter der Boden und je geringer die Wirtschaftsdüngerzufuhr, umso größer wird in der Regel der zusätzliche Schwefelbedarf im Grünland. Wird Schwefel als Zusatzkomponente im Düngermittel nahezu „gratis“ angeboten, so ist dies für die intensive Grünlandpraxis kein Schaden.

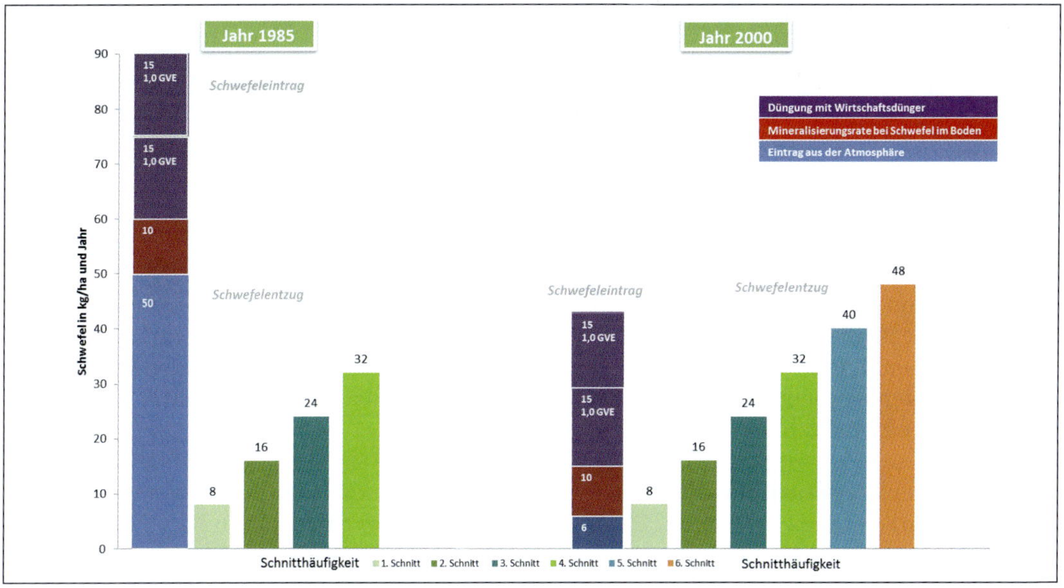

Grafik 41: ***Schwefeleinträge und -entzüge bei unterschiedlicher Intensität*** *(BUCHGRABER und WISTHALER, 2014).*

3.5 Die wichtigsten Wirtschaftsdünger

Erst gegen 1950 wurde die Güllewirtschaft kommend aus der Schweiz und dem Allgäu in Österreich eingeführt, zuvor sammelten die Viehbauern den Stallmist und hatten eine Jauchegrube. Heute hat die Güllewirtschaft auf vielen Betrieben Einzug gehalten, aber auch das Stallmist-Jauche-System hat sich mit wesentlichen technischen Fortschritten weiterentwickelt. Die Kompostwirtschaft hat mit den Umsetzgeräten und Maschinen auch seit 1980 wesentliche Schritte gemacht und ist nicht nur im kommunalen Bereich sondern, auch in der Landwirtschaft, speziell in Pferde-, Schafe- und Ziegenbetrieben, im Einsatz.

❑ Gülle

Gülle ist ein Volldünger, der den **gesamten Kot- und Harnanfall** der Tiere beinhaltet. Ihre Nährstoffzusammensetzung entspricht daher fast immer dem Pflanzenbedarf, sofern die kreislaufbezogene Nährstoffsituation im Boden bzw. in der Pflanze ausreichend ist.
Arbeitswirtschaftliche, technische, pflanzenbauliche und finanzielle Überlegungen sprechen auf vielen Betrieben für das System „Gülle“.

Die Diskussionen um den Wert der Gülle ziehen sich schon bald über ein Jahrhundert hin. Hinzu kommen die Probleme (Nitratbelastung des Grundwassers, Ammoniakemission in die Luft etc.) der intensiven Veredelungswirtschaft. Dass aber die Gülle **bei sachgerechtem Einsatz ein idealer Wirtschaftsdünger** sein kann, zeigen unzählige Versuche und Grünlandbetriebe, sowohl in Gunst- wie in Berglagen, vor allem auf tiefgründigeren Böden.

In den Gunstlagen mit reichlich ebenen Flächen versucht man über großtechnische Lösungen die Gülle in den Boden zu bringen. Der Aufwand ist enorm.

Die Gülle kann **im Herbst und Frühjahr ohne Wasserzusatz** ausgebracht werden. In der kühleren Zeit ist die Ammoniakverdunstung nicht mehr bzw. noch nicht so stark. Außerdem sollte zu diesem Zeitpunkt der gelöste Stickstoff nicht zu rasch in tiefere Bodenschichten zu den tiefer liegenden Beikrautwurzeln verfrachtet werden, es ist aber auf die durchschnittliche N-Obergrenze zu achten.

In der heißen Vegetationszeit sollte die **Gülle mit Wasser** (Gebrauchs- bzw. Regenwasser) **verdünnt** werden (1 : 0,5 bzw. 1 : 1 Wasser), damit mehr Stickstoff in NH_3-Form verfügbar bleibt und nicht so leicht als Ammoniak ausgast. Dadurch werden eine höhere Infiltration und somit Nährstoffwirksamkeit, eine geringere Futterverschmutzung und somit eine bessere Futterqualität erreicht (siehe Grafik 42).
Die **Höchstmengen pro Aufwuchs** sollten auch bei **Verdünnung** mit Wasser nicht mehr als **max. 20 m³/ha** betragen (BUCHGRABER, 1981). **Unverdünnt** liegt die Aufwandmenge je Aufwuchs bei **10–15 m³ Gülle pro ha** am Grünland. Im Silomaisbau, aber auch bei gräserbetonten Feldfutterbeständen kann die Güllemenge auf 20–25 m³/ha und Aufwuchs gesteigert werden.

Die **Biogasgülle**, wie sie in den Fermentern konzentriert anfällt, weist ebenso eine hohe Wertigkeit wie andere Güllen auf. Durch die Bakterientätigkeit im Fermenter kommt es zum Abbau von organischer Substanz und somit zu **dünnflüssigeren Güllen**. Die Nährstoffgehalte werden durch die Fermention nicht wesentlich beeinflusst, wohl aber der Trockensubstanzgehalt der Güllen. Die Biogasgüllen müssen ebenso ordnungsgemäß und sachgerecht eingesetzt werden, der konzentrierte zentrale Anfall stellt eine große Herausforderung für die „kreislaufbezogene" Verteilung dar. Eine „Entsorgung" durch überhöhte Ausbringungsmengen führt zwangsläufig zu Problemen in der Wasserqualität.

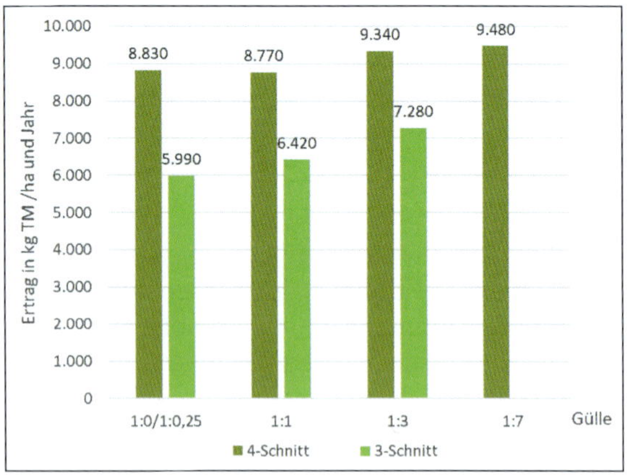

Grafik 42: Wirksamkeit der Gülleverdünnung bei der langjährigen Düngung von einer Drei- bzw. Vierschnittwiese an der HBLFA Raumberg-Gumpenstein

Entscheidend ist, dass die Gülle bodennah, bei kühlen Temperaturen und möglichst bei Windstille in guter Längs- und Querverteilung auf oder in die Grasnarbe gebracht wird. In den wärmeren Jahreszeiten sollten Gülle und Jauche mit Regenwasser bis max. 1 : 1 verdünnt, möglicherweise in den Abendstunden ausgebracht werden.

In den Berglagen hat sich bei arrondierten Betrieben die **Gülleverschlauchung** bisher am besten bewährt. Bei oft schwierigen, steilen Verhältnissen kann bei geringerem Risiko und wenig Narbenverletzung die Gülle möglicherweise mit Kalk und Phosphor angereichert und zeitsparend ausgebracht werden. Gerade auf diesen eher extensiven Bergwiesen können Güllemengen von 8–10 m^3/ha Aufwuchs gut verteilt werden, auch in jene Flächenabschnitte, die mit einem Miststreuer bisher nicht erreicht werden konnten. Die Gülleverteilung mit Rohrleitungen und Verteiler sind selten geworden.

In den großflächigen Gunstlagen, auch kombiniert mit Ackerbau, hat sich der überbetriebliche Einsatz der **Schleppschlauchtechnik** bewährt. In den Übergangslagen – und das ist der Großteil der Grünlandflächen in den Tal- und mittleren Hanglagen – haben sich die Güllebauern ihre Technik speziell für ihren Betrieb zurechtgelegt, damit ist die Größe der Fässer in den letzten Jahren extrem erhöht worden. Die Pachtverhältnisse über weite Strecken erfordern hier ein effizientes Transport- und Ausbringungssystem. Besondere Rücksicht soll gerade bei diesen hohen Gewichten auf die Befahrbarkeit der Böden im Hinblick auf die Verdichtung der Flächen genommen werden.

Die Gülleverschlauchung hat sich bei arrondierten Betrieben, insbesondere in Hanglagen, und im überbetrieblichen Einsatz gut etabliert.

Die Gülleausbringung führt oftmals bei der Bevölkerung zu negativen Äußerungen gegenüber der Bauernschaft. Vielfach wird mittlerweile in den verbauten Lagen drei- bis viermal jährlich die Gülle und Jauche in kleinen Mengen ausgebracht, um die Grundwasserqualität als Trinkwasser zu erhalten. Die Geruchssituation in Tourismusregionen führt insbesondere an Wochenendtagen zu heftigen Reaktionen. Eine Information an die betroffenen Nachbarn (z. B. via Smartphone) vor der Gülle- und Jaucheausbringung wäre ein positives Zeichen der Wertschätzung gegenüber dem „Nachbarn“.

❑ Stallmist und Kompost

Sie können je nach Aufstallung, Haltungsform, Strohzugabe und Verrottungsstadium in sehr unterschiedlicher Form vorliegen. Der Kot fällt mit einem Strohanteil von rund 2–3 kg/GVE und Tag an.

In den Laufstallungen fallen **Tretmist** oder **Mist aus Tiefllaufställen** an. Hier beläuft sich die Strohzugabe auf 4–10 kg/GVE und Tag. Der Kot wird mit dem **Harn** (* 15 l/GVE und Tag) und dem Stroh bereits stark gemischt und gebunden. Es liegt dann ein nährstoffreicherer Mist (insbesondere Stickstoff und Kali) vor.

Stallmist besitzt einen hohen Anteil an organischer Masse. Seine Wirkung auf die Bodeneigenschaften, das Bodenleben und die Pflanzen ist positiv und äußerst nachhaltig.

Mistrotte und Kompostierung

Innerhalb der ersten Woche nach Anfall spricht man noch von **Frischmist**. Der organisch biologische Landbau bringt fallweise Frischmist im dünnen „Schleier" auf die Flächen aus = **Flächenkompostierung**.

Nach einigen Tagen beginnt bei Stapellagerung die erste Rottephase mit einer Temperaturerhöhung auf 60–70 °C. Oftmals wird diese Rotte auf dem Mistplatz durch das Umlagern mit dem Frontlader noch gefördert. In einigen Gebieten wird der Wintermist auch auf Feldmieten umgelagert, um dort die Endrottephase zu durchlaufen (Aktionsprogramm beachten). Nach 3–4 Monaten Lagerzeit spricht man von **Rottemist**. Die Verluste (besonders die Kaliauswaschungen) bei der Feldlagerung können groß sein, wenn die Mieten nicht mit Vlies abgedeckt werden.

Die kontrollierteste und rascheste Art, die Rotte voranzutreiben, ist die **Kompostierung von Stallmist**. Hier werden mit Umsetz- bzw. Durchmischungsgeräten die Stallmistmieten zwei- bis viermal umgesetzt. Die allmähliche Homogenisierung und der Sauerstoffeintrag bewirken einen raschen Ablauf der Rotte. Die Temperaturen in der Kompostmiete steigen auf rund

Die Kompostmiete soll mit einem Vlies abgedeckt werden, damit Nährstoffverluste weitestgehend vermieden werden.

Die Umsetzung der Miete fördert die Verrottung und hygienisiert (Wurmeier, Unkrautsamen etc.) den wertvollen Dünger.

100 °C, dabei werden Unkrautsamen und Wurmeier unschädlich gemacht. Innerhalb von 2–4 Monaten liegt bereits ein **Stallmistkompost** vor. Natürlich ist auch bei der Kompostierung auf die Verluste zu achten. Das Abdecken mit grünem Vlies hat sich bewährt.

Das Kompostieren bringt gerade bei strohreichem Mist (Schafe, Ziegen, Pferde) einen guten Wirtschaftsdünger, allerdings ist dieses Verfahren arbeits- und kostenintensiv. Es sollte nur bei hohem Mistanfall, strohreichen Misten oder bei Ausbringung des Düngers im Frühjahr und Sommer im Grünland angewandt werden. Der Kompost, wie er in Kompostlaufställen hervorgeht, hat je nach „Einstreu" ähnliche Nährstoffgehalte wie ein Stallmistkompost.

Ausbringung von Mist und Kompost
Auf Wiesen, Weiden oder auch im Feldfutterbau sollte möglichst im Herbst zeitgerecht eine Menge von 15–20 t Stallmist pro ha ausgebracht werden. Falls Ackerflächen zur Verfügung stehen, wäre hier der Wintermist im Frühjahr im Ausmaß von 20–30 t/ha vor dem Anbau zu Mais, Sommergerste oder Kartoffel zu geben. Findet aber kein Ackerbau im Betrieb statt, so sollten **im Herbst die sonnseitigen** und **im Frühjahr die schattseitigen Flächen** bevorzugt mit verrottetem Mist gedüngt werden.

Auf Mähflächen, die für die Silagebereitung herangezogen werden, aber auch auf Weiden sollte nur im Herbst Mist ausgebracht werden. Es sei denn, es handelt sich um stark verrotteten Mist bzw. Kompost. Diese können im Frühjahr, aber auch nach den einzelnen Nutzungen, ausgebracht werden. Der ausgebrachte Mist muss im Frühjahr auf alle Fälle mit einer Wiesenschleppe in die Grasnarbe eingerieben werden, damit keine Futterverschmutzung stattfinden kann.

Stallmistkompost hat den Vorteil, dass er kaum Futterverschmutzungen verursacht und so auch auf allen Flächen im Frühjahr und nach den einzelnen Nutzungen ausgebracht werden kann. Da sich bei der Kompostierung das Ausgangsmaterial Mist mengenmäßig auf etwa 50 % zu Kompost verringert, wird auch die **Ausbringungsmenge auf rund 10 t/ha/Jahr oder 20 t/ha und alle zwei Jahre reduziert**, will man weiterhin alle Flächen damit düngen.
Für die Ausbringung von 10–20 t Kompost/ha benötigt man einen Spezialkompoststreuer, ohne den eine gute Verteilung unmöglich ist. Um weniger oft auf die Wiesen und Weiden zu fahren, sollte nur alle zwei Jahre, dafür aber 20 t Kompost/ha im Frühjahr ausgebracht werden.

Der **Biokompost** aus getrennter und kontrollierter Sammlung von organischen Abfällen weist gute Qualitäten auf, jedoch sollten bei „kommunalen Komposten" nur A-Qualitäten mit Vorlage der Untersuchungsergebnisse in der Landwirtschaft eingesetzt werden.

❑ Jauche

Jauche besteht aus **Harn mit Wasser und kleinen Strohanteilen** und ist ein rasch wirksamer Stickstoff-/Kalidünger. Sie fördert das Pflanzenwachstum und die Bodenaktivität, insbesondere in Böden mit einem hohen Gehalt an organischer Substanz, das C/N-Verhältnis wird dadurch eingeengt und die Mineralisation im Boden gefördert.

Jauche sollte nicht während Trockenperioden (besonders in Hanglagen) ausgebracht werden. Besonders günstig ist der **Einsatz im zeitigen Frühjahr** und sofort nach einer Mäh- oder Weidenutzung. Klee- und Luzerneschläge sollten keine Jauche erhalten.
Die Ausbringungsmenge von maximal 10–15 m^3/ha und Aufwuchs, ist wegen der Erhöhung der Kaliwerte im Futter unbedingt einzuhalten. Eine Verdünnung mit Wasser im Ausmaß von 1 : 1 verringert die Ammoniakabgasung und erhöht die Infiltration im Boden.

Extensiv genutzte Heuwiesen oder Weiden, auf seichtgründigen und südseitigen Lagen, sollten eher mit Stallmist oder Kompost gedüngt werden. Intensiv bewirtschaftete mehrschnittige Wiesen und mehrmals bestoßene Weiden sollten mit kleinen, aber häufiger wiederkehrenden Gülle- bzw. Jauchegaben in verdünnter Form versorgt werden.

❑ Auswirkungen der Wirtschaftsdünger auf Boden, Pflanze und Futterertrag

Ein Langzeitversuch (50 Jahre) der HBLFA Raumberg-Gumpenstein auf einer Dauerwiese mit drei bis vier Aufwüchsen pro Jahr liefert bei einem Systemvergleich „Gülle" zu „Stallmist + Jauche" auf der Basis von 1,5 GVE/ha interessante Ergebnisse.
Der Braunerdeboden wurde dabei langjährig durch die Güllegaben weder im pH-Wert noch im Humusgehalt verändert. Dem Stallmist/Jauche-System wurde über 50 Jahre Stroh im Kreislauf von 1,5 GVE im Ausmaß von 3 kg/Tag zugeführt. Diese Zufuhr an organischer Masse führte zu einer Erhöhung des Humusgehaltes von 0,3, im pH-Wert führte der Stallmist zu einer Erhöhung von 0,2 Einheiten (vergleiche Tabelle 28), der pH-Wert bei der PK-Variante liegt bei 5,5. Die Rindergülle-Variante zeigte nach 50 Jahren keine Versauerung des Bodens und auch der Humusgehalt konnte gehalten werden.

Tabelle 28: **Bodengehalte im 50-jährigen Wirtschaftsdüngervergleich der HBLFA Raumberg-Gumpenstein**

	Rindergülle	Stallmist + Jauche
pH-Wert	5,4	5,7
P mg/kg FB	66	88
K mg/kg FB	143	169
Humusgehalt	7,4	7,6

Die Bodennährstoffe (PK) zeigen eine leichte Tendenz zum System „Stallmist + Jauche", es liegen beide Systeme nach dieser kreislaufbezogenen Nährstoffrückführung in einem ausgewogenen Verhältnis.

Tabelle 29: **Pflanzenbestand (in Gewichtsprozent) im 50-jährigen Wirtschaftsdüngervergleich der HBLFA Raumberg-Gumpenstein**

	Gülle	Stallmist + Jauche
Gräseranteil	59 %	56 %
Kräuteranteil	33 %	33 %
Leguminosen	8 %	11 %

Interessant ist auch, dass sich die Pflanzenbestände nach einheitlichem Ausgangsbestand über die 50 Jahre nicht sonderlich durch die Wirtschaftsdüngersysteme verändert haben. Die Gülledüngung führte zu gräserreicheren und leguminosenärmeren Beständen und das Stallmist/Jauche-System brachte es auf mehr Leguminosen (+ 3 Gew.-%) und dafür weniger Gräseranteil (– 3 Gew.-%).

Beide Systeme schafften es über 50 Jahre bei Vier- und Dreischnittigkeit den Gräseranteil über 50 % zu halten. Die Situation mit dominierenden Kräuterbeständen blieb bei einem Düngungsniveau von 1,5 GVE/ha aus; durchschnittlich traten 33 % Kräuter in beiden Systemen auf – eine spezielle Gülleflora konnte bei dieser kreislaufbezogenen Düngung mit 1,5 GVE/ha nicht festgestellt werden (vergleiche Tabelle 29).

Tabelle 30: **Trockenmasse Jahresertrag in t/ha im 50-jährigen Wirtschaftsdüngervergleich der HBLFA Raumberg-Gumpenstein**

	in t	**REL %**
Rindergülle	6,59	100
Stallmist + Jauche	6,91	105

Das „Stallmist/Jauche-System" brachte im Durchschnitt der Versuchsjahre auf dieser Vier-/Dreischnittwiese Ernteerträge von knapp 7.000 kg TM/ha, um etwa 5 % mehr als das „Güllesystem" bei einem Wirtschaftsdüngerkreislauf von 1,5 GVE/ha. Zieht man Ernte-, Lagerungs- und Krippenverluste im Gesamtausmaß von 15 % ab, so verbleiben als Nettoertrag rund 6.000 kg TM/ha.

Wenn 1 GVE rund 4.000 kg TM Futter pro Jahr aufnimmt, so konnten in diesem Kreislauf langjährig 1,5 GVE auf 700 m Seehöhe ohne externe Zufütterung ernährt werden. In intensiveren Lagen, wo Vier- oder Fünfschnittwiesen bewirtschaftet werden, liegt das Güllesystem besser, da die Nährstoffzufuhr im Sommer, insbesondere bei Verdünnung mit Wasser, Vorteile gegenüber dem „Stallmist/Jauche-System" bietet.

Es ist für jeden tierhaltenden Betrieb aus ökologischen wie auch ökonomischen Gründen wichtig, seine Nährstoffe im Kreislauf auf seinen Flächen zu verteilen.
Ein guter Bauer wertschätzt seinen Mist und seine Gülle – dies ist die Basis für fruchtbare Böden, Futtererträge für die raufutterverzehrenden Tiere und die wertvollen Produkte für unseren Teller.

E BEREGNUNG VON WIESEN, WEIDEN UND FELDFUTTER

Bis ins letzte Jahrhundert war es durchaus üblich, trockenliegende Hänge durch Berieselung zu bewässern. Die dazu benötigten Quergräben kann man noch heute selbst oben auf den Almen beobachten. In Südtirol, aber auch in der Schweiz hat man schon vor rund 20 Jahren begonnen, auch Grünlandflächen zu beregnen. In Österreich war bisher kaum Bedarf, jedoch entstanden in den letzten trockenen Jahren ebenfalls die ersten Beregnungsanlagen auf Wiesen und Weiden.

Aufgrund der Trockenheit haben Bauern in Österreich die ersten Beregnungsanlagen installiert.

Gräser, Kräuter und Leguminosen brauchen für die Bildung der Futtermasse sehr viel Wasser. Um die Pflanzen für 1 kg Heu (das sind ca. 5 kg Frischmasse) heranwachsen zu lassen, müssen von ihnen rund 600 kg Wasser aufgenommen werden. Bei einem Heuertrag von 3.000 kg pro ha und Aufwuchs werden rund 1,5 Mio. l Wasser pro ha, das sind 150 mm Niederschlag, benötigt. Für einen Jahresertrag von 10 t Heu sind es immerhin 500 mm Niederschlag, die alleine durch die Biomassebildung wieder verdunstet werden. Bei anhaltender Trockenheit kommt es daher relativ rasch zu Ertragseinbußen bzw. zur Schädigung der Grasnarbe.

Nach Schweizer Beregnungsversuchen führt bei Trockenheit eine alle 10–14 Tage durchgeführte Beregnung von 20–40 mm auf mittleren Bodenverhältnissen zu Ertragserhöhungen. Auf sonnseitigen und seichtgründigen Standorten sind bei andauernder Trockenheit bis zu 60 mm Niederschlag alle 10 Tage notwendig, um Grasnarbe und Ertragsfähigkeit zu erhalten (CALAME, F., J. TROXLER und B. JEANGROS, 1992).

Die Trockenheit hat nicht nur den Ertragszuwachs verhindert, sondern auch die Narbe kaputt gemacht.

Die Wasserhaltefähigkeit und der effektive Wassergehalt im Boden sollten mittels Tensiometer gemessen werden, um danach Beregnungsmenge und -zeit festzulegen. In der Forschung laufen in Österreich an der HBLFA Raumberg-Gumpenstein umfangreiche Projekte – „Clim-Grass" – zu Grünlandfragen und Trockenheit (PÖTSCH et al., 2017).

Wollen wir künftig in Österreich den so genannten „Trockengürtel" bewirtschaften, so müssen Großprojekte die Wasserversorgung für Mensch, Tier, Pflanze und Boden sicherstellen.

Die Österreichische Hagelversicherung hat im Jahre 2016 ein Versicherungsmodell „Dürreindex bei Grünlandflächen" österreichweit eingeführt, um das Risiko bei den Grünlandbauern gegenüber Trockenheit zu minimieren.

F BEIKRAUTREGULIERUNG, UNKRAUTBEKÄMPFUNG UND GRÜNLANDERNEUERUNG

Wenn der Landwirt nach Beobachtung und Bestandesbeurteilung einer Wiese oder Weide zum Schluss kommt, dass die Grasnarbe zu lückig ist und zu viele dominante Kräuter, Platzräuber oder sogar giftige Unkräuter seinen Bestand stören und die Futtererträge sowie Futterqualität schwach sind, stehen zahlreiche Gegenmaßnahmen zur Verfügung. Im folgenden phasenweise dargestellten Verlauf der Bestandesentwicklung sind Vorschläge für die Erhaltung und Verbesserung bis hin zur Erneuerung des Grünlandes angeführt.

Ein harmonischer Pflanzenbestand verlangt weiterhin eine sorgsame Bewirtschaftung.

Zustand des Pflanzenbestandes	Pflanzenbauliche Maßnahmen
Phase 1	
• Harmonischer, stabiler Bestand mit starkem Grasgerüst und dichter Grasnarbe	• Keine Änderung von Düngung und Nutzung notwendig; bisherige Pflegemaßnahmen beibehalten
Phase 2	
• Bestand lockert über 10 % Lücken auf, vereinzelt werden die Lücken verstärkt mit Kräutern besiedelt • Ausfall von wichtigen Gräsern, hervorgerufen durch: - Trockene Sommer, strenge Winter - Zu späte (Rückgang der Untergräser) oder zu häufige Nutzung (Rückgang der Obergräser) - Unausgeglichene Düngung - Schädlingsbefall	• Düngung überprüfen sowie rechtzeitige Nutzung zur Verhinderung des Aussamens von Kräutern und Unkräutern • Über-/Nachsaat mit Nachsaatmischung im Frühjahr oder Spätsommer mit etwa 8–15 kg/ha • Falls Problemunkräuter auftreten, muss eine Einzelbekämpfung stattfinden – entweder mechanisch, biologisch oder chemisch

Trockenperioden und Schädlingsbefall führen zu Schäden in der Grasnarbe (mehr als 35 % Lücken). Eine Nachsaat mit der ÖAG-Mischung „Natro" ist hier erforderlich.

Die entstandenen Lücken werden bei weiterer Fehlentwicklung von Kräutern und minderwertigen Gräsern besiedelt.

Phase 3 • Störender Kräuteranteil über 40 % in Tallagen, über 50 % in Berglagen; Gräseranteil auf deutlich unter 30–35 % abgesunken; schwache Narbe, mittlerer Futterertrag und ungenügende Futterqualität • Zum Ausfall wichtiger Ober- und Untergräser in Phase 2 kommt hier meist noch Folgendes hinzu: - Eine zu hohe Düngung mit Gülle bzw. Jauche in einmaligen Gaben - Stärkerer und vitalerer Krautbesatz, Platzräuber setzen sich durch - Bei zu später Ernte Aussamen der Unkräuter - Offene Narbe und höherer Keimlingsdruck von Unkräutern sowie durch Flugsamen	• Phase 2 wurde bereits übersehen. Es ist höchste Zeit, den Bestand wieder in Ordnung zu bringen. • Düngung zurücknehmen und rechtzeitige Nutzung (Ähren-/ Rispenschieben) • Wenn möglich Mähweide einführen • Wiederholte und verstärkte Beweidung (Vor- und Nachweide) • Einzelbekämpfung (chemisch, biologisch, thermisch oder mechanisch) • Selektive Flächenbekämpfung mit zugelassenen Herbiziden; bei Bio und ÖPUL nicht möglich! • Über- oder Nachsaat mit 10–15 kg/ha • Im Feldfutterbau Umbruch mit Neueinsaat erforderlich
Phase 4 • Totale Verunkrautung und Problembestände mit Ampfer, Geißfuß, Quecke etc., zerstörte Grasnarbe und geringe Futterqualität, schlechter Ertrag • Stabile Unkrautbestände mit lückiger Narbe; Gräseranteil unter 20 %, Kräuter bzw. Ungräser dominieren (Ampfer, Doldenblütler, Hahnenfuß, Quecke, Gemeine Rispe, Rasenschmiele etc.).	• Die Problembestände können nur mehr mit gezielter Beweidung (Schafe, Ziegen) und technischen Maßnahmen saniert werden. • Unsachgemäße Düngung und Nutzung sowie andere Bewirtschaftungsfehler müssen analysiert werden, damit später der erneuerte Bestand besser geführt und gelenkt werden kann. • Einziger Ausweg aus stark verunkrauteten Beständen ist die Grünlanderneuerung und Rekultivierung. • Auf ackerfähigen Standorten: Umbruch und Neuansaat, Reinigungsschnitt und Unkrautregulierung ernst nehmen. • Auf nicht ackerfähigen Böden muss eine selektive Bekämpfung der Unkräuter durch intensive Beweidung oder mit chemischen Mitteln erfolgen, um danach mit einer gezielten Nach- bzw. Übersaat einen neuen Bestand aufzubauen.

Wiesen und Weiden haben bei einem natürlich bedingten Gras und Kleeanteil eine hohe Regenerationskraft, d. h., sie können sich meist selbst wieder ins Lot bringen, sofern nicht weiter mit Bewirtschaftungsfehlern dagegen gearbeitet wird. Man sollte daher die natürliche Vitalität des Grünlandes ausnützen, um die guten Bestände ohne aufwendige Maßnahmen zu erhalten. Falls der Pflanzenbestand trotzdem labil und locker werden sollte, muss man ihn **aufbessern** und/oder **verbessern**. Schlimm wird es, wenn das Gleichgewicht zugunsten der

Lücken werden durch „Lückenbesiedler“ besetzt und gelangen danach oft zur Dominanz. Neben der Kuhblume treten auch Stumpfblättriger Ampfer und Gemeine Rispe verstärkt auf.

Auf manchen nährstoffreichen und gut mit Wasser versorgten Standorten können auch die „hohen Kräuter“ wie Wiesenkerbel, Kälberkropf, Wiesenkümmel, Bärenklau, Geißfuß, Schafgarbe und Ampfer die Lücken besiedeln und den Bestand entarten.

Kräuter bzw. Unkräuter kippt und die Gräser nicht mehr konkurrenzfähig sind. In diesem Fall muss der Pflanzenbestand grundlegend erneuert werden.

Laufend beobachten und beurteilen! Nur so können wir unsere Wiesen und Weiden rechtzeitig und kostengünstig fit halten.

1. UNKRAUTBEKÄMPFUNG UND BEIKRAUTREGULIERUNG

Wie und mit welchen Maßnahmen gegen eine Entartung angekämpft werden kann, hängt vom Zustand des Pflanzenbestandes und der Ausbreitungsgefahr der Unkräuter/Ungräser ab. Vorbeugen ist besser als spritzen!

1.1 Weiden- und Wiesenpflege

Die Weidepflege – das Koppelputzen – sollte unbedingt mit einem Mähwerk oder besser noch mit einem **Mulcher** erfolgen, damit die Unkräuter und Ungräser nicht zum Aussamen kommen. Die Tiere lassen minderwertige Pflanzenarten und Pflanzen auf Geilstellen übrig. Diese müssen, bevor sie Samen ausbilden, gemäht oder gemulcht werden. Nach dem Koppelputzen können Untergräser und Kleearten wieder stärker in Erscheinung treten – die Konkurrenzverhältnisse werden für die erwünschten Pflanzenarten verbessert und minderwertige, dominante Arten zurückgedrängt.

Ein rechtzeitiger Schnitt, insbesondere des ersten Aufwuchses bei höherem Unkrautbesatz, muss vor der Blüte erfolgen, damit einerseits die Untergräser stärker aufkommen können, um die Lücken zu schließen, und andererseits die Kräuter auf keinen Fall aussamen können.

Die Regeneration und Erneuerung der Wiesen über das Aussamenlassen der Gräser muss in den überwiegenden Fällen abgelehnt werden, da üblicherweise mehr Kräuter und Ungräser aussamen als wertvolle Gräser und Kleearten.

1.2 Nutzungswechsel

Wenn es die Bewirtschaftungsweise am Betrieb ermöglicht, Mäh- und Weidenutzung abzuwechseln, also Mähweidewirtschaft zu betreiben, so sollten die positiven Auswirkungen des Weidegangs auf die Untergräser, die Dichte der Narbe und die Eindämmung bestimmter Unkräuter bewusst genutzt werden. Eine ordnungsgemäße **Beweidung im Frühjahr (Vorweide)** oder **im Herbst (Nachweide)**, ob mit Rindern, Schafen und Ziegen oder mit Pferden, verstärkt die Konkurrenzfähigkeit der Gräser sowie Leguminosen und verringert die Konkurrenzkraft der Kräuter.

1.3 Abschleppen der Wiesen und Weiden

Das Abschleppen der Erdhaufen (Maulwurfhügel, Wühlmausgänge, Umbau durch Wildschweine etc.) und das „Anreiben" der Mistreste im Frühjahr ist auf vielen Wiesen und Weiden notwendig, da sonst der Erdbesatz im Futter zu sehr ansteigen würde. Eine Futterverschmutzung ist vor allem bei der Silagebereitung äußerst störend, da sie zu Fehlgärungen führt.

Die „Geräte", die für das Abschleppen Verwendung finden, sind sehr vielfältig (massive Metallringe, Autoreifenkombinationen, Baustahlgitter, Striegelkombinationen etc.). Wichtig ist, dass nicht zu schnell und bei feuchten Bodenverhältnissen gefahren wird, damit die gewachsene Narbe dabei nicht zu sehr verletzt und verschmutzt wird. Wenn viele Erdhaufen eingeebnet werden müssen und der Pflanzenbestand lückig ist, sollten diese Bereiche durch eine Über- oder Nachsaat gleich mit einem Arbeitsgang im Vegetationsstadium „Spitzen – Beginn Bestocken" wieder ausgebessert werden.

Wiesenschleppen ebnet die Flächen ein und mindert den Verschmutzungsgrad.

1.4 Wieseneggen oder Wiesenstriegel

Ein leichtes Durcheggen bzw. -striegeln fördert im Frühjahr die Bestockung der Gräser. Mit einem Schwachstriegel (0,6 mm Zinkenstärke) oder einem Starkstriegel (1,2 mm Zinkenstärke) und einem Abstreifblech oder einem Ripperboard können die Erdhaufen zu einem Saatbett angeglichen werden. Meist sind diese Striegel auch mit einer Säeinrichtung ausgestattet, um gleich die Nachsaat beim Striegelgang kombiniert mit einer Walze durchzuführen.

Das Abschleppen und das Striegeln reduzieren die Futterverschmutzung durch Erde und ermöglichen eine gleichzeitige Über- und Nachsaat. Mit den Kombigeräten kann dies in einem Arbeitsgang erfolgen.

1.5 Walzen der Wiesen

Diese Maßnahme sollte nicht generell eingesetzt werden, sondern nur dort, wo sie einem ganz bestimmten **Ziel** dient:

- Festigung von leichten Böden, z. B. anmoorigen Böden, zur Behebung von Auswinterungsschäden (Verbesserung des Bodenschlusses = Kontakt zwischen Wurzel und Boden)
- Anwalzen nach dem Abschleppen und nach erfolgter Über- oder Nachsaat
- Walzen (Prismenwalze) von druckempfindlichen Unkräutern (z. B. Wiesenkerbel, Bärenklau, Herbstzeitlose)
- Einwalzen von Steinen
- Bei einer Neuansaat sollte das Saatbett insbesondere im „Trockengebiet" unbedingt rückverfestigt werden, damit der Bodenschluss gegeben ist und die Verschmutzung des Futters bei der ersten Nutzung geringer ausfällt (mit Glatt- oder besser mit Cambridgewalze)

Entscheidend für den Einsatz der Walze:

- Bei leicht feuchtem Boden „erdfeucht" walzen (bei nassem Boden Verdichtungsgefahr, bei trockenem Boden geringer Effekt)
- Glattwalze verwenden und mit Wasser füllen; pro Laufmeter sollte ein Gewicht von 700–1.000 kg erreicht werden.

Zum Rückverfestigen von aufgefrorenen, humosen Böden oder lockeren Saatbetten sollte eine Walze eingesetzt werden.

1.6 Mechanische und thermische Maßnahmen gegen Unkräuter und Ungräser

❑ Ausstechen, Ausfräsen, Ausziehen, Abschneiden, Ausbrennen und Auslesen von Samenständen

Bei rechtzeitigem Erkennen von Problemunkräutern, wie z. B. Ampfer, führt das Entfernen (Ausstechen, Ausfräsen, thermische Behandlung) zum Erfolg, wenn die Wurzel bis auf eine Tiefe von mindestens 20 cm zur Gänze entfernt oder zerstört wird. Ebenso ist nach einer niederschlagsreichen Periode das Ausziehen von Einzelpflanzen möglich, insbesondere bei Neuansaaten. Das ständige Abschneiden mit der Sense und das Auslesen von Samenständen verhindern zum einen die Reservebildung in den Wurzeln und können zum anderen den Samenausfall auf den Wiesen und Weiden vermeiden. Die thermischen Verfahren wie das Ausbrennen mit Gasgemisch und „Thermodorn" bzw. mit heißem Wasser – „Dampfstrahler" –, verschmort die Wurzel und die Triebknospen.

Mit einem Ampferstecher lassen sich Einzelpflanzen gut aus dem Boden heben.

❑ Erschöpfen durch Tiefschnitt

Die Rasenschmiele ist ohne Herbizideinsatz nur schwer zu bekämpfen. Eine Möglichkeit besteht aber in der rechtzeitigen Mahd mit tief eingestellten Scheiben oder Trommelmähwerken bzw. mit Schlägelhäckslern und Mulchern. Werden die kräftigen Horste mehrmals stark geschwächt, kann mit begleitender Erneuerung über Jahre der Pflanzenbestand verbessert werden. Ein Aushacken oder Ausreißen wäre auch denkbar, doch der Handarbeitsaufwand hierbei ist sehr groß. Als besondere Vorbereitung für eine Übersaat kann auch ein vorangegangener einmaliger Tiefschnitt (ca. 2 cm) dienen, um eine geschwächte und offenere Narbe zu bekommen.

❑ Biologische Beikrautregulierung

Dazu zählen alle wirksamen Maßnahmen in der Feinabstimmung in der Bewirtschaftung (Vor- und Nachweide, generelle Abstimmung Tierbesatz und Flächenleistung, gezielte Düngung und standortangepasste Nutzung etc.) sowie der Einsatz von Nützlingen/Schädlingen im Grünland (siehe Ampferbekämpfung, Seite 139).

1.7 Chemische Maßnahmen gegen Unkräuter und Ungräser

Während Herbizide im konventionellen Ackerbau eingesetzt werden, gilt im Grünland folgender Leitsatz:

Chemische Mittel sind in der konventionellen Bewirtschaftung nur dort einzusetzen, wo biologische und mechanische Maßnahmen nicht mehr greifen. Die Anwendung erfolgt aber ausschließlich im Sinne des integrierten Pflanzenschutzes.

In Österreich kommt es äußerst selten vor, dass auf Wiesen, Weiden oder Almen chemische Mittel eingesetzt werden. Dies ist nur dann notwendig, wenn alle anderen Maßnahmen nicht ausreichen, um entartete Bestände wieder ins Gleichgewicht zu bringen.

❑ Wirkung der Herbizide

Viele Herbizide sind gegen die Wiesen und Weideunkräuter wirksam. Wir sollten aber sehr schonend und selektiv vorgehen und nur bestimmte Unkräuter bekämpfen, ohne andere Futterpflanzen zu schädigen. Mit April 2018 waren für das Grünland in Österreich im Pflanzenschutzmittelregister insgesamt 35 Mittel eingetragen, davon 24 Glyphosate.

Der Einsatz von Glyphosat (Roundup) im Grünland war in Österreich schon immer äußerst gering und sollte künftig keine Anwendung finden.

Mit dem Rotowiper ist eine Einzelpflanzenbekämpfung beim Ampfer, aber auch bei anderen „hohen Kräutern“ durchführbar.

❑ Bekämpfung von Ampfer

Der Stumpfblättrige Ampfer (Blacke, Strumpf, Scheißplotschen oder Foiss'n, wie er u. a. im Volksmund genannt wird) kann aufgrund der großen Samenproduktion sowie seiner Reservestoffe in der starken Wurzel zu einem hartnäckigen und konkurrenzstarken Unkraut werden. Er kann allerdings nur dort stark auftreten, wo im Pflanzenbestand Lücken (viel Platz und Licht) vorhanden sind. Mit seinen Nährstoffreserven in der Wurzel kann er im Frühjahr früher beginnen Blätter zu treiben, die Assimilate gehen über den Saftstrom wieder in die Wurzel

Tabelle 31: **Produktpalette und Einsatzbereiche von Herbiziden im Grünland**

Mittel	Einsatzbereich	Beispiele[1)]
Selektive Mittel Unkräuter werden teilweise bekämpft, Kleearten werden etwa zu 70 % geschont; Gräser werden vollständig geschont.	Punkt- und Flächenbehandlung	Systemische Herbizide ohne Wuchsstoffcharakter: Harmony SX, Hoestar, Simplex gegen Ampfer. Wuchsstoffherbizide aus der Gruppe MCPA: Dicopur® M & Co, Dicopur® 500 flüssig, Agro MCPA, Star MCPA gegen Hahnenfuß etc.
Halbselektive Mittel Breiteres Spektrum von Unkräutern wird bekämpft, Kleearten werden zu über 95 % geschädigt, Gräser werden geschont.	Punkt und Flächenbehandlung[2)]	Systemische Herbizide: Ranger gegen Ampfer, Wiesenkerbel, Bärenklau, Wiesenstorchschnabel etc.

[1)] Diese beispielhafte Aufzählung erhebt keinen Anspruch auf Vollständigkeit. Sie entspricht dem Stand des Pflanzenschutzmittelregisters vom April 2018.
[2)] Eine Flächenbehandlung mit den angeführten Wuchsstoffherbiziden und systemischen Herbiziden ist nur auf Wiesen und Weiden mit geringem Kleeanteil (unter 10 %) empfehlenswert.

und füllen diese wieder auf. Reift der Ampfer vollständig aus, dann kann mit ca. 5.000 Samen pro Pflanze gerechnet werden.

Der Stumpfblättrige Ampfer ist sicherlich das Symbolunkraut im Grünland. Seine Verbreitung über das Samenpotenzial ist groß, seine Ausdauer wegen der kräftigen Pfahlwurzel nachhaltig und seine Bekämpfung äußerst schwierig.

Vorbeugende Maßnahmen

- Durch **sorgfältige Bewirtschaftung,** richtige Düngung und Nutzung einen geschlossenen, dichten Pflanzenbestand erhalten. Es sollen keine Lücken entstehen. Der Ampfer ist ein Lichtkeimer und braucht für seinen Aufgang Lücken.
- Wenn nur Einzelpflanzen auftreten: die Samenbildung und das Aussamen durch frühzeitiges **Entfernen** (Schneiden, Schröpfen, Abreißen, Ausziehen etc.) der Pflanzen bzw. **der Blütenstände verhindern**.
- **Keine Samen über Krippenrückstände** über Gülle, Mist oder zugekauftes Futter bzw. Stroh in den Betriebskreislauf bringen.
- **Vorsichtiges Befahren** der Grünlandflächen bei nicht zu feuchten Bodenverhältnissen. Die Geräte sollen mit narbenschonender Bereifung ausgestattet sein.
- **Richtige Einstellung der Geräte** beim Mähen und bei der Ernte
- Weidegang bei nassen Bodenverhältnissen wegen Auftritt vermeiden.

Geringfügiges Auftreten (bis maximal 1 Ampferpflanze pro 5 m²)
Bei diesem Auftreten (das sind etwa 2.000 Stück pro ha) sollte die Bekämpfung der Einzelpflanzen entweder mechanisch, thermisch oder chemisch punktuell mit selektiven Mitteln durchgeführt werden:

- Ausstechen mit Ampfereisen, Ausfräsen der Wurzel: Der Wurzelstock muss bis zu 20 cm tief vollständig entfernt werden.
- Ausziehen der Ampferpflanzen: Bei feuchten Bodenverhältnissen, insbesondere in Neuanlagen, können die Einzelpflanzen per Hand ausgezogen werden.
- Ausbrennen mit Thermodorn
- Thermische Behandlung mit Dampfstrahler und heißem Wasser
- Chemische Einzelpflanzenbekämpfung mit Rückenspritze und Spritzschirm sowie mittels Rotowiper.

Mit dem **Rotowiper**, der eine Dochtwalze trägt, kann die überstehende Ampferblattmasse mit einem selektiven Herbizid benetzt werden. Die im Wuchs niedrigeren Grünlandpflanzen sind davon nicht betroffen, daher gilt die flächenmäßig ausgeführte Maßnahme als Einzelpflanzenbekämpfung.

Auftreten von Ampfernestern
Ausgehend von aussamenden Einzelpflanzen (bis zu 5.000 keimfähige Samen/Pflanze) bilden sich Ampfernester, die oftmals von Mistablageplätzen und ungepflegten Wald, Weg und Ökostreifen ausgehen. Solche Nester müssen frühzeitig vor der Samenreife (Fingerprobe) mit der Sense abgemäht werden.

Fingerprobe und Keimfähigkeit
Um zu erkennen, ob eine Ampferpflanze bereits keimfähige Samen trägt, prüft man diese mit der Fingerprobe (Daumen und Zeigefinger). Man entnimmt von der Ampferrispe Samen, riffelt sie aus und versucht diese zwischen den Fingern zu zerdrücken. Solange die Samen milchig und wässrig beim Zerreiben sind, ist keine Keimfähigkeit gegeben, werden die Samen härter und grießähnlicher, so kann davon ausgegangen werden, dass diese zumindest nach einer Heutrocknung keimfähig sind.
Ampferpflanzen mit milchig-wässrigem Samen können in den Futterkreislauf gebracht werden, hingegen sollten „reife" Ampferstauden aus dem Futter entfernt werden, damit nicht die Samen, die auch im Pansen nicht kaputtgehen, nach der Gülle- oder Stallmistausbringung nicht wieder die Wiesen und Weiden verunkrauten. Wird der Mist kompostiert (100 °C), so geht die Keimfähigkeit dabei verloren.
Diese Fingerprobe gilt auch bei den anderen Arten.

Starker, flächenmäßiger Ampferbesatz
Da die Einzelbekämpfung sehr arbeitsaufwendig ist, sollte eine selektive Flächenbehandlung bereits bei einem Besatz von mehr als 2.000 Ampferpflanzen/ha (ab 1 Ampfer/5 m²) in Betracht gezogen werden. Für leguminosenreiche Bestände ist die Anwendung von Harmony SX, Hoestar und Simplex zielführend, auf kleearmen Standorten (weniger als 10 % Kleeanteil) könnten hingegen durchaus Wuchsstoffherbizide und systemische Herbizide eingesetzt werden. Dies trifft bei einer Mischverunkrautung (Ampfer, Wiesenkerbel, Löwenzahn, Bärenklau etc.) in verstärktem Maß zu. Derzeit ist Ranger für diesen Einsatz registriert. (Zulassungen prüfen!) Nicht zugelassen als ÖPUL-Maßnahme ist die Flächenspritzung!

Die chemische Behandlung vom Stumpfblättrigen Ampfer (*Rumex obtusifolius*) sollte immer nur im Rosettenstadium der Blätter mit den registrierten Mitteln (siehe Tabelle 32) erfolgen. Dabei sollten die Blätter trocken sein und danach sollte noch 3 Stunden die Sonne scheinen. Die Wartezeit von der Spritzung bis zur Verfütterung des Futters beträgt etwa 3–4 Wochen, d. h. nicht weiden.

Tabelle 32: **Zur Ampferbekämpfung registrierte Herbizide in Österreich (Stand 2018; Zulassungen überprüfen!)**

Herbizid	Wirkstoff	Aufwand bei Einzelpflanzenbekämpfung	Aufwand/ha bei Flächenbehandlung
Harmony SX	Thisulfuronmethyl	0,6 g/10 l	45 g/300 l
Hoestar	Amidosulfuron	2,0 g/10 l	40 g/300 l
Simplex	Aminopyralid-Kaliumsalz + Fluoroxypyr-MHE	100 ml/10 l	2 l/50 l
Ranger	Triclopyr	100 ml/10 l	2 l/50 l

❑ Biologische Ampferbekämpfung

Der **Ampferblattkäfer** (*Gastrophysa viridula*) legt seine 30–50 Eier auf die Blattunterseite, daraus schlüpfen Larven, die zwischen den Blattrippen ihre Nahrung finden. Das Ampferblatt stirbt ab, wird braun und liefert so keine Assimilate in die Wurzel. Würden dies die Ampferkäfer/Larven permanent bei jedem Aufwuchs durchführen, dann würde es zur Erschöpfung der Reservestoffe in der Wurzel kommen und auch die Vitalität würde darunter leiden. Dies passiert leider nicht bei jedem Aufwuchs, da der Ampferkäfer nur bei warmfeuchter Witterung auftritt und da nicht immer verlässlich. Die Vielschnittstrategie und die rasche Verarbeitung des Futters in Ballen oder im Fahrsilo dezimiert die Population der Ampferkäfer auch ständig.

Fraßbild der Larven vom Ampferkäfer bei einem Ampferblatt

Der gelbe und rote **Glasflügler** (Sesiidae), eine Schmetterlingsart aus dem Mittelmeerraum, die ihre Eier am Blattgrund hin zur Wurzel der Ampferpflanze ablegt, könnte eine Zukunftshoffnung für eine biologische Lösung dieses massiven Problems sein. In einem EU-Forschungsprojekt werden die ersten Glasflügler im Mittelmeerraum gefangen und bei uns im Glashaus zur Vermehrung gebracht. Die Eier werden dann auf den „Wurzelkopf“ der Ampferpflanze gesetzt und die daraus schlüpfende Larve frisst sich in die Wurzel und lässt diese absterben. So die theoretische Strategie, an der praktischen Umsetzung wird noch gearbeitet.

❑ Verbesserung der Nutzung und Düngung nach der Unkrautbekämpfung

Nach der chemischen, aber auch nach einer mechanischen und biologischen Behandlung treten Lücken in der Grasnarbe auf, die rasch von Unkräutern besetzt werden können. Es muss deshalb alles getan werden, um diese zuerst „offenen“ Bereiche möglichst rasch zu schließen:

Wenn zu große Lücken (größer 10 %) in der Grasnarbe vorhanden sind, sollte eine Über- oder Nachsaat ins Auge gefasst werden.
Nach der Behandlung die Bestände häufig nutzen und wenn möglich auf Mähweide umstellen (verbessert die Konkurrenzverhältnisse für erwünschte Pflanzen).
Weiters muss die Verbreitung der Unkrautsamen unterbunden und das Entstehen neuer Lücken vermieden werden.

2. GRÜNLANDERNEUERUNG

Nach trockenen Jahren, nach Schäden von Wühlmäusen, Maulwürfen, Engerlingen und Wildschweinen sowie nach Fehlern in der Bewirtschaftung sind oftmals lückige Grasnarben ohne ausreichenden Untergrasanteil feststellbar. Um das Grünland nachhaltig nutzen zu können, muss es jedoch über eine dichte Grasnarbe verfügen.

Die Narbenerhaltung und das frühzeitige Erkennen von Fehlentwicklungen im Pflanzenbestand sind das oberste Ziel der Grünlandbewirtschaftung. Hat sich eine Beikrautregulierung oder eine Unkrautbekämpfung als notwendig erwiesen, so sollte diese möglichst schonend durchgeführt werden. Entscheidend für die Verbesserung der Pflanzenbestände sind allerdings die Regenerationskraft des bestehenden Grasgerüstes und die Verwendung von geeigneten, ausdauernden Saatgutmischungen mit blattreichen Sorten bei Über- oder Nachsaat.

In den Jahren um 1970 begann man in Österreich im Alpenvorland und in den Tallagen nach holländischem und norddeutschem Vorbild mit Bastardraygras (L 100, später Pilot) nachzusäen. Bei gleichzeitiger Anhebung der Stickstoffdüngung setzte sich das Bastardraygras gegenüber den dauerhaften Gräsern durch und bildete kurzfristig einen höheren Ertrag. Nach dem ersten harten Winter brach das Raygras jedoch zusammen und der geschwächte Altbestand war lückiger und ertragsschwächer als je zuvor.

Mit der Striegelkombination ist eine Übersaat rasch, gezielt und kostengünstig durchführbar.

2.1 Strategien für Grünlanderneuerungen im Alpenraum

Grünlanderneuerungen müssen nachhaltig, ausdauernd und standortangepasst (vergleiche Tabelle 33) sein. Die Nachsaatmischung Na (mit und ohne Kleeanteil) verbessert eher die extensiven Grünlandflächen, insbesondere in der Narbendichte. Die leistungsbetonte und nachhaltige Nachsaatmischung Ni mit und ohne Kleeanteil hat bei Vielschnittflächen nicht nur für eine Verbesserung der Narbe, sondern vor allem für eine Ergänzung des fehlenden Obergräserbesatzes zu sorgen.

Treten im Grünland hohe Anteile an Gemeiner Rispe oder Goldhafer (in kalzinosegefährdeten Regionen) auf, so sollte eine Sanierung in mehreren Arbeitsschritten erfolgen, um diese Arten zurückzudrängen und weitere Impulse mit neuen blattreichen Sorten in den Altbestand zu setzen.

Tabelle 33: **Strategien für die Grünlanderneuerung im Alpenraum**

Strategie	Ausgangs-pflanzenbestand	Ziel der Grünland-erneuerung	Nach- bzw. Über-saatgutmischungen
Schwerpunkt „Untergrasbestand stärken“	2–3 Nutzungen pro Jahr – extensiv und landesüblich	Dichte Grasnarbe und Ergänzung der Untergräser	Na, Nawei, Kwei in ÖAG-Qualität
Schwerpunkt „Obergrasbestand verbessern“	Vielschnittflächen – intensiv über 4 Nutzungen	Dichte Grasnarbe und Ergänzung der Obergräser	Ni, Natro in ÖAG-Qualität
Schwerpunkt „Sanierung von Gemeiner Rispe, Goldhafer etc.“	Größer 15 Fl.-% Gemeine Rispe, größer 25 Fl.-% Goldhafer	Kurzfristige Verbesserung mit Engl. Ray- und Knaulgräsern	NiK

In Grafik 43 sieht man, dass es bei der Nachsaat mit Na zwar etwas länger dauert, bis sich die einzelnen Komponenten im Altbestand durchsetzen und ihn ergänzen. Die Ni-Mischung setzt sich aufgrund des Engl. Raygrases auch innerhalb von 1–2 Jahren insbesondere im Obergräserbereich durch und verliert nach intensiver Bewirtschaftung (vier und mehr Schnitte pro Jahr) wieder an Obergräseranteil. Sie sollte nach Beobachtung alle 2–3 Jahre wieder periodisch eingesät werden. Diese Bestände brechen nach strengen Wintern nicht weg, sondern werden nur durch die häufige Nutzung ertragsschwächer, die Grasnarbe wird allerdings bei dieser Nutzungsintensität immer dichter. Auf extrem trockenen Standorten sollten die Mischungen „Natro“ und „Nawei“ eingesetzt werden.

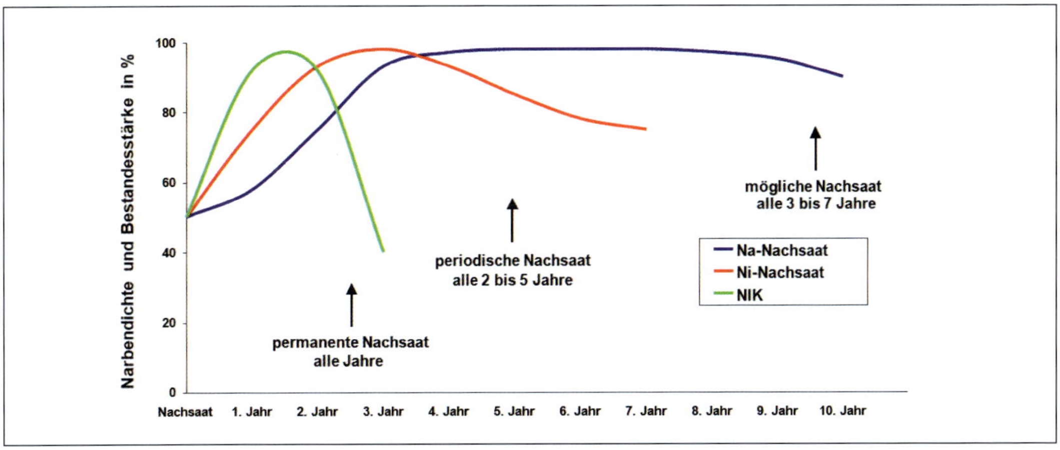

Grafik 43: ***Die zeitliche Erfolgsdauer der Strategien zur Grünlanderneuerung im Alpenraum***

Seit dem Jahr 2003 werden **ray- und knaulgrasbetonte Mischungen** eingesetzt. Die Engl. Raygräser überwachsen die unerwünschten Kräuter, zum Teil auch den Ampfer und ergeben kurzfristig bei ausreichender Nährstoffversorgung einen verbesserten Pflanzenbestand. Die Kräuter sind optisch verdrängt und geschwächt, was auch für die Dauergräser bis auf Knaulgras zutrifft.

Das **Problem** bei dieser NiK-Mischung liegt in der **schwächeren Ausdauer** und in der notwendigen **hohen Stickstoffversorgung**, die in den ÖPUL-Betrieben kaum umsetzbar ist. Nach einem schneereichen und kalten Winter können diese raygrasbetonten Bestände zusammenbrechen und hinterlassen eine total lückige Grasnarbe, wobei jene Kräuter, die überlebt haben, nun erst recht viel Platz zur Ausbreitung bekommen. Die Gumpensteiner Raygrassorte GURU und die Bayrische Sorte NIVANA sind in der Winterhärte ein großer Fortschritt, doch absolut schneeschimmelresistent sind sie nicht. Die ausdauernden Gräser reichen nicht mehr aus, um den Kräutern Konkurrenz zu bieten.

Das Dauergrünland sollte nachhaltig und standortangepasst bewirtschaftet werden. Der Alpenraum ist trotz Klimaveränderung derzeit nur bedingt raygrasfähig und kann damit langfristig nicht so einseitig geführt werden. Es wird davor gewarnt, bestehende verkrautete Dauerwiesen in raygrasbetonte Bestände umbauen zu wollen. Die kurzfristige Verbesserung macht eine dauernde Übersaat notwendig und verwandelt die ökologisch breit gefächerten Dauerwiesen im Berggebiet in intensiv-monotones Grasland, welches bei den Düngerempfehlungen (BMLFUW, 2017b) kaum zu ernähren ist.
Bleiben wir bei einer Strategie der nachhaltigen Grünlanderneuerung und setzen auf ökologisch vielfältige Pflanzenbestände. Für bisher schon raygrasbetonte Dauerwiesen und Dauerweiden sollten bei weiterer Nachsaat Mischungen ohne Raygräser angeboten werden.

2.2 Methoden der Grünlanderneuerung

Tabelle 34: **Methoden der umbruchlosen Grünlanderneuerung**

	Übersaat	**Nachsaat**	**Sanierung**
Zustand des Pflanzenbestandes	Lückigkeit > 10 %	Lückigkeit > 10 %	Anteil von Gemeiner Rispe > 15 % oder von Goldhafer > 25 %
Arbeitsschritte und Arbeitsgänge	Aussaat auf Grasnarbe und Boden mit oder ohne Walze	Aussaat mit Striegelarbeit und Walze	Vier Arbeitsgänge: Striegeln (kreuz und quer) Schwaden der ausgestriegelten Biomasse Abfuhr der Biomasse Nachsaat mit Walze
Tätigkeit und Geräte	Händisch Händisch/Hufkultur Kleinsamenstreuer	Kombigerät Leicht- oder Starkstriegel mit Walze	Kombigerät Starkstriegel mit Walze
Offener Boden	> 10 % je nach Ausgangslückigkeit	> 20 % je nach Ausgangslückigkeit	> 40 %
Bodenschluss	Gering	Mittel	Sehr gut
Zeitpunkt der Arbeit	Frühjahr „spitzen“ und Spätsommer	Frühjahr „spitzen“ und Spätsommer	Spätsommer bis Mitte September
Saatgutbedarf	Je nach Lückigkeit und Aussaatmethode maschinell 8–15 kg/ha, händisch ~ 50 kg/ha	Je nach Lückigkeit 8–15 kg/ha	Je nach Offenheit der Grasnarbe 15–25 kg/ha
Kosten pro ha	Etwa 100–150 €/ha (mechanisch), etwa 150–500 €/ha (händisch)	Etwa 100–150 €/ha	Etwa 300 €/ha

Für das Gelingen der Über- und Nachsaat ist neben den Wetter- und Standortverhältnissen die rechtzeitige Nutzung nach der Saat von großer Wichtigkeit. Die jungen Keimlinge dürfen keiner zu großen Konkurrenz durch die Altnarbe ausgesetzt sein. Eine leichte Beweidung oder eine Mähnutzung 3–4 Wochen nach der Saat ist für das Gelingen von Nach- und Übersaaten notwendig.

❑ Über- oder Nachsaat

In den Anfängen der Grünlanderneuerung wurden für die **Nachsaat** Schlitzgeräte (Vredo, Hassja, Köckerling usw.) und Bandfräsen (Vakuumat Slotter, Hunter's usw.) forciert. Die Erfahrungen in der Praxis zeigten aber, dass eine **Übersaat**, ohne den Boden direkt zu bearbeiten, mittels Striegelkombination (Hatzenbichler, Einböck usw.) kostengünstiger und flexibler durchführbar ist und sich bei lückigen und offenen Grünlandbeständen bewährt.
In den Jahren um 2005 trat in Österreich auf den intensivsten Grünlandregionen (Flachgau, Regionen um Braunau und Schärding) die Gemeine Rispe erstmals in Österreich großflächig auf. Mit den bisherigen Leichtstriegeln (6 mm Zinkenstärke) konnte diese nicht entfernt werden. Die Firmen Güttler und später APV bauten einen Starkstriegel (12 mm Zinkenstärke) mit Ripperbord, pneumatischem Sägegerät und einer schweren Walze, um den Bodenschluss (Samen-Keimling-Boden) herbeizuführen. Heute sind die Striegelkombinationen aller Firmen flächendeckend im österreichischem Grünland (privat oder gemeinschaftlich bzw. MR und Lohnunternehmer) verfügbar, sodass bei großflächigen Narbenschäden insbesondere durch Dürre eine breitangelegte Aktion die verdorrten Wiesen und Weiden wieder herrichtet.

Nachsaat: Das Saatgut wird mit Geräten flach in den Boden eingebracht und angewalzt.
Übersaat: Das Saatgut wird breit auf dem Boden oberflächlich aufgebracht und möglicherweise angewalzt oder in feuchten Regionen vom Regen in den Boden eingewaschen.

Wann sind diese notwendig?
- Wenn gute Wiesenbestände plötzlich starke Auswinterungs,- Trocken-, Mäuse-, Maulwurf-, Wildschwein- oder Engerlingschäden aufweisen,
- Weidenarben stark verletzt und aufgetreten werden,
- die Grasnarbe aufgrund der zu späten Mahd locker geworden ist,
- das Grasgerüst infolge zu hoher Schnittfrequenz schwach wird und sich Lücken bilden,
- nach dem Einsatz selektiver Herbizide die entstandenen Lücken durch wertvolle Futterpflanzen ausgefüllt werden sollen.

Engerlingschäden in der Dauerwiese

Die Nachsaat mittels Kreiselegge, Rototiller usw. kommt beinahe einer Neuansaat gleich. Hier werden meist durch Trockenheit und Schädlingsbefall auf das Ärgste geschädigte Bestände in einer Bodentiefe von 7–10 cm bearbeitet und das Saatgut eingebracht. Böden, in denen ein hohes Unkrautsamenpotenzial (Ampfer usw.) vorliegt, zeigen nach dieser Art der Nachsaat einen besonders hohen Unkrautdruck.

Zeitpunkt der Über- oder Nachsaat

Als idealer Zeitpunkt für eine Übersaat ist im Alpenraum das Frühjahr beim „**Spitzen bis Anfang Bestocken**" anzusehen, da sie ohne erheblichen zusätzlichen Aufwand zusammen mit den Pflegearbeiten am Grünland durchgeführt werden kann. Zu diesem Zeitpunkt (Anfang bis Mitte April) wird meist die Winterfeuchte noch gut genutzt. Besonders bei der Übersaat hängen Keimung und Entwicklung der jungen Saat stark von den Wasserverhältnissen ab. Dabei sollte die **Bodentemperatur** bei **mindestens 10 °C** liegen – dies zeigt sich durch das Ergrünen „Spitzen" der Grasnarbe. Weist die Grasnarbe schon eine Wuchshöhe von nahezu 10 cm auf, sollte keine Über- oder Nachsaat mehr erfolgen, da dabei das Saatgut nicht ausreichend in den Boden kommt. Diese nachgesäten ersten Aufwüchse sollten frühzeitig im Schossen geerntet werden, damit die Keimlinge und Jungpflanzen Licht für das Wachstum erhalten. In der Sommerperiode, die allerdings vielfach trockener wird, ist nur auf tiefgründigen Böden und niederschlagreichen Regionen bei einer guten Wasserführung und eventuell zusätzlicher Schattenlage eine Regeneration zu empfehlen. Die meist feuchteren Spätsommertage (Ende August bis Anfang September) können noch gut für eine Grünlanderneuerung genutzt werden. Wichtig ist allerdings, dass bei der Nach- bzw. Übersaat die Böden gut befahrbar sind.

Nachsaatmischungen

Das Gelingen der Übersaat hängt neben den Wetter- und Bodenbedingungen in einem hohen Maß von der Qualität und der Zusammensetzung der Saatgutmischung ab. Sowohl für die Nachsaat als auch für die Übersaat sollten bevorzugt die ÖAG-Nachsaatmischungen mit Ni und Na eingesetzt werden, zwei speziell den österreichischen Bedingungen angepasste Qualitätssortenmischungen mit dauerhaften und vor allem winterharten Gräsern und Leguminosen. Diese Nachsaatmischungen wurden über die Jahre entwickelt, verbessert, in der Praxis eingesetzt und geprüft. In diesen Nachsaatmischungen sind die besten blattreichen Sorten in Bezug auf Ausdauer, Futterqualität und Kombinierbarkeit mit den Altbeständen enthalten. Die Mischungskomponenten können sich gegenüber der Altnarbe durchsetzen und den lückigen oder mangelhaften Pflanzenbestand wieder verbessern oder erneuern.
Die Saatgutmengen bei der Nach- und Übersaat liegen je nach Lückigkeit zwischen 8 und 15 kg/ha, bei extremer Lückigkeit können bis zu 20 kg/ha eingesetzt werden. Bei mittleren Trockenschäden sollten 15–20 und bei totalen Schäden 20–25 kg/ha nachgesät werden (vergleiche Tabelle 35).

Damit eine umbruchlose Grünlanderneuerung die größtmöglichen Erfolgsaussichten hat, sollte nicht nur auf die Nachsaattechnik, sondern ganz besonders auf die Konkurrenz durch die Altnarbe geachtet werden. Eine genaue Beobachtung des Bestandes bis zur frühzeitigen Nutzung des Folgeaufwuchses in der Höhe von 15–20 cm ist entscheidend. Die Technik kann zwar gute Voraussetzungen für die Saat schaffen, ein Garant für den Erfolg ist sie jedoch nicht. Es müssen eine Reihe von Maßnahmen im richtigen Zeitablauf gesetzt werden und das „Wetter" muss mitspielen.

Lückige Wiesen und Weiden können durch Über- und Nachsaat nachhaltig verbessert werden. Am wichtigsten dafür sind feuchtes Wetter, gute Saattechnik, bestes Saatgut (Nachsaatmischung) und die frühzeitige Nutzung nach der Saat.

Tabelle 35: **ÖAG-Nachsaatmischungen für das geschädigte Dauergrünland – Komponenten in Flächenprozent (nach ÖAG-Handbuch 2017)**

Arten	**Ausgewählte ÖAG-Sorten**	**Für Zwei- bis Dreischnittflächen**		**Für Wiesen mit mehr als drei Nutzungen**		**Für Wiesen auf extremen Trockenlagen**	**Für Weiden auf extremen Trockenlagen**	**Für Kurzrasenweide und intensive Weidesysteme**
		Na mit Klee	Na ohne Klee	Ni mit Klee	Ni ohne Klee	Natro	Na-wei	Kwei
Weißklee	Klondike, Merida	10	-	10	-	10	10	10
Luzerne	Luzelle	-	-	-	-	10	-	-
Rotklee	Blizzard, Carlo, Milonia, Pavona, Van (Gumpensteiner Rotklee, Merula)	5	-	15	-	-	-	-
Knaulgras	Tandem	15	15	20	25	15	15	-
Wiesenschwingel	Leopard, Cosmolit, Cosima, (Darimo), Pradel, (Laura)	15	15	10	15	-	10	-
Engl. Raygras	Guru, Ivana, (Tivoli), Alligator, Barnauta, Abertorch, Charisma, Artesia, Barfamos, Kentaur, Lineker, Novello, Polim, Soraya, Trintella	15	15	20	25	15	15	40
Wiesenrispe	Limagie, Oxford, Lato, Selista, (Balin)	25	30	20	25	10	20	50
Rotschwingel	Gondolin, (Light)	-	5	-	-	15	20	-
Timothe	Tiller	15	20	15	25	15	10	-
Glatthafer	Arone	-	-	-	-	10	-	-
	Nach-/Übersaat in kg/ha	**10–15**		**10–15**		**15–20**	**15–20**	**10–20**

❑ Sanierung am Grünland von unerwünschten Arten

Mit der **Starkstriegeltechnik** und dementsprechendem Walzengewicht können über den Oberlenker die starken Zinken im Oberboden 1–4 cm tief wirksam werden und die seichtwurzelnden Arten herauskämmen. Hier ist in erste Linie die **Gemeine Rispe** zu nennen, die sich in den letzten 10 Jahren in den Wiesen und Weiden von 3–5 % auf oft über 30 % ausgeweitet hat. Dieses seichtwurzelnde Untergras nützt im Frühjahr als Erstes die oberflächliche Bodenwärme und beginnt frühzeitig zu spitzen und, wenn sie Platz hat, auch auszubreiten. Bei dementsprechender Düngung, insbesondere mit rasch wirksamem Stickstoff, explodiert diese Art und kann offene Lücken in der Grasnarbe besiedeln.

Ein Anteil über 15 % von Gemeiner Rispe kann Geschmacksprobleme in der Grassilage verursachen, wo zunehmend die Futterakzeptanz durch die Tiere zurückgeht oder nicht mehr gegeben ist.

Der **Goldhafer**, ein extrem wichtiges Gras in den Berggebieten über 600 m Seehöhe kann bei über 25 % Rationsanteil eine Kalzinose bei allen raufutterverzehrenden Tieren auslösen (WURM und STEINWIDDER, 1998). Damit dieser Goldhaferanteil nicht zu hoch wird, sollte bei Auftreten der Kalzinose (erkennbar durch schweren Gang der Tiere, durch Abmagern und krumme Haltung wie auch seichtes Atmen) eine Sanierung dieser Bestände – meist auch Weidebestände – mittels Starkstriegeltechnik erfolgen. Der Goldhafer kann nicht so leicht ausgestriegelt werden wie die Gemeine Rispe, jedoch kann er im Bestand deutlich reduziert werden.

Mithilfe von Starkstriegeltechnik kann der Goldhafer vor allem im Spätsommer bis Mitte September ausgestriegelt werden.

Auf extensiven Wiesen und Weiden, insbesondere in Schattenlage und am Waldesrand, treten bei Nährstoffunterversorgung die **Moose** auf. Diese können mit den Striegeln relativ leicht ausgestriegelt werden.

Extensive Grünlandflächen mit hohem Moosanteil können rekultiviert werden, indem das Moos entfernt, die Flächen nachgesät und leicht angedüngt werden.

Arbeitsgänge bei der Sanierung

Im Gegensatz zur Nachsaat, wo ein Arbeitsgang bei kombinierter Technik notwendig ist, sind bei der Sanierung vier Arbeitsschritte erforderlich.

1. Einsatz des Starkstriegels

Es braucht oft mehrere Fahrten kreuz und quer oder schräg versetzt über die Felder, bis die unerwünschten Arten ausgestriegelt sind. Der Boden soll dabei nicht zu trocken, aber auch nicht zu feucht sein.

Einsatz des Starkstriegels

Schwaden der Biomasse

Abfuhr der Biomasse

Einsaat und Rückverfestigung

2. Schwaden der Biomasse
Quer zur Striegeltätigkeit sollte ein tiefgestellter „alter“ Schwader bei einer Geschwindigkeit von rund 4 km/h die gesamte ausgestriegelte Biomasse (Pflanzen, Wurzeln, Bodenmaterial etc.) zusammenrechen. Eine saubere Arbeit ist da gefragt, alles was liegen bleibt, kann wieder anwachsen.

3. Abfuhr der Biomasse
Gleichzeitig zum Schwaden soll bereits der Ladewagen die „Erde/Pflanzenmasse“ aufnehmen, damit aber nichts liegen bleibt, soll die Schwadtätigkeit „nahtlos“ erfolgen – immer nach dem Ladewagen auch wieder weiter schwaden, so bis zum Feldrand. Wird auf normale fertige Schwaden zusammengerecht und dort mit dem Ladewagen aufgenommen, so bleibt immer am Schwadgrund etwas liegen, wo die Gemeine Rispe wieder beginnt sich auszubreiten.

4. Einsaat und Rückverfestigen
Ist am Feld die Striegelarbeit erledigt, so sollte der Traktor mit Saattechnik plus Walze die Nachsaat mit Rückverfestigung beginnen können. Dazu ist aber notwendig, dass in der Zwischenzeit geschwadet und abgeführt wurde. Es werden also drei Garnituren „Traktor mit Starkstriegel“, „Traktor mit Schwader“, „Traktor mit Ladewagen“ und „Traktor mit Saattechnik und Walze“ für diese Sanierung benötigt, wobei der 1. und 4. Arbeitsschritt mit derselben Garnitur, nur anderer Einstellung, im Einsatz ist.

Es braucht eine gute Planung und Koordinierung auch zwischen den Nachbarn und des Maschinenrings, um eine Sanierung effizient abwickeln zu können.

Saatgutmischungen bei der Sanierung
Nach den ersten drei Sanierungsschnitten zeigt sich oft ein offener Boden, gemessen an einer geschlossenen Grasnarbe von 50–80 %. Auf die verbleibende Restvegetation wird nun mit der Saatgutmischung „NiK“ nachgesät, die einen hohen Anteil (40–45 Fl.-%) an Engl. Raygräsern aufweist, damit diese Grasnarbe möglichst rasch zuwächst, bevor noch andere Arten den freien Lebensraum nützen. 2–3 Jahre nach der Sanierung sollte eine Nachsaat mit Na oder Ni für die Dauerhaftigkeit zum Einsatz kommen.

Tabelle 36: **ÖAG-Nachsaatmischungen für die Sanierung von Grünland (nach ÖAG-Handbuch 2017)**

Arten	Ausgewählte ÖAG-Sorten	Komponenten in Fl.-%	
		NiK mit Klee	NiK ohne Klee
Engl. Raygras ausdauernd	Guru, Ivana, Alligator, Barnauta, Charisma, (Tivoli)	20	22,5
Engl. Raygras ertragsbetont	Abertorch, Artesia, Barfamos, Kentaur, Lineker, Novello, Polim, Soraya, Trintella, (Prana, Alcander)	20	22,5
Knaulgras	Tandem	30	40
Wiesenrispe	Lato, Selista, (Balin)	15	15
Rotklee	Blizzard, Carlo, Milonia, Pavona, Van, (Gumpensteiner Rotklee, Merula)	10	-
Weißklee	Klondike, Merida	5	-
	Sanierung	**20–25 kg/ha**	**20–25 kg/ha**

3. NEUANLAGE VON GRÜNLAND

Wenn ein Grünlandbestand keine oder weniger als 20 % gute, förderungswürdige Gräser aufweist und alle Maßnahmen zur Verbesserung keinen Erfolg gebracht haben, sollte auf umbruchfähigen Standorten eine Neuansaat durchgeführt werden. Dabei ist größter Wert auf eine gezielte Auswahl der passenden Qualitätssaatmischung zu legen.

3.1 Anlagemethoden

Bei jeder Neuanlage von Dauergrünland oder Feldfutter kann man praktisch zwischen vier Methoden wählen:

- Frühjahrsansaat (ohne Deckfrucht) in Blanksaat
- Einsaat im Getreide als Untersaat
- Spätsommersaat ohne Deckfrucht
- Einsaat in eine Gründeckfrucht (Hafer, Sommergerste)

❑ Frühjahrsansaat (ohne Deckfrucht) in Blanksaat

Vorteile	Nachteile
• Beste Steuerungsmöglichkeiten für junge Ansaaten • Geringere Gefährdung durch Sommertrockenheit • Neue Dauerwiesen mit 10 % Engl. Raygras schließen und entwickeln sich rasch	• Geringerer Ertrag im Ansaatjahr
Besondere Eignung Vor allem für Dauergrünlandsaaten	

Durchführung
Herbstackerung und grobe Einebnung; in Gebieten mit Frühjahrstrockenheit möglichst frühe Saat (März bis Anfang April); bei späterer Ansaat Abschwemmungsgefahr durch Gewitterregen.

Bei der Neuansaat mittels Pflugumbruch ist auf eine Ablage der Sämereien auf 0,5–1 cm zu achten. Diese kann als Breitsaat (Wiesen, Weiden) und als Drillsaat (Feldfutter) erfolgen.

❑ Einsaat in Getreide als Untersaat

Vorteile	Nachteile
• Untersaat wird vom Getreide – meist Sommergerste oder Hafer – vor trockener und heißer Witterung und vor Erosion geschützt • Arbeitsersparnis (keine Stoppelbearbeitung), ertragreicher Stoppelschnitt • Voller Ertrag im ersten Hauptnutzungsjahr	• Schwierigkeiten beim Mähdrusch, bei Durchwachsen der Untersaat oder Lagerung des Getreides • Erschwerte Unkrautbekämpfung, Fahrspuren bei feuchtem Boden • Ersticken der Untersaat bei Lagerung, schlechte Entwicklung in dichten Getreidebeständen • Keine gezielte Pflege oder Düngung der jungen Ansaat möglich • Geringere Erträge bei der Hauptfrucht
Besondere Eignung Für standfestes, nicht zu dichtes Getreide, vor allem für kurzlebige, robuste Arten und Mischungen wie Rotklee, Rotkleegras, raygrasbetonte Grasmischungen und Einsaaten für den Zwischenfruchtbau	

Das Durchwachsen kann durch Einsaat in spannhohes (ca. 10 cm) Getreide verhindert werden.

❑ Spätsommersaat ohne Deckfrucht

Vorteile	Nachteile
• Keine Behinderung der Kultur und Pflege der Vorfrucht (Getreide) • Meist sicherer als Untersaat (außer bei Spätsommertrockenheit) • Eingriff in die Entwicklung möglich • Voller Ertrag im ersten Hauptnutzungsjahr • Entnimmt bereits im Herbst Stickstoff aus dem Boden	• Häufig kein Stoppelschnittertrag • Zusätzliche Arbeit • Meistens ein Reinigungsschnitt im Herbst notwendig
Besondere Eignung Praktisch für alle Feldfutter- und Dauergrünlandansaaten geeignet, auch für Winterzwischenfrüchte	

Letzter Sätermin
Ungünstige Lagen: Mitte August
Günstige Lagen (Maisklima): Anfang September
Die Ansaat sollte nicht zu hoch in den Winter gehen! Reinigungsschnitt noch im Herbst.

❑ Einsaat in eine Gründeckfrucht (Hafer, Sommergerste)

Vorteile	Nachteile
• Schutz der keimenden Saat vor Schlagregen • Abschwemmung in Hanglage wird verhindert • Futterertrag der Deckfrucht • Bei Trockenheit gibt die Deckfrucht wüchsigeres Mikroklima	• Zusätzliche Saatgutkosten für die Deckfrucht (60–80 kg/ha) • Steuerungsmöglichkeit für Ansaat etwas beschränkt • Gefahr von Trockenschäden nach dem Deckfruchtschnitt • Silierung der sperrigen Deckfrucht schwierig und zeitlich eingeengt, gute Futterqualität sehr fraglich, braucht guten Häcksler
Besondere Eignung Für langjähriges Feldfutter und Dauergrünlandsaaten	

Voraussetzungen und Durchführung: schüttere Deckfrucht
Schnitt der Deckfrucht bei 40 cm Wuchshöhe, wenn möglich in einem Arbeitsgang (Silierung) bei trockenem Wetter (wegen Fahrspuren).

3.2 Saatbettvorbereitung und Saatmethoden

Grünlandsämereien sind Feinsämereien! Sie brauchen für einen sicheren Aufgang ein gut abgesetztes und nur oberflächlich 0,5–1 cm tief gelockertes, krümeliges Saatbett. Nach der Ansaat braucht es eine Rückverfestigung mittels Walze, um den Bodenschluss herbeizuführen.

- Ein tieferes Saatbett verlangen nur die großsamigen Futterpflanzen wie Mais, Pferdebohne, Futtererbse, Sonnenblume, Wicke, Getreide etc.
- Die Grassamen sind Lichtkeimer und dürfen nur bis max. 0,5 cm (in trockenen Lagen max. 1 cm) Tiefe in den Boden abgelegt werden.
- Wichtig ist, dass bei der Saat die Samen seicht in den Boden eingebracht werden und mit einer Cambridge-/Prismen- oder Glattwalze der Bodenschluss (Kapillarwirkung) wiederhergestellt wird.
- Sehr ungünstig wirkt sich ein zu tief gelockertes und nicht genügend abgesetztes oder nicht rückverfestigtes Saatbett auf den Aufgang aus.

Für die meisten Futtersaaten ist die Breitsaat die günstigste Saatmethode. Zwischenfrüchte und ein- bis zweijähriges Feldfutter können auch gedrillt werden.

Eine Handsaat, wie sie für kleinere Flächen auch heute noch üblich ist, sollte möglichst bei windstillem Wetter erfolgen. Bei bester Feinmotorik in der Hand sollte eine gleichmäßige Verteilung des Saatgutes erfolgen.

Werden Sämaschinen verwendet, können die Säschare hochgestellt oder abgenommen werden. Es gibt auch eigene Kleesamenstreuer als Zusatzeinrichtung. Wichtig ist, dass im Saatgutbehälter keine Entmischung von leichteren Grassamen und schwereren Kleesamen stattfindet.

Eine exakte Abdrehprobe vor der Aussaat mit der verwendeten Saatgutmischung ist unbedingt erforderlich. Das Rieselverhalten jeder Saatgutmischung wirkt sich unterschiedlich auf die Saatgutmenge aus.

Saatmenge

Bei jeder ÖAG-Saatgutmischung sind am Sackanhänger die Saatmengen in kg pro ha sowie die eingemischten Sorten angegeben. Diese **Saatmengen pro ha** liegen **zwischen 23 und 26 kg**. Sie sind grundsätzlich ausreichend und auch einzuhalten. Wird die Saatmenge erhöht, so werden die auflaufstarken und raschwüchsigeren Arten die etwas langsameren Arten unterdrücken und damit die laut Mischungsrezeptur zu erwartende Zusammensetzung des Pflanzenbestandes verändern.

Beste Ansaattechnik, insbesondere mit Rückverfestigung, richtige Ablagetiefe von 0,5–1 cm und Saatmenge mit qualitativ hochwertigen, ausdauernden und blattreichen Sorten einsetzen.

3.3 Pflege der jungen Ansaaten

Je nach Unkrautdruck durch auflaufende Samen muss ein Reinigungsschnitt bei 12–15 cm Wuchshöhe vorgenommen werden.

- Die auflaufende Ansaat soll bei einer Wuchshöhe von ca. 12–15 cm bei einer Schnitthöhe von 6 cm gemäht und bei zu hoher Biomasse verbracht werden.
- Bei Wechselwiesenmischungen und bei Dauergrünlandmischungen sind die Untergräser zu fördern und die raschwüchsigen Obergräser zu bremsen. Das geschieht vor allem durch häufigere Schnittnutzung im Anlagejahr. Es ist darauf zu achten, dass das Futter nicht höher als 25–35 cm wird.
- Die Düngung der Neuansaat sollte verhalten erfolgen, damit sich die Mischungskomponenten ohne zu starke Förderung der Obergräser, insbesondere des Engl. Raygrases, entwickeln können.
- Weide- und Mähweidesaaten können bereits nach dem ersten Schnitt bei trockener Witterung leicht und vorsichtig beweidet, Pferdeweideeinsaaten erst im zweiten Hauptnutzungsjahr mit Pferden bestoßen werden. Dadurch werden die Untergräser und die Bestockung gefördert und somit die Grasnarbe gestärkt.
- Rotklee- und luzernehaltige Mischungen sind hingegen im Ansaatjahr schonend, d. h. nicht zu jung, zu nutzen.
- Der Herbstaufwuchs sollte mit einer Wuchshöhe von höchstens 7–9 cm in den Winter gehen, höhere Bestände wintern leicht aus (Schneeschimmel usw.). Bei höheren Aufwüchsen sollte gemulcht werden, sofern das Futter nicht gebraucht wird.
- Unkräuter wie Ampfer, Wiesenkerbel und Geißfuß sollten schon beim ersten Aufwuchs ausgezogen oder anders bekämpft werden.

Tabelle 37: **Verbesserung und Erneuerung der Grasnarbe im Überblick**

Maßnahme	Erscheinungsbild der Grasnarbe	Zeit der Aktivitäten	Technik/ Arbeitsschritte	ÖAG-Saatgutmischung	Menge von Saatgut/ha
Kleine Reparaturen an der Grasnarbe 	Tritt- und Spurschäden sowie sonstige offene Stellen in der Grasnarbe	Beginn im Frühjahr beim Spitzen der Gräser bis Ende August (Berglagen) und Mitte September (Gunstlagen). Immer nach Mahd oder Weidegang und bei regnerischer Wetterlage	Händische Saat, zuerst den Boden mit Eisenrechen aufkratzen, säen, das Saatgut einrechen und die Flächen antreten oder mit Handwalze rückverfestigen	Generell: Na mit Klee, Pferdekoppeln NiK ohne Klee	Rund 50 kg (per Hand, weniger kaum möglich) 50 : 50 Na + Ni mit Klee oder Natro bzw. Nawei
Hufkultur 	Viele offene Stellen hervorgerufen durch Trittschäden und tierische Schädlinge (Engerlinge, Wildschweine, Maulwürfe, Wühlmäuse)	Nach jedem Weidegang in der Koppel, außer Hochsommer	Auf steilen und kleinen Flächen nach Weidegang mit Schafen und Ziegen – zuerst tief abweiden lassen, dann händisch säen und danach die Tiere noch einen Tag weiden lassen. Auf Almen nach Pferchen der Tiere, Verbesserung der Almweide möglich	Auf Mähweiden Na mit Klee, auf Weiden Nawei mit Klee und auf trockenen Hängen Natro mit Klee. Auf Almen die Mischung „H“	Rund 50 kg (per Hand, nur bei Spezialisten, weniger möglich) 50 : 50 Na + Ni mit Klee oder Natro bzw. Nawei
Nach- und Übersaat 	Mehr als 10 % handtellergroße Lücken in der Grasnarbe	Beginn beim Spitzen der Gräser im Frühjahr, in der Hauptvegetationszeit, je nach Niederschlagsbedingungen – nicht in der Trockenheit. Im Spätsommer, in den Berglagen Ende August in den Gunstlagen bis Mitte September	Mit den Striegelkombinationen – Leichtstriegel eher bei Übersaat und Starkstriegel bei Nachsaat einsetzen. Der Bodenschluss der Samen ist bei der Nachsaat und daher auch für die keimende Saat besser. In Trockenlagen und bei offener Grasnarbe sind auch Schlitzgeräte sinnvoll	Auf zwei- bis dreischnittigen Wiesen – Na, auf vier- bis sechsschnittigen Wiesen – Ni, auf Weiden in Richtung Kurzrasenweide – Kwei oder Nawei (trockene Flächen), je nach Kleeanteil im Altbestand die Mischung mit oder ohne Klee einsetzen	Im Frühjahr beim Abschleppen zur Zeit des Spitzens als vorbeugende Maßnahme 5–8 kg Ni mit Klee, sonst nach Lückigkeit der Grasnarbe 8–15 kg

Maßnahme	Erscheinungsbild der Grasnarbe	Zeit der Aktivitäten	Technik/ Arbeitsschritte	ÖAG-Saatgut-mischung	Menge von Saatgut/ha
Sanierung 	Frühsanierung bei mehr als 10 % Gemeiner Rispe, Spätsanierung bei schon mehr als 40 % Gemeiner Rispe. Bei Goldhafer die extremsten Flächen mit über 60 % sanieren, sofern Probleme bei Tieren auftreten	Im Frühjahr beim Spitzen der Gräser und im Spätsommer, bis Ende August in Berglagen und Mitte September in Gunstlagen	Striegelkombinationen mit starken Striegeln, zwei- bis dreimalige Striegelarbeit. Anschließend tief und sauber schwaden, bei langsamer Fahrgeschwindigkeit und nahtloser Ladewagentätigkeit. In offenen Boden von 40–80 % einsäen	Bei Sanierung nur die Mischung NiK mit Klee verwenden, auf Pferdeweiden NiK ohne Klee. In weiterer Folge (nach 3–4 Jahren) mit Na + Klee nachsäen	20–25 kg der Mischung NiK
Umbruch 	Wenn die Pflanzenbestände total entartet oder verfilzt sind und die Böden ackerfähig und einigermaßen eben sind	Der Umbruch mit dem Pflug sollte im Herbst erfolgen und die Einsaat im Frühjahr beim Spitzen der Gräser auf den Nachbarwiesen, die Fräsarbeiten mit Saat sollten im Frühjahr oder Spätsommer erfolgen	Pflug und Fräse Achtung bei Quecke und Geißfuß, keine Fräse verwenden!	Je nach Standort und Nutzung stehen alle Dauerwiesen und Dauerweidemischungen zur Verfügung. In guten Lagen können auch die Wechselwiesen- und Feldfuttermischungen herangezogen werden	23–26 kg Mischung je nach Nutzungs- und Standortbedingungen

G SAATGUT UND SAATGUTVERMEHRUNG

Von den rund 1,9 Mio. ha Grünland in Österreich werden etwa 150.000 ha als Feldfutterbau oder als Dauerwiese und -weide jährlich eingesät. Zudem werden für die Über- oder Nachsaat sowie die Sanierung noch über 120 t Nachsaatmischungen gebraucht. Die unterschiedlichen Ansprüche an die Saatgutmischungen in puncto Höhenstufe, Standorte und Nutzungsrichtung sind gerade in Österreich groß. Man kann ihnen jedoch durch entsprechende Zuchtsorten gerecht werden.

1. ZÜCHTUNG, PRÜFUNG UND VERMEHRUNG DER ZUCHTSORTEN

1.1 Futterpflanzenzüchtung

In Österreich befasst sich zurzeit nur die HBLFA Raumberg-Gumpenstein mit der Züchtung von Gräsern und Leguminosen für das Wirtschaftsgrünland und für die Begrünung in Höhenlagen. Das Zuchtmaterial stammt von Ökotypen, die in Österreich gesammelt und in Raumberg-Gumpenstein bis zu Sorten weiterselektiert, entwickelt und durch die AGES geprüft werden. Dieses genetisch hochinteressante Material wird an der HBLFA Raumberg-Gumpenstein auf kleineren Flächen bis zur Vorstufe vermehrt und später an die Basissaatgutvermehrung in Österreich und in das Ausland für die kommerzielle Verwertung weitergegeben.

Die Futterpflanzenzüchtung an der HBLFA Raumberg-Gumpenstein befasst sich mit Gräsern und Kleearten für das Wirtschaftsgrünland. Eine „Spezialität“ ist die Veredelung von Ökotypen für das alpine Grünland zur Rekultivierung von Schipisten und für kulturtechnische Eingriffe.

Folgende Gumpensteiner Sorten befinden sich in der „Beschreibenden nationalen Sortenliste“ wie auch im „EU-Sortenkatalog“ und sind daher für den EU-Markt zugelassen: 'Gumpensteiner Rotklee', 'Hornklee Marianne', 'Gumpensteiner Bastardraygras', Knaulgras 'Tandem', Goldhafer 'Gusto und Gunther', Englisches Raygras 'Guru', Rotes Straußgras 'Gudrun' und der Wiesenfuchsschwanz 'Gufi'. Eine trockenresistente Wiesenrispensorte steht bereits in der offiziellen nationalen Sortenwertprüfung.

1.2 Sortenwertprüfung

Die Österreichische Agentur für Gesundheit und Ernährungssicherheit GmbH (AGES) in Wien und die HBLFA Raumberg-Gumpenstein führen in Österreich die amtliche Sortenwertprüfung bei Gräsern und Leguminosen auf Grünland durch. Bevor eine Neuzüchtung als Sorte in Österreich in die „Beschreibende Sortenliste“ aufgenommen wird, muss sie mindestens 3 Jahre auf mehreren Standorten auf ihre Eigenschaften geprüft werden. Nach dieser strengen Prüfung unter den österreichischen Klimaverhältnissen werden die geeigneten Sorten national und international eingetragen. Die besten Sorten werden noch weitere

3–4 Jahre in der Ausdauer geprüft und bei positiver Beurteilung in die privatrechtliche ÖAG-Sortenliste (vergleiche Grafik 44) eingetragen.

Mit der Sortenwertprüfung wird das internationale Sortiment auf Eigenschaften und Ausdauer im Alpenraum langjährig geprüft. Die besten Sorten werden in die „Beschreibende Sortenliste", die allerbesten in die „ÖAG-Sortenliste" aufgenommen.

Der Landwirt sollte wissen, dass die passenden und geprüften Sorten mit ihren Eigenschaften entscheidend für die Leistungen auf seinen Flächen und in seinem Stall sind. In den ÖAG-Qualitätsmischungen sind diese ausgewählten Zuchtsorten, die im Futterertrag, in der Futterqualität, der Schmackhaftigkeit, in der einheitlichen Entwicklung bis zum Schnittzeitpunkt sowie in der Ausdauer insbesondere im Dauergrünland und in der Wechselwiese gegeben sind. Bevor die Sorten vermehrt und im Verkehr (Verkauf) gesetzt werden, müssen diese im EU-Katalog verzeichnet sein.

Grafik 44: ***Sortenprüfung und Auswahl der Sorten für die Grünlandmischungen in Österreich***

Der bewusste Einsatz von guten Qualitätsmischungen im Grünland ist gleichzusetzen mit dem bewussten Einsatz von Zuchtsorten im Ackerbau. Qualitätsmischungen sind Sortenmischungen.

1.3 Saatgutvermehrung für das Grünland

Der Dachverband für Sämereienproduktion in Österreich umfasst drei Vermehrungsgebiete in Ober- und Niederösterreich, in der Steiermark und im Burgenland sowie in Kärnten. Von den Landwirten werden rund 1.000 ha vornehmlich Gumpensteiner Züchtungen für den öster-

Die Sämereienvermehrung findet in Ober- und Niederösterreich, dem Burgenland, Kärnten sowie der Steiermark statt.

Die qualitative Produktion von Sämereien wird von den Landwirten auf über 1.000 ha vorgenommen, hier wäre noch mehr möglich, sofern der Grünlandbauer mehr Qualität nachfragt.

reichischen Markt in höchster ÖAG-Qualität erzeugt. Die inländischen Vermehrungen bringen den Landwirten eine Wertschöpfung und den Grünlandbauern ein bodenständiges Saatgut. In den ÖAG-Mischungen ist ein bestimmter Saatgutanteil aus inländischer Vermehrung vorgeschrieben. Zurzeit können rund 30 % des Saatgutes für das Wirtschaftsgrünland aus inländischer Vermehrung zur Verfügung gestellt werden. Für die Hochlagenbegrünung werden rund 100 ha aus Gumpensteiner Ökotypen in Kärnten vermehrt. Diese Mischungen werden im gesamten Alpenraum eingesetzt (KRAUTZER, 2001).

2. SAATGUTMISCHUNGEN

Je besser die Mischungswahl für Standort, Nutzungsrichtung und Bewirtschaftungsintensität getroffen wurde, desto aussichtsreicher ist das Erreichen eines ausgewogenen und dauerhaften Pflanzenbestandes. Die natürlichen Einflüsse, die Wirtschaftsweise und die Konkurrenzverhältnisse zwischen den Sorten prägen im Laufe der Jahre einen Bestand.
In Österreich gibt es seit 1995 ÖAG-Saatgutmischungen (ÖAG = Österreichische Arbeitsgemeinschaft für Grünland und Viehwirtschaft). Hier werden privatrechtliche Normen, die deutlich über den EU-Normen liegen, umgesetzt und kontrolliert (ÖAG-Handbuch, 2017). So liegen bei den ÖAG-Mischungen die Keimfähigkeit und Reinheit der ausgewählten Sorten besonders hoch. Besonderer Wert wird auf die Ampferfreiheit des Saatgutes gelegt. Sowohl in den einzelnen Komponenten als auch in der Mischung darf bei Untersuchungen kein Ampfer gefunden werden (vergleiche Tabelle 38).

Tabelle 38: **Vergleich der ÖAG-Normen mit den lt. Saatgutgesetz 1994 gültigen EU-Normen in Bezug auf Keimfähigkeit, Ampferbesatz und Probengröße** (KRAUTZER, 2001)

Art	EU-Norm			ÖAG-Norm		
	KF %	A in Stück	P in g	KF %	A in Stück	P in g
Knaulgras	80	5	30	80	0	100
Bastardraygras	75	5	60	85	0	100
Wiesenrispe	75	2	5	80	0	50
Wiesenschwingel	80	5	50	85	0	100
Timothe	80	5	10	85	0	50
Weißklee	80	10	20	85	0	50
Rotklee	80	10	50	85	0	100

KF = Mindestkeimfähigkeit; A = Maximaler Ampferbesatz; P = Umfang der Untersuchungsprobe für den Ampferbesatz

Diese Qualität hat sich österreichweit durchgesetzt und nahezu 65 % aller Saatgutmischungen für das Wirtschaftsgrünland und den Feldfutterbau sind heute ÖAG-Mischungen. Die Grünlandbauern bestätigen den Erfolg mit den besten blattreichen Sorten und den abgestimmten Mischungen. Die privatrechtlichen ÖAG-Saatgutkontrollen haben sich bestens bewährt.

Die ÖAG-Mischungen sind Sortenmischungen, setzen sich aus den besten Sorten und bodenständigem Saatgut zusammen und werden auf höchste Qualität sowie Ampferfreiheit kontrolliert.

H FELDFUTTERBAU UND SAATGUTMISCHUNGEN

1. VERGLEICH „DAUERGRÜNLAND“, „WECHSELGRÜNLAND“ UND „FELDFUTTERBAU“

Auf nicht umbruchfähigen Standorten, insbesondere aber im Berggebiet, sind Dauerwiesen und -weiden der „natürliche“ Bewuchs. Altes Dauergrünland wird oft schon über 100 Jahre permanent genutzt; ab einem Alter von 10 Jahren wird von Dauergrünland gesprochen (siehe Grafik 45).

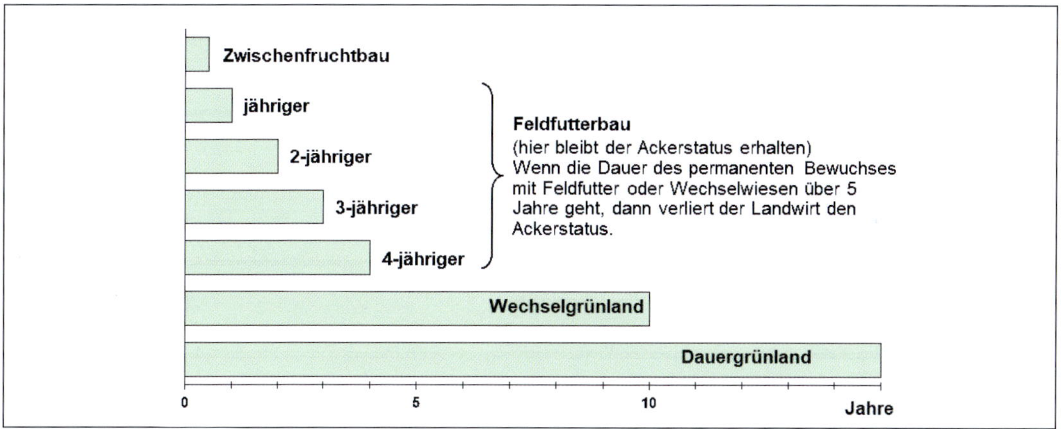

Grafik 45: ***Ausdauer im Dauergrünland, in der Wechselwiese und im Feldfutterbau***

Altes Dauergrünland zeigt meist einen höheren Humusgehalt im Boden (5–10 %), hat eine Aggregatsstabilität von über 90 %, weist je nach Bewirtschaftungsintensität eine höhere Artenvielfalt auf und ist den Standortbedingungen am besten angepasst.

Im Bereich des Dauergrünlandes (Wiesen und Weiden), der Wechselwiesen sowie des Feldfutterbaus werden in Österreich regional abgestimmte ÖAG-Mischungen angeboten (vergleiche Grafiken 46 und 47). Dazu kommen die spezifischen Nachsaatmischungen mit unterschiedlichster Zusammensetzung als Ergänzung von lückenhaften Wiesen und Weiden in Trocken- und Feuchtgebieten.

Das Feldfutter löst im Berggebiet oftmals den Silomais und im Trockengebiet das Dauergrünland ab.

Grafik 46: ***ÖAG-Saatgutmischungen für Dauerwiesen und Dauerweiden***

Ausdauer	Kurzbezeichnung	Art der ÖAG-Mischung	Verwendungszweck: Grünfutter	Weide	Silage	Heu
Dauerwiese	A	Dauerwiesenmischung – für trockene Lagen	x	(x)	x	x
Dauerwiese	B	Dauerwiesenmischung – für mittlere Lagen	x	(x)	x	x
Dauerwiese	C	Dauerwiesenmischung – für feuchte Lagen	(x)	(x)	x	x
Dauerwiese	D	Dauerwiesenmischung – für raue Lagen	x	(x)	x	x
Dauerwiese	OG	Dauerwiesenmischungen ohne Goldhafer für kalzinosegefährdete Lagen	x	(x)	x	x
Dauerwiese	VS	Dauerwiesenmischung für intensive Bewirtschaftung Vielschnittflächen	x	(x)	x	x
Dauerwiese	PH	Mischungen für Pferdeheuwiesen	(x)	(x)	x	x
Dauerweide	G	Dauerweidemischung für milde und mittlere Lagen	(x)	x	(x)	(x)
Dauerweide	H	Dauerweidemischung für raue Lagen	(x)	x	(x)	(x)
Dauerweide	PW	Mischung für Pferdeweiden in allen Lagen	(x)	x	(x)	(x)
Nach- und Übersaat Sanierung	Na	Nachsaatmischung mit und ohne Klee für intensive Dauerwiesen bis zu drei Nutzungen	x	x	x	x
Nach- und Übersaat Sanierung	Ni	Nachsaatmischung mit und ohne Klee für intensive Dauerwiesen mit mehr als drei Nutzungen	x	(x)	x	x
Nach- und Übersaat Sanierung	Natro	Nachsaatmischung für Wiesen in extrem trockengefährdeten Lagen	x	(x)	x	x
Nach- und Übersaat Sanierung	Nawei	Nachsaatmischung für Weiden in extrem trockengefährdeten Lagen	x	x	x	x
Nach- und Übersaat Sanierung	Kwei	Nachsaatmischung für Kurzrasenweide	x	x	(x)	(x)
Nach- und Übersaat Sanierung	NiK	Nachsaatmischung mit und ohne Klee nach Sanierung	x	(x)	x	x
Wechselwiese	WM	Wechselwiesenmischung für drei und mehr Hauptnutzungsjahre – für milde und mittlere Lagen	x	(x)	x	x
Wechselwiese	WR	Wechselwiesenmischung für drei und mehr Hauptnutzungsjahre – für raue Lagen	x	(x)	x	x

Für den **Feldfutterbau nützt man die ackerfähigen Flächen** des Betriebes, um **höhere Erträge** als vom Dauergrünland zu erzielen und eine **bodenverbessernde Fruchtfolge für die Ackerkulturen zu erreichen.**
Rotklee-, Luzerne- und Kleegrasanbau haben in den letzten Jahren unter Einsatz von leistungsfähigen Sorten an Bedeutung zugenommen, zumal sie in den Grenzlagen des Silomaisanbaues ertraglich mithalten können und zudem hohe Proteinerträge liefern. Nach der Ausdauer der Mischungen gibt es einjährige Mischungen ohne Winterhärte bis hin zu mehrjährigen Intensivmischungen (vergleiche Grafik 47).

Ausdauer	Kurzbezeichnung	Art der ÖAG-Mischung	Verwendungszweck		
			Grünfutter	Silage	Heu
Einjährige Mischung (nicht überwinternd)	EZ	Einsömmerige Kleegrasmischung für alle Lagen (Zwischenfrucht)	x	x	(x)
Zweijährige Mischung (Saatjahr und ein Hauptnutzungsjahr – einmalige Überwinterung)	RE	Rotkleegrasmischung für ein Hauptnutzungsjahr – für milde Lagen	x	x	(x)
	RR	Rotkleegrasmischung für ein Hauptnutzungsjahr – für mittlere und raue Lagen	x	x	(x)
Dreijährige Mischung (Saatjahr und zwei Hauptnutzungsjahre – zweimalige Überwinterung)	KM	Rotkleegrasmischung für zwei bis drei Hauptnutzungsjahre – für milde und mittlere Lagen	x	x	(x)
	KR	Rotkleegrasmischung für zwei bis drei Hauptnutzungsjahre – für raue Lagen	x	x	(x)
	IM	Feldfutter-Intensivmischung für bis zu drei Hauptnutzungsjahre – für milde und mittlere Lagen	x	x	(x)
	IR	Feldfutter-Intensivmischung für bis zu drei Hauptnutzungsjahre – für raue Lagen	x	x	(x)
Drei- und mehrjährige Mischungen für trockene Lagen	LR	Luzerne-Rotkleegrasmischung für zwei bis drei Hauptnutzungsjahre – für trocken/feuchte Übergangslagen	x	x	x
	LG	Luzernegrasmischung für drei und mehr Hauptnutzungsjahre – für trockene und mittlere Lagen	x	x	x

Grafik 47: ***Überblick über die ÖAG-Saatgutmischungen für den Feldfutterbau in Österreich***

Vergleicht man die Erträge der einzelnen „Grünlandkulturen" mit dem Silomais sowohl in Berg- als auch in Gunstlagen, so fällt das beachtliche Leistungsvermögen der Feldfuttermischungen auf. Eine Gegenüberstellung aus qualitativer und ökonomischer Sicht mit dem Silomais verbessert die Attraktivität des mehrjährigen Feldfutterbaues noch beträchtlich. Kleegras benötigt den geringsten Nährstoff-Input, stellt über die Knöllchenbakterien hohe Stickstoffmengen pro ha bereit und verhindert Erosionen sowie eine Stickstoffauswaschung. Kleegräser und Luzerne/Rotkleegräser liefern die höchsten Proteinerträge/ha, sie können zwischen 2.000 und 3.000 kg Rohprotein/ha erzielen. Diese wertvolle und kostengünstige Proteinquelle kann am Betrieb mit ackerfähigen Flächen nachhaltig produziert werden.

2. MERKMALE DES HAUPTFRUCHT- UND ZWISCHENFRUCHTBAUES

Im Feldfutterbau unterscheiden wir zwischen Hauptfrucht- und Zwischenfruchtbau.

Alle Kultur- und Nutzpflanzen, die auf einem Acker gesät oder gepflanzt werden, werden „Früchte“ genannt (Feldfrüchte, Ackerfrüchte, Hackfrüchte, Hauptfrüchte, Zwischenfrüchte usw.).

Hauptfrüchte verbrauchen den größten Teil der verfügbaren Vegetationszeit für ihre Entwicklung. Beansprucht die Hauptfrucht nicht selbst die gesamte Vegetationszeit bis zur Erntereife, werden in der bis zum Anbau der nächsten Hauptfrucht „dazwischen“ liegenden Zeit entweder Zwischenfrüchte angebaut oder die Äcker brach („ungenützt“) liegen gelassen.
Zwischenfrüchte sind „Früchte“, die in einem Vegetationsjahr vor oder nach einer Hauptfrucht genutzt werden. Durch den Zwischenfruchtbau werden Brachezeiten im Ackerbau vermieden und wertvolles Futter erzeugt („System Immergrün“). Dies ist vor allem in futterschwachen Jahren (Trockenheit, Überschwemmung, Hagel, Schädlingsbefall usw.) von großer Bedeutung. Zwischenfrüchte sind eine äußerst sinnvolle Investition für die nachhaltige Bodenfruchtbarkeit sowie für ein sauberes Grund-/Trinkwasser.

2.1 Der Hauptfruchtfutterbau

❑ Nutzungsdauer eines Feldfutterbestandes

Wie lange Feldfutter genutzt werden kann, ist vom **Klima** und der **Lebensdauer der verwendeten Futterpflanzen**, insbesondere jedoch von der **Winterfestigkeit** der verwendeten Mischungspartner abhängig.

❑ Einteilung nach der vorgesehenen Nutzungsdauer

- Kurzfristiger Feldfutterbau mit 1–2 vollen Nutzungsjahren
- Mittelfristiger Feldfutterbau mit 3–4 vollen Nutzungsjahren
- Langfristiger Feldfutterbau (Wechselwiese) mit 5–10 vollen Nutzungsjahren.

Der kurzfristige Feldfutterbau ist die intensivste Form des Feldfutterbaues. Die Ansaat- und Saatgutkosten verteilen sich hier auf 1–2 Jahre. Da es bei dieser Art des Futterbaues einige Möglichkeiten gibt, ist eine weitere Unterteilung sinnvoll:
- **Streng einjähriger Feldfutterbau (EZ)**
  Die dabei verwendeten Futterpflanzen sind nicht winterhart.
- **Überjähriger Feldfutterbau (RE, RR, KM)**
  Die Futterpflanzen überdauern wenigstens einen Winter und nutzen die folgende Vegetationszeit voll aus.
- **Zweijähriger Feldfutterbau (KR, IM, IR, LR, LG)**
  Die Futterpflanzen sollen bereits zwei Winter überstehen und daher auch zwei volle Vegetationszeiten ausnutzen können. Bei durchschnittlichen Wintern sind diese Mischungen durchaus geeignet, über drei Winter zu gehen.

2.2 Gesichtspunkte für die Auswahl von Feldfuttermischungen

- Im Feldfutterbau werden vor allem kleehaltige Mischungen verwendet. Dadurch kann auf eine mineralische Stickstoffdüngung verzichtet werden. Eine Düngung mit Kompost oder Stallmist sollte im Herbst vorgenommen werden.

- Je nach Nutzungsdauer werden dabei Rotklee, Luzerne, Weißklee und fallweise Schwedenklee, Alexandrinerklee sowie Perserklee als Mischungspartner mit passenden Obergräsern verwendet.
- Luzernegrasmischungen können anhaltende Wasserknappheit in Trockengebieten mit trockenresistenten Sorten am ehesten überleben.
- Für jedes Gebiet gibt es passende Feldfuttermischungen für verschiedene Verwendungszwecke und Standortbedingungen. Qualitätsmischungen bringen viele Vorteile und eine größere Sicherheit!
- Rotklee und Luzerne verlangen fünf- bis sechsjährige Anbaupausen. Das gilt im Prinzip auch für alle kleehaltigen Mischungen. Werden diese Grundsätze nicht beachtet, kann es zum völligen Ausfall der Leguminosen kommen. Auch bei den übrigen Kleearten sollten mindestens vierjährige Anbaupausen eingehalten werden.

2.3 Der Zwischenfruchtbau

Ein Zwischenfruchtbau ist nur dort möglich, wo Ackerbau betrieben wird und das Klima so günstig ist, dass

- wenigstens einige Hauptfrüchte nur einen Teil der Vegetationszeit für ihre Entwicklung bis zur Erntereife verbrauchen,
- noch genügend Vegetationstage für die Zwischenfrucht zur Verfügung stehen und
- ausreichend Niederschläge für die Entwicklung der Zwischenfrucht ohne Schädigung der folgenden Hauptfrucht gegeben sind.
- Winterzwischenfrüchte sollten im Spätsommer rechtzeitig angebaut werden, damit sie den Boden bedecken und die freiwerdenden Bodennährstoffe binden können.
- In den Wasserschongebieten sind Zwischenfrüchte doppelt wertvoll, da sie die Nitratwerte im Grundwasser reduzieren helfen.

Aus der großen Palette der Zwischenfrüchte wird Buchweizen wegen seiner guten Durchwurzelung gerne verwendet.

Zwischenfrüchte ermöglichen auf den Ackerflächen Bodenverbesserung, Bodenschutz durch Bodenbedeckung und gute Durchwurzelung des Bodens sowie Gewinnung von Zusatzfutter. Wird die Zwischenfrucht nicht als Futter benötigt, liefert sie eine gute Gründüngung und fördert so das Bodenleben und die Insektenwelt.

Auch das Gemisch aus Sonnenblume, Phacelia usw. ist für die Bodenfruchtbarkeit gut und gibt den Insekten, insbesondere den Bienen, eine hervorragende Tracht.

I FUTTERKONSERVIERUNG

Die österreichischen Grünland- und Viehbauern sind es gewöhnt, die Tiere in den Wintermonaten (150–210 Tage) mit Heu, Gärheu oder Silage zu versorgen. Bis vor rund 50–60 Jahren stand nur Heu/Grummet dafür zur Verfügung. Ab 1950 hat die Grassilage in Österreich Einzug gehalten und hat mehr und mehr das Heu, insbesondere in den Gunstlagen, verdrängt. Ab dem Jahr 1970 kam immer mehr die Ganzjahresstallhaltung und damit auch die Ganzjahresstallfütterung, wobei hier auch die Grassilage in der Ration überwog. Seit 1995 erlebt das Heu bei den Heumilchbauern eine wesentliche Aufwertung und auch die Weidehaltung genießt wieder einen Aufwärtstrend.
Bei der Einlagerung des Grünlandfutters zur Silierung standen anfänglich kleine Tiefsilos und später Hochsilos zur Verfügung. In den 1970er Jahren kamen verstärkt die Fahrsilos/Traunsteinsilos auf und ab dem Jahr 1988 begann die Ausbreitung der Ballensilage in Österreich.

Von den jährlich rund 6,5 Mio. t Grünlandfutter TM in Österreich werden zurzeit etwa 60 % zu Grassilage und Gärheu, 25 % zu Heu konserviert und eingelagert. Rund 15 % des heranwachsenden Grünlandfutters werden beweidet oder als Frischfutter den Tieren angeboten.

Mit mühevoller Handarbeit, insbesondere auf den Hanglagen, wurde das **Heu** in der Bodentrocknung geworben, später durch die Gerüsttrocknung etwas wetterunabhängiger gestaltet und heute durch Trocknungsanlagen unter Dach in Richtung besserer Heuqualität weiterentwickelt. Wurde früher das Futter zur Heubereitung in oder nach der Blüte gemäht – meist 14 Tage nach der Grassilagebereitung – so sind manche Heubauern heute bestrebt, zum Silageschnitt ihren Heuaufwuchs auch beim Ähren-/Rispenschieben zu ernten, unter Dach ohne Bröckelverluste zu belüften und als Energieheu einzulagern. Hier wird auch versucht, wie bei der Silagewirtschaft, die Grünlandfutterbestände bestmöglich als hochwertigstes Grundfutter für die Tiere bereitzustellen.

Das Bemühen um eine hohe Grundfutterqualität schlägt sich bei der Milchviehhaltung bereits positiv nieder, bei Schafen, Ziegen und vor allem Pferden könnten die Heuqualitäten noch besser sein.

Die **Grassilage** wurde ab 1950 zuerst als Nasssilage in Kleinbehältern und dann mehr und mehr in größeren Einheiten als Anwelksilage zubereitet. In den letzten Jahren gewinnt auch das Gärheu/Heulage große Beliebtheit. Die größeren Talbetriebe gehen in Richtung Traunsteinsilo oder Siloplatte, während kleinere Betriebe mit geringerem Tierbesatz in Berg und Tal ihr Futter in Silageballen konservieren, einlagern und je nach Bedarf verfüttern.

Die Silagebereitung kann bei unsicherer Wetterlage mit hoher Schlagkraft rascher und kostengünstiger erfolgen. Problematisch zeigt sich hier die erdige Verschmutzungsgefahr und die Verdichtung der Grünlandböden durch hohe Tonagen bei der Ernte.

Alle Grünpflanzen mit einem Wassergehalt von über 12 % laufen bei der Lagerung Gefahr, durch Bakterien, Pilze und Enzyme zersetzt zu werden und so ihre Eignung als Lebens- oder Futtermittel zu verlieren. Durch das Trocknen von Futter wird die Tätigkeit der Mikroorganismen unterbunden, während beim Silieren über die Milchsäuregärung eine Ansäuerung stattfindet, die das Futter haltbar macht.

Ein **dreijähriger Exaktversuch** an der HBLFA Raumberg-Gumpenstein vergleicht die Futterkonservierungsverfahren und deren Verluste zwischen Mahd und Futtertisch (FRITZ, 2018). Es zeigt sich, dass bei der Bodenheugewinnung 27 % und bei der Anwelksilage 17 % Trockenmasseverluste auftraten, bei der Luftentfeuchtung lag man dabei auch bei 17 %. Im Energieertrag pro ha und Jahr lag die Bodenheuvariante bei 33 % Verlusten von der Mahd bis zur Verfütterung, die Kaltbelüftung wies noch 25 % und die Entfeuchtervariante sowie die Silagevariante gingen auf 21 bzw. 22 % zurück. Also insgesamt erhebliche Verluste durch die Konservierung, wobei es hier deutliche Differenzen zwischen den Verfahren und letztlich auch den Arbeitsweisen auf den Betrieben gibt.

Die nachfolgenden Kapitel befassen sich eingehend mit der Heu- und Silagebereitung, wobei Erkenntnisse der Ernte und Werbung des Futters für beide Verfahren gelten.

1. HEUBEREITUNG

In der menschlichen Ernährung werden **Luft-, Sonne-, Wärme- und Gefriertrocknung** beim Dörren von Obst, Tee, Gemüse und bei der Haltbarmachung von Fleisch eingesetzt. Einige dieser Methoden dienen auch der Konservierung von Grünlandfutter.

Der **Trocknungsvorgang** bei der Erzeugung von Raufutter kann auf mehrere Arten erfolgen:
- Durch die Wärmestrahlung des Sonnenlichtes und die unterstützende Wirkung des Windes
- Durch den Luftstrom einer Heubelüftungsanlage, bei der die Luft entfeuchtet und/oder vorgewärmt sein kann
- Durch den Heißluftstrom einer Grünmehltrocknungsanlage (Cobs)

1.1 Einflussgrößen auf den Trocknungsvorgang

- Der Einstrahlungswinkel der Sonne trifft die südseitig gelegenen Hänge senkrechter als ebene Flächen oder nordseitige Lagen.
- In Flussniederungen und Mulden hält sich die für den Trocknungsverlauf ungünstige kalt-feuchte und damit auch schwerere Luft länger als in höheren Lagen.
- Trockene und warme Luft hat ein höheres Sättigungsdefizit und kann daher dem Grundfutter wesentlich mehr Feuchtigkeit entziehen als kalte und feuchte Luft.
- Leichter Wind erneuert ständig die bodennahe, feuchtere Luftschichte und begünstigt dadurch wesentlich die Trocknung.
- Ganzflächig aufgestreute Pflanzen trocknen trotz aller gegenteiligen Bemühungen rascher als am Schwad liegendes Futter, jedoch ist die „Nachtrocknung“ am Schwad bei leichtem Wind optimal.
- Ausgewogene und gräserreiche Grünlandbestände trocknen rascher als klee- und kräuterreiche, insbesondere mit grobstängeligen Kräutern.
- Aufbereiter fördern durch das Quetschen oder Knicken der Halme bzw. Stängel die Wasserabgabe.

❑ Das Wasseraufnahmevermögen der Luft

Mit Thermometer (Temperatur) und Hygrometer (Luftfeuchtigkeit) wird der Zustand der Luft gemessen. Dieser Zustand bietet die Grundlage bei der Boden- und Belüftungstrocknung.

Die Luftfeuchtigkeit sagt aus, zu wie viel Prozent die Luft mit Wasserdampf gesättigt ist bzw. wie viel Prozent Feuchtigkeit bis zur Sättigung noch aufnehmbar sind (Sättigungsdefizit). Der

Sättigungsgrad der Luft wird zu einem hohen Maß von der Lufttemperatur bestimmt, da warme Luft mehr Wasserdampf halten kann als kalte.

Dieses physikalische Prinzip wird bei Belüftungsanlagen nutzbar gemacht. Die nicht ganz einfach zu erklärenden Zusammenhänge über den Zustand der Luft und ihr Aufnahmevermögen an Verdunstungswasser sind in Grafik 48 verdeutlicht.

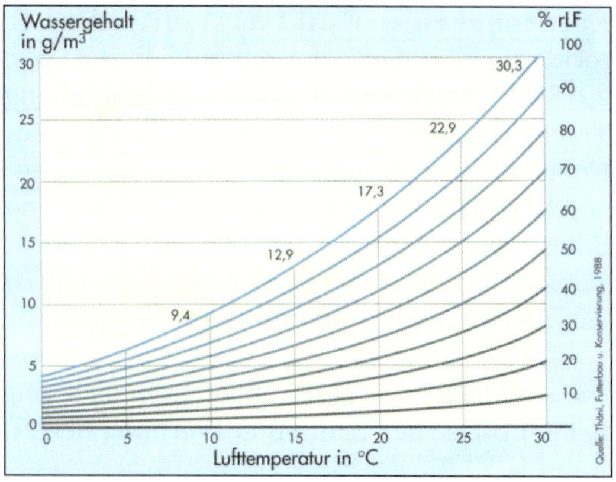

Grafik 48: ***Wasserhaltevermögen der Luft bei unterschiedlicher Temperatur und relativer Luftfeuchtigkeit*** *(THOENI, 1988)*

Von 1 m³ Luft mit 10 °C können 9,4 g Wasserdampf gehalten werden. Erwärmt sich die Luft jeweils um 5 °C auf 15, 20, 25, 30 °C, so erhöht sich das Wasserhaltevermögen auf 12,9, 17,3, 22,9, 30,3 g/m³. Daraus lässt sich erkennen, dass mit zunehmender Erwärmung der Luft deren relative Feuchte sinkt. Gleichzeitig erhöht sich ihr zusätzliches Wasseraufnahmevermögen (= Sättigungsdefizit), wodurch sich auch die Trocknungseigenschaft erhöht.

Natürliche Schwankungen der Luftfeuchtigkeit
Der Feuchtigkeitsgehalt der Luft ist tageszeitlich großen Schwankungen unterworfen, die hauptsächlich von der Jahreszeit, der Stärke der Sonneneinstrahlung, dem Kleinklima und der Witterung abhängig sind.

An **Schönwettertagen** steigt mit Erhöhung der Sonnenstrahlung auch die Trocknungseignung der Luft beträchtlich an, während sie mit der Abkühlung gegen den Abend sinkt und durch Tau- bzw. Nebelbildung in den Nachtstunden endet. Im **Hochsommer** finden wir die günstigsten Voraussetzungen für die Trocknung von Raufutter, während im Vor- und Nachsommer die Temperaturen und die Dauer der Sonnenstunden geringer sind. Im Herbst führen die kühlen Nächte zu einer hohen Rückfeuchtung des Futters am Feld, da große Mengen Wasserdampf aus der Luft als Tau kondensieren.

Aus Hochdruckgebieten stammende Winde unterstützen die Futtertrocknung wesentlich, da sie immer wieder frische und trockene Luftmengen herbeischaffen. Den letzten „Kick der Trocknung" erhält das Heu, wenn der locker liegende Schwad einige Stunden von einem leichten Wind bei Sonnenschein durchfächert wird.

Alpine Lagen sind durch größere Niederschlagsmengen und eine höhere Niederschlagshäufigkeit im Vergleich zum Flachland hinsichtlich der natürlichen Trocknungsbedingungen deutlich hinsichtlich Heubereitung benachteiligt.

❑ Die Trocknung von Grünfutter

Wird Grünfutter zu lagerfähigem Heu getrocknet, sind enorme Wassermengen zu verdunsten oder zu entziehen. Ein guter Aufwuchs bringt rund 3.000 kg Heu pro ha. Bei seiner Trocknung müssen rund 15.000 kg Wasser aus dem Grünfutter entweichen (vergleiche Grafik 49). Unmittelbar nach dem Schnitt sowie die ersten Stunden nach einem Bearbeitungsgang wird am meisten Feuchtigkeit abgegeben. Da aus dem Inneren der Halme und Stängel die restliche Feuchtigkeit entweichen muss, erfolgt die Anfangstrocknung rascher als die Endtrocknung.

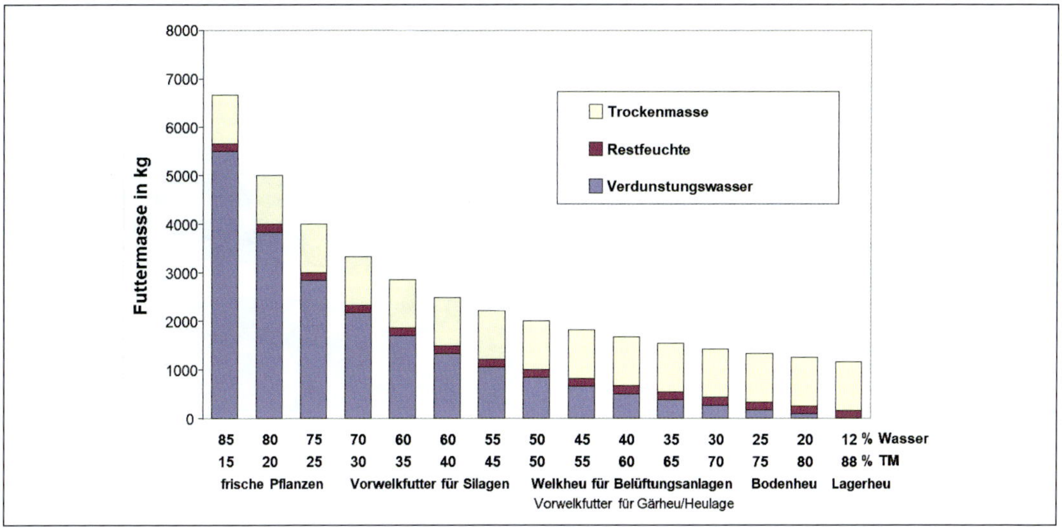

Grafik 49: ***Wasserverdunstung von Grünlandfutter aus dem Ertrag von 1.000 kg TM/ha***

Aus der Grafik 49 lässt sich erkennen, dass aus gering vorgewelktem Futter etwa doppelt so viel Feuchtigkeit entzogen werden muss wie aus stark vorgewelktem. Die Leistungsfähigkeit einer Belüftungsanlage wird zum einen durch den Grad der Lufterwärmung bzw. den Grad der Entfeuchtung bestimmt, zum anderen bestimmen die Luftmengenleistung des Gebläses und seine Druckstabilität den Vorwelkgrad des Futters.

❑ Verschiedene Pflanzenbestände – unterschiedliche Trocknung

Die Vielfalt der Pflanzenbestände reicht von den intensiven Gras- und Kleeschlägen des Ackerfutterbaus bis hin zum artenreichen Dauergrünland des Alpenraumes.

- **Futter von ertragreichen Flächen** trocknet langsamer als das von Extensivflächen.
- **Klee- und kräuterreiche Bestände**, besonders aber Leguminosengemenge, enthalten im frischen Zustand wesentlich mehr Feuchtigkeit und weniger Trockenmasse als ausgewogene und gräserreiche Pflanzenbestände.
- Das Futter von **kräftig mit Jauche, Gülle oder mineralischem Stickstoff** versorgten Flächen ist wasserreicher.
- **Junge Futterpartien** mit zarter Struktur lagern dichter als ältere.
- **Zarte Blattteile** trocknen wesentlich rascher (Bröckelverluste beachten) als die gröberen Halme oder dickwandigeren Stängel (Neigung zum Nachschwitzen).
- Tetraploide Sorten weisen einen höheren Wassergehalt auf als diploide Sorten (z. B. Raygräser, Rotklee, Weißklee etc.).

❑ Trocknungsintensivierung durch Aufbereiter

Schon bald nach dem Schnitt beginnen sich die Spaltöffnungen (Stomata) an den Blattunterseiten durch das Welken zu schließen, wodurch die Abgabe von Wasserdampf eine deutliche Reduktion erfährt.

Futteraufbereiter arbeiten mit quetschend-knickenden oder reibend-schlagenden Werkzeugen. Sie reißen die wachshaltige Blattoberfläche (Cuticula) auf und fügen vor allem den gröberen Halm- und Stängelteilen Verletzungen zu. Aufbereitetes Futter trocknet dadurch rascher.

Um die Vorzüge der Aufbereiter voll zu nutzen, ist der Schnittzeitpunkt so anzusetzen, dass die **Anfangstrocknung in die wärmste Tageszeit** fällt. Die Wirkung ist in den ersten 4–6 Stunden nach der Bearbeitung am effektivsten. Wird das Futter bereits am Vorabend des Trocknungstages oder am zeitigen Morgen bei Taunässe gemäht und gleichzeitig konditioniert, so ist der wesentlichste Vorzug dieser Geräte wegen des Nachteils der höheren Futterverschmutzung in Frage zu stellen.

Das aufbereitete und breitflächig gestreute Futter gibt die Feuchtigkeit rascher ab und weist somit einen um 2–4 Stunden beschleunigten Trocknungsverlauf auf.

Mit dem Aufbereiten werden nach dem Mähvorgang alle Blätter und Halme geknickt, aufgeschlagen oder gequetscht. Dadurch trocknet das Futter rascher.

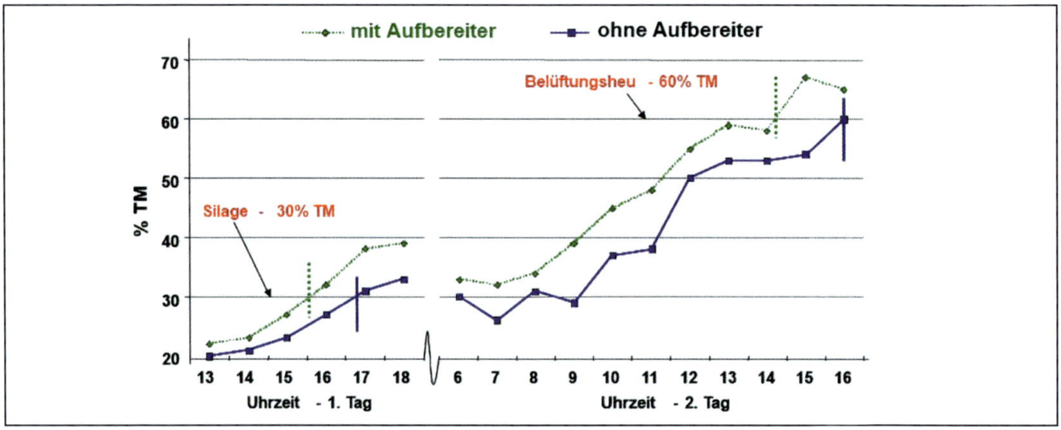

Grafik 50: ***Trocknungsverhalten von Wiesengras*** *(PÖTSCH und RESCH, 2002; verändert nach PÖLLINGER, 2000)*

Vorteile der Aufbereiter

- Aufbereitetes Futter trocknet rascher, die Feldzeiten werden kürzer
- Geringere Anzahl von Bearbeitungsgängen erhöht die Qualität (Verringerung von Bröckel- und Atmungsverlusten)
- Verringertes Wetterrisiko, bessere Ausnutzung von Schönwetterperioden
- Einsatz über den Maschinenring (MR) spart Anschaffungskosten

Nachteile der Aufbereiter

- Höhere Anschaffungs- und Betriebskosten (wenn nicht über MR)
- Individuelle Gerätewahl und Einstellung nach den Pflanzenbeständen treffen:
  → Geräte mit Zinkenrotoren eher für gräserreiches Futter
  → Geräte mit Walzen eher für klee- und kräuterreiche Bestände
- Nicht nur der Aufbereiter alleine, sondern das gezielte Wenden danach führt zum Ausschöpfen der Vorteile in der Heubereitung
- Größere Verluste bei unsachgemäßer Anwendung und überraschendem Schlechtwetter

❑ Zetten, Wenden und Schwaden des Futters

Die Technik ist bemüht, die Werbegeräte für die Grünlandernte ständig weiterzuentwickeln. Die Angebote reichen von leistungsstarken Typen für die ebenen Flächen bis zu hang- und geländetauglichen Maschinen für Bergbauern. Allen gemeinsam ist, dass sie nur so gründlich arbeiten, wie der Mensch sie einstellt und bedient.

Die rascheste Trocknung wird erreicht, wenn im Abstand von etwa 2,5–3 Stunden das Halmgut am ersten Tag gewendet wird – gleichgültig, ob aufbereitet oder nicht. Mit der Aufbereitung erspart man sich in der Regel einmal Wenden.

Gerade hier liegt einer der wesentlichsten Ansatzpunkte zur Verbesserung der Heuqualität. **Zetten und zweimal Wenden am ersten Tag** fördern wie keine andere Maßnahme das gleichmäßige Welken des Halmgutes bei begrenzter Bröckelung. Die Versäumnisse des ersten Tages lassen sich am zweiten Trocknungstag durch nichts wettmachen. Ganz im Gegenteil muss am zweiten Trocknungstag jeder zusätzliche Arbeitsgang mit einer überdimensionalen Erhöhung der Bröckelverluste erkauft werden. Von der Bröckelung hauptsächlich betroffen sind die zartesten, inhaltsreichsten und am leichtesten verdaulichen Teile des Futters.

Der Kreisler wendet und zettet das am Boden liegende Futter. Eine zu tiefe Einstellung erhöht die Futterverschmutzung.

Die Praxis ist in diesem Bereich leider noch sehr traditionsverhaftet. Hier hat der Bauer in der Umsetzung im Vergleich zu Mähtiefe oder Silierregeln noch viel an Terrain aufzuholen.

Das zweimalige Wenden am ersten Tag fördert die Trocknung des Futters am meisten und bringt einen Zeitgewinn, während sich durch das zweimalige Wenden am zweiten Tag die Bröckelverluste sprunghaft erhöhen. An Hitzetagen mit leichtem, trockenem Wind und bei geringen Erträgen kann das Wenden reduziert werden.

Bei der Heubereitung wirken sich die Bröckelverluste auf die Höhe der Gesamtverluste am gravierendsten aus. Das Futter verliert nicht nur an Masse, sondern darüber hinaus auch deutlich an Qualität. Genau betrachtet erntet man durch das Kreiseln eine verringerte Futtermasse mit einer geringeren Qualität, da sich die am leichtesten verdaulichen Nahrungsteile durch das Abbröckeln verringern und die schwerer aufschließbaren Anteile (Gerüstsubstanzen) in der Futtermasse sich relativ erhöhen.

Ständig muss sich der Landwirt für eine Bearbeitungsintensität bei bestimmtem Feuchtigkeitsgehalt des Erntegutes entscheiden. **Je höher der Trocknungsgrad** des Futters, **desto schonender und weniger oft sollte gewendet werden**. Die Größenordnung dieser Verlustquelle schwankt je nach den Erntebedingungen zwischen 6 und 30 %. Diese enormen Größenunterschiede sollten in der Praxis Anlass dafür sein, Arbeitsweisen und die verwendete Technik dahingehend zu überprüfen.

Gegen den Herbst hin erfolgt durch die stärkere Abkühlung der Luft in den Nächten eine verstärkte Tau- und Nebelbildung. Ein **Nachtschwad** verringert durch die verkleinerte Oberfläche die Befeuchtung des Erntegutes. Bei Welkheu unter 50 % Wassergehalt führt dieser Arbeitsgang zu Diskussionen, ist aber in der Praxis, scheinbar nicht zu Unrecht, generell üblich.
Der geringeren Taubenetzung stehen allerdings zwei zusätzliche Arbeitsgänge (schwaden + zetten) gegenüber. Es ist abzuwägen, ob der zusätzliche Aufwand bei einer Erhöhung der Verluste gerechtfertigt erscheint oder ob man sich nicht für eine alternative Konservierungsmethode (Ballensilage) entscheiden sollte.

❑ Futterverschmutzung

Eine wesentliche Forderung bei qualitativ hochwertigem Grundfutter ist auch die nach Sauberkeit. Mitgeerntete Reste von Hofdüngern (siehe Kapitel D) und ein erhöhter Anteil an erdiger Verschmutzung bringen nicht nur konservierungstechnische Nachteile. Die Staubbelastung während der Arbeit, im Stall und die Verfütterung verschmutzten Futters führen auch vielfach zu gesundheitlichen Beeinträchtigungen bei Mensch und Vieh (Farmerlunge, Fruchtbarkeitsprobleme u. a.). In einem Futteruntersuchungszeugnis wird die Verschmutzung durch einen überhöhten Gehalt an Rohasche ausgedrückt.

1 GVE verzehrt täglich etwa 15 kg TM. Bei einem Rohaschegehalt von 150 g/kg TM werden zwangsläufig 0,75 kg trockene Erde/Feinsand (15 kg TM/Tag x 50 g Erde/kg TM) mit verschlungen. Dies kann zu massiven Belastungen im Tier führen.

Der größte Anteil an Futterverschmutzung ist hausgemacht!

Grünlandnarben, die arm an Untergräsern und Weißklee sind, neigen zu Bestandeslücken und verschmutztem Futter. Platzräuber dringen vielfach in die Lücken ein und führen durch ihre Ausbreitung zu einer weiteren Auflockerung der Narbe.

Ein erdig verschmutztes Futter beinhaltet Bodenbakterien, unter anderem auch Clostridien.

Maßnahmen gegen die Futterverschmutzung

- Abschleppen im Frühjahr und ein Weidegang zur Festigung des Bodens bei einem erhöhten Besatz mit Schädlingen.
- Druckmindernde Reifen auch bei den Werbegeräten schonen die Ausläufer von Untergräsern und Weißklee.
- Mähtiefe zwischen 5–7 cm wählen sowie Schwader und Kreisler nicht zu tief einstellen.
- Tau und Regentropfen an den Pflanzen zur Schnittzeit erhöhen die Verschmutzung wesentlich.
- Strenge Weideportionen und ständig tiefer Biss hemmen die Narbendichte.
- Sitzstangen für Bussarde schaffen Beobachtungs- und Beutemöglichkeiten, wenn Maus/Maulwurf zum Problem werden. Bei einem massiven Mäusebesatz sollten Fangmethoden in Erwägung gezogen werden.
- Schonung und maßvolle Verjüngung der Strauchhecken, damit sie ihrer ökologischen Aufgabe als Schlupf- und Wohnraum für kleine Räuber entsprechen.
- Bei massiven Schäden durch Wildschweine müssen die Jagd- und Fangeinrichtungen intensiviert werden.

Nicht eine einzelne Maßnahme kann in kurzer Zeit das akut gewordene Problem regulieren. Zum Ziel führt das Zusammenwirken möglichst vieler Teilbereiche.

❑ Verlustquellen bei der Heuwerbung

Die Nutzung von Futter als Silage oder Heu bringt Verluste am Feld, am Lager und am Futtertisch. Je länger die Feldzeit dauert, und je mehr Arbeitsgänge notwendig sind, desto höher sind die Verluste. Für die Gewinnung von inhaltsreichem Dürrfutter ist neben einem rechtzeitigen Schnitt vor allem eine möglichst rasche und schonende Feldtrocknung entscheidend. Bei der Bodenheuwerbung muss die Trocknung so gründlich sein, dass es zu keinen nennenswerten Verlusten durch das Nachschwitzen (Fermentation) im Heustock kommt (vergleiche Tabelle 39 auf der nächsten Seite).

Massen- und Qualitätsverluste

- **Massenverluste** entstehen durch am Feld liegen gebliebene Futterteile, hauptsächlich durch die **Bröckelung**, aber auch durch mechanischen Abrieb beim Laden/Entladen.
- **Qualitätsverluste** entstehen durch eine Verminderung der Nährstoffkonzentration im geernteten Futter (z. B. durch Atmung, Auswaschung).

Eine Einschätzung der Verlusthöhe ist für den Landwirt nur schwer möglich, da jede Verlustart sowohl die Masse wie auch die Qualität negativ beeinflusst. Durch die Bröckelung wird weniger Futter geerntet, als zum Zeitpunkt des Mähens vorhanden war. Die Bröckelverluste beeinflussen in negativer Form aber auch die Qualität, da in erster Linie die feinen und zarten Pflanzenteile davon betroffen sind. Zwangsläufig verschieben sich daher die Inhaltsstoffe der Futterkonserve in folgende Richtung: Weniger leicht verdauliche organische Masse mit einem höheren Prozentgehalt an Gerüstsubstanzen.

Ähnlich, aber meistens nicht so krass in der Auswirkung, verhalten sich die Atmungs-, Auswasch- und Fermentationsverluste.

❑ Atmungsverluste 1–10 %

Eine möglichst rasch einsetzende Trocknung und gleichmäßige, intensive Anwelkung des Futters unmittelbar nach dem Mähen sind das oberste Gebot der Erntetechnik. Mit fortschreitender Trocknung (bei 30–35 % TM) wird die Intensität der Atmungsprozesse reduziert. Betroffen sind in erster Linie die leicht löslichen Kohlenhydrate und das Protein.
Der sachgemäße Einsatz des Futteraufbereiters, dem die 4–6 Stunden mit der besten Trocknungszeit folgen müssen, und das sofortige Zetten fördern die Abgabe der Feuchtigkeit. Bereits etwa 2,5 Stunden nach dem Zetten ist der günstigste Zeitpunkt für das erste Wenden erreicht.

In der Futteraufbereitung stecken noch enorme Reserven und es gilt durch eine verbesserte Arbeitstechnik noch viel aufzuholen. Mit Aufbereitern geerntetes Futter kann einen um 0,2 MJ NEL/kg TM höheren Energiegehalt als konventionell geerntetes Futter aufweisen.

❑ Bröckelverluste

6–10 % bei optimalen Bedingungen
10–20 % bei durchschnittlichen Bedingungen
20–30 % bei ungünstigen Bedingungen, Schlechtwetter

Die Bröckelverluste unterliegen den größten Schwankungen und können die Erntemasse wie auch deren Qualität gravierend vermindern.

Tabelle 39: **Mögliche Nährstoffverluste und ihre Auswirkungen bei der Heubereitung**

Art der Verluste	Höhe der Verluste	Auswirkungen	Maßnahmen zur Verlustminderung
Atmung	1–10 % (Ø 4 %)	Energieverlust	• Mähaufbereiter • Rasche Anfangstrocknung durch häufiges Wenden am ersten Trocknungstag
Werbeverluste durch ... ... Bröckelung	6–10 % optimale Bedingungen	Der Nährwert der verloren gegangenen Blattteile ist höher als der des Erntegutes!	• Ausgewogene Grünlandbestände mit einem Grasanteil von 50–70 % anstreben • Dem Welkegrad angepasste Bearbeitungsintensität (je trockener, desto schonender) • Aufbereiter auf Pflanzenbestand abstimmen (knicken oder quetschen) und gezielt einsetzen • Mehrmals Kreiseln am ersten Tag, möglichst wenig und schonend am zweiten Tag • Gärheu und Belüftungsanlagen • Pressung im Erntewagen vermeiden • Schonender Umgang im Bergeraum
... Abrieb	10–20 % mittlere Bedingungen	1. Masseminderung	
... Pickup	20–30 % ungünstige Bedingungen Schlechtwetter	2. Qualitätsminderung durch Verluste von Energie, Eiweiß, Mineralstoffen, Vitaminen, Aromastoffen	
Schlechtwetterverluste, (Auswaschverluste)	Abzüge an NEL MJ/kg TM: 1 Tag Regen – 0,2 2 Tage Regen – 0,4 ab 3. Trocknungstag je Tag – 0,2	Masse- und Qualitätsminderung durch Verlust an Energie, Eiweiß etc. Verlust an organischer Masse	• Silierverfahren besonders beim 1. Schnitt und spätem letzten Schnitt ausweiten • Heugewinnung nur auf Restflächen • Aufbereiter verringern das Wetterrisiko • Heubelüftungsanlagen • Bereitung von Gärheu
Erwärmung am Heustock (Fermentation bei 35–100 °C)	0–35 % bis 2 MJ pro kg TM	• Verluste durch den Abbau organischer Masse • Hohe Qualitätsverluste durch Abbau von Energie, Eiweiß etc. • Verschimmelung	• Gräserreiche Bestände anstreben, denn kräuterreiche neigen eher zum Nachschwitzen • Aufbereiter gezielt einsetzen • Belüftungsanlagen: Temperatursonde und Hygrometer verwenden • Automatische Steuerungen
Barren- und Krippenverluste	0–40 %	Fressunlust durch grobe Stängel oder verdorbenes Futter	• Diese Reste nicht auf der Düngerstätte entsorgen oder als Einstreu verwenden; Gefahr der Ampferverschleppung; separate Kompostierung wäre ideal

Dem entgegenzuwirken ist vor allem bei klee- und kräuterreichem Futter eine Herausforderung, während die ausgewogenen und gräserreichen Bestände weniger stark betroffen sind. Nicht unerheblich ist auch die Art des verwendeten Aufbereiters und seine Einstellung. In blattreichen und zarten Futterbeständen sind quetschende Geräte den Zinkenrotoren überlegen.

Ab einem Trockenmassegehalt von unter 40–50 % kann das Kreiseln die größten Verluste verursachen, vorwiegend wenn nach zu langen Intervallen bearbeitet wird. In diesem Fall steht ein an der Oberfläche stark gewelktes Futter („Rauschen des Futters“) einer darunterliegenden Schichte mit zum Teil noch vollkommen frisch-grünen Pflanzen gegenüber. Gleichmäßig durchgewelktes und insgesamt noch zähes Futter ist wesentlich bröckelstabiler und lässt sich am zweiten Trocknungstag problemloser bearbeiten.

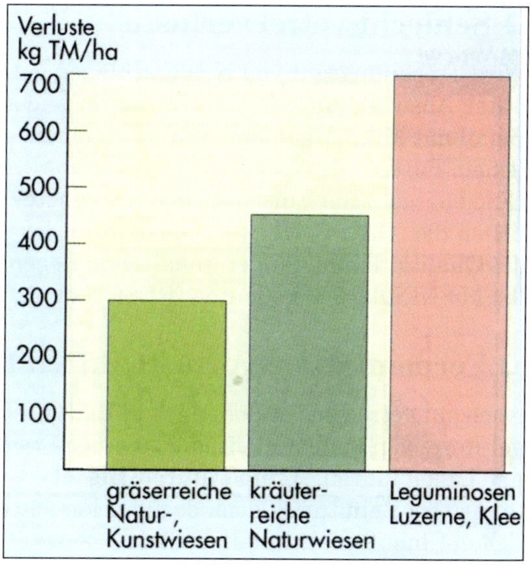

Grafik 51: ***Pflanzenbestände und Feldverluste in einem Erntejahr pro ha*** *(HÖHN, 1989)*

Alle 2,5–3 Stunden kreiseln. Am ersten Tag so oft wie nötig, am zweiten so wenig wie möglich. Zu lange Intervalle provozieren geradezu Bröckelverluste!

Bei einem Arbeitsgang können bis zu 100 kg TM/ha verloren gehen, daher ist die Arbeitsgeschwindigkeit mit der Höhe der Drehzahl der Zapfwelle auf den Welkegrad des Futters abzustimmen.

Durch Ernteverzögerung bei Schlechtwettereinbrüchen können die Verluste bis auf das Dreifache ansteigen. Die Grafik 52 gibt einen Überblick über die Verlusthöhe bei den einzelnen Konservierungsverfahren bei gleichen Bedingungen und Pflanzenbeständen.

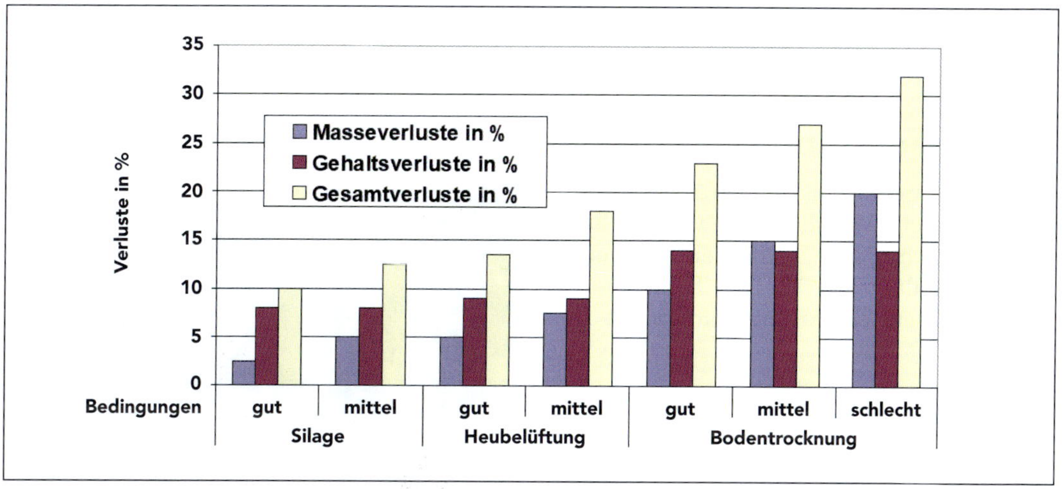

Grafik 52: ***Verluste nach Konservierungstechnik und Konservierungsverfahren*** *(HÖHN, 1989)*

❑ Schlechtwetterverluste

Wird Trocknungsgut von Niederschlägen getroffen, so leidet das gesamte Nährstoffspektrum unter Auswaschung. Der Schwund an leicht verdaulicher organischer Substanz durch den Befall mit Mikroorganismen führt zu einem gering- bis hochgradigen Verlust an unbekömmlichem Futter.
Eine energetische Einschätzung verregneter Futterpartien für die Rationsgestaltung ermöglichen die „ÖAG-Futterwerttabellen für den Alpenraum". Kurzer, leichter Regen beeinflusst die Qualität kaum, länger anhaltende Regenfälle können eine Energieverringerung von 0,2–0,4 MJ NEL/kg TM bedeuten (RESCH et al., 2017).

❑ Fermentationsverluste durch Erwärmung am Heustock

Auch gut getrocknetes Bodenheu enthält noch im Inneren der dickwandigen Halme und Stängel Reste von Feuchtigkeit, die zu einer Erwärmung (Mikroorganismentätigkeit) des Futters am Lager führen. Temperaturen **bis etwa 35 °C** sind als **unvermeidlich** zu betrachten (außer bei Belüftung), doch darüber kommt es zu einer „heißen Fermentation" mit empfindlichen Einbußen an Inhaltsstoffen.

Am Futterabbau beteiligen sich neben den Hefepilzen stets auch Schimmelpilze, die bei Manipulation des Futters und der Verfütterung zu vielfachen Belastungen von Mensch und Tieren führen. Weißlich, silbrig gefärbte Blätter und Stängel weisen darauf hin.

Braune, tabakähnlich riechende Blätter weisen auf eine **heiße Fermentation** von über 60 °C hin, diese stammt von der Karamellisierung des Zuckers. Früher wurde sogar angenommen, dass die Erzeugung von Braun- und Brennheu wegen seines Geruches für die Tiere von Vorteil sei. Heute wissen wir, dass jegliche Erwärmung von Futter negative Auswirkungen auf die Inhaltsstoffe zur Folge hat.

Olivgrüne Heufarbe ist ein Qualitätsmerkmal, während eine Fermentation im Heustock braunes Futter ergibt.

Wenn die Gefahr der Selbstentzündung (über 120 °C) besteht, darf am Heustock nur unter Anwesenheit der Feuerwehr (Heuwehrgeräte) manipuliert werden.

1.2 Heubereitungsverfahren

Bei der Erzeugung von Heu wird frisches Futter mit einem Wassergehalt von 80–85 % durch verschiedene Techniken auf einen Feuchtegehalt von ca. 12–14 % herabgetrocknet. Ab diesem Trocknungsstadium ist Heu lagerfähig.

Der Arbeitsaufwand für Heugerüste ist beträchtlich, aber die Futterqualitäten konnten auf diese Weise in den unsicheren Wetterperioden gegenüber der Bodentrocknung verbessert werden.

Für die Gewinnung von Heu werden verschiedene Wege beschritten. Neben der Ausnutzung des Schönwetters für die Bodentrocknung werden auch aufwendige technische Verfahren, die Verluste und Wetterrisiko mindern sollten, angewandt.

Wir unterscheiden folgende **Verfahren**:
- Bodenheuwerbung
- Gerüsttrocknung
- Kaltheubelüftungen ohne dichte Seitenwände
- Kaltheubelüftungen mit Flachrost und Box
- Heubelüftungen mit Lufterwärmung
- Heubelüftungen mit einer Luftentfeuchter-Wärmepumpe

❑ Bodenheuwerbung

Dies ist die **traditionellste Form der Heugewinnung**, die am meisten von Schönwetterperioden abhängig ist, es braucht dazu mindestens **3–4 Schönwettertage**.

Gute Grundfutterqualitäten sind primär durch einen zeitgerechten Schnitt erzielbar. Mit dem ersten Schnitt, insbesondere in den Berggebieten, muss oft wegen der zu dieser Zeit noch nicht ausreichenden Temperaturen und schlechter Wetterbedingungen zugewartet werden.

Besser im Ertrag stehende Wiesen laufen jedoch bei einer Nutzungsverzögerung Gefahr, aus dem optimalen Qualitätsstadium hinauszuwachsen. Die „Verholzung" der Pflanzen verläuft wesentlich rascher als bei Wiesen mit geringer Nährstoffzufuhr. Wenn die Witterung die Heubereitung zulässt, befinden sich diese Pflanzenbestände meist schon nach dem Qualitätsreifestadium. Auch bei guter Witterung sind dann zwangsläufig wegen des späten Schnittzeitpunktes eher nur mehr mittlere Qualitäten erzielbar. Für eine Silagebereitung reichen zu dieser Zeit die wenigen Schönwettertage aus, um viel gutes Futter zu konservieren.

Die Bodentrocknung verlangt trockenes und warmes Wetter, damit das Grünfutter in 2–3 Tagen zu Trockenfutter (Heu, Grummet) wird.

Der zweite und dritte Schnitt – sie sind auch nutzungselastischer – finden fast immer in einer Zeitspanne mit wesentlich günstigeren Temperaturen bei stabileren Wetterphasen für die Heubereitung statt und daher sind gute Qualitäten beim „Grummet" leichter zu erreichen.

Die Bodenheuwerbung birgt sicherlich viele Gefahren und Nachteile, wird aber meist negativer beurteilt, als sie tatsächlich ist. In Kombination mit der Silowirtschaft und für Betriebe mit extensiver Bewirtschaftung wird sie ihren Platz halten – und gut geworbenes Bodenheu ist immer noch bekömmlicher als Heu von einer überforderten Belüftung.

Schwächen der Bodentrocknung
- Hohe Verluste hauptsächlich durch Bröckelung und Nachschwitzen am Heustock
- Hohes Wetterrisiko und lange Zeitspanne für das Abernten
- Gefahr der Selbstentzündung

Bodenheu und Rundballenernte

Rundballenpressen werden in verstärktem Maße auch bei der Ernte von Heu eingesetzt. Rundballen sind auf einfache Weise zu manipulieren und können dadurch in kurzer Zeit unter Dachvorsprüngen oder in Scheunen zwischengelagert werden. Weiters stellt Rundballenheu eine beliebte handelsfähige Ware dar und die Arbeiten am Lager wie auch beim Füttern geschehen unter geringer Staubbelastung.

Die Gewinnung von einwandfreiem Rundballenheu ist die Königsdisziplin unter allen Heuwerbemethoden. Die Ballen müssen locker gepresst werden, damit feuchte Luft aus dem Ballen bei stirnseitiger Lagerung entweichen kann. Eine Einlagerung auf Paletten wäre ideal.

Bei loser Lagerung beträgt das Raumgewicht von Bodenheu die ersten Tage am Stock etwa 50 kg/m^3, während bei Rundballen je nach Pressdruck das Raumgewicht 120–150 kg/m^3 beträgt. Rundballen geben daher im Vergleich zu losem Heu **längere Zeit Restwasser** ab (Nachschwitzen). In dieser Zeit erwärmen sich die Ballen und bieten Schimmelpilzen ein Milieu mit idealen Vermehrungsbedingungen.

Dieser Gefahr, die stets unterschätzt wird, begegnet man am ehesten, indem das Heu **erst am dritten Schönwettertag eingebracht** wird. Auch das „Auslüften“ der Rundballen mit einem starken Luftdurchzug in der ersten Woche bringt erhebliche Vorteile. Werden mehrere Lagen von Rundballen in der Nachschwitzphase übereinander gestapelt, erhöht sich durch den Druck die Tätigkeit der Schimmelpilze ebenso wie bei walzenförmiger Lagerung.

Den Vorteilen der Rundballen steht eine Reihe von Nachteilen gegenüber. Im Gegensatz zu Silageballen soll hier der Pressdruck nicht über 40–50 bar gehen. Eine Endbelüftung der Heuballen könnte jedes Risiko einer Fermentation und Verschimmelung nehmen.

Gerüsttrocknung

Durch den **hohen Arbeits- und Materialaufwand** ist diese Form der Trocknung nur mehr vereinzelt anzutreffen. Wichtig ist, dass zwischen Boden und aufgerüstetem Futter kein Kontakt besteht, da anderenfalls das in den Stängeln und Halmen ansteigende Kapillarwasser die unteren Futterschichten immer wieder befeuchtet und qualitativ abwertet.

Gerüste für frisch gemähtes Grünfutter:
- Schwedenreuter
- Schnurreuter, Rollenreuter, Stangenreuter

Gerüste für vorgewelktes Futter:
- Natur- und Kunsthiefler
- Schlaghainzen
- Heuhütten

Heubelüftungen

Im Bestreben, die gewichtigsten Nachteile der Bodentrocknung (Wetterrisiko, Bröckelung) zu minimieren, wurden um 1960 die ersten Heubelüftungen eingeführt. Von den ursprünglichen Typen sind kaum mehr welche in Betrieb, da diese Art der Werbetechnik ständig verbessert wurde.

Vorteile von Belüftungsanlagen

- Feuchtem Erntegut wird durch das Belüften das restliche Wasser entzogen. Je nach Kapazität der Anlage kann das Welkheu schon mit einem Feuchtigkeitsgehalt von 50 % nach 1–2 Sonnentagen eingefahren werden.
- Welkheu besitzt je nach Feuchtigkeitsgehalt geschmeidigere Blätter, wodurch sich die mechanisch verursachten Verluste verringern.
- Durch die Belüftung findet gleichzeitig eine Kühlung statt, wodurch die Gär- und Fermentationsvorgänge beim Heustock reduziert werden und gleichzeitig die Gefahr von Heustockbränden gemindert wird.
- Fachgerecht belüftetes Heu ist weitgehend frei von Schimmelpilzen.
- Durch das Belüften kann der Schnittzeitpunkt rechtzeitig durchgeführt werden, wodurch wesentlich mehr Nährstoffe gewonnen werden.
- Belüftungsfutter spart je nach Anwelkgrad 1–2 Arbeitsgänge und belastet daher die Grasnarbe weniger.
- In nur Heu fütternden Milchviehbetrieben stellt die Belüftung wohl die einzige Möglichkeit zur Erzeugung von Qualitätsfutter dar.

Das „Energieheu" der Heumilchbauern stellt eine neue Dimension in der Heubereitung dar.

Nachteile von Belüftungsanlagen

- Die Installation von Belüftungen erfordert erhebliche Investitionen.
- Neben den Anlagekosten treten Betriebskosten (Stromgebühren, Energiebedarf zur Lufterwärmung etc.) auf.
- Das Gebläsegeräusch stört in geschlossenen Siedlungen und bei Gästebeherbergung.
- Ohne Verteilergebläse oder Kran ist die lockere Verteilung im Belüftungskasten kaum möglich. Alte Greifer und die Handverteilung führen meistens zu einem Verdichten des Welkheus. Der Luftstrom verteilt sich im teilweise vorverdichteten Futter ungleich – verdorbene Stellen sind die Folge.
- Belüftungsanlagen sind in ihrer Kapazität begrenzt.

Das Überfordern der Anlage durch zu große Erntemengen oder zu geringes Vorwelken ist ein weit verbreitetes und unterschätztes Übel.

Die Vorteile der Belüftungen kommen oft nur beschränkt zur Geltung, da die überproportional ansteigenden Betriebskosten bei schlechteren Qualitäten das Grundfutter verteuern. Die Belüftungstechnik ist ziemlich ausgereift, doch erliegt der Betriebsführer zu häufig der Versuchung, bei Schönwetter die Erntemenge bzw. bei Schlechtwettergefahr den nötigen Feuchtigkeitsgrad zu überschreiten.

❑ Kaltbelüftungen ohne dichte Seitenwände

Diese Auslaufmodelle aus den Anfängen der Belüftung sind nur für druckschwache Axialgebläse und geringe Stockhöhen geeignet. Die einfache und kostengünstige Bauweise gewährleistet aber nicht, dass die Trocknungsluft auch durch das zuoberst aufgeschichtete Welkheu strömt. Ein hoher Anteil des Luftstromes entweicht unproduktiv durch die unteren Schichten bereits getrockneten Futters.
Zur Lüftercharakteristik der Axialgebläse zählt die hohe Luftmengenleistung bei geringer Druckstabilität. Ihr Wirkungsfaktor ist daher gering und die Leistungsgrenze wird bei einem Feuchtigkeitsgehalt von 20–25 % erreicht.
Zu dieser Belüftungsgruppe zählen Giebelrost, Ziehlüfter, Ziehkanal und Heuturm.

Kaltbelüftungen mit Flachrost und Belüftungsbox

Kasten- und Boxenbelüftungen werden mit druckstärkeren und druckstabilen Radiallüftern betrieben. Sie gewährleisten, dass auch noch durch die obersten Heuschichten genügend Luft geblasen wird und sorgen so für einen störungsfreien Trocknungsverlauf. Der Rost mit seinen dichten Seitenwänden gewährleistet, dass die Trocknungsluft von unten nach oben strömen muss. So wird sie gezwungen, auch die zuletzt aufgebrachte Schichte von Welkgut mit einem höheren Strömungswiderstand zu passieren.

Dieses System ist auch für größere Grundflächen (sogar über 100 m²) und Höhen bis 5 m sehr gut geeignet. Der Aufwand für den Bau einer stabilen Box wird durchwegs unterschätzt. Versteifungen und Abstützungen erhöhen die Stabilität und damit auch die Dichtheit der Box. Je mehr der Belüftungskasten gefüllt wird, desto höher wird der Druck und alsbald bilden sich Ritzen und Klüfte. Durch diese entweichen enorme Mengen an Belüftungsluft, da diese den Weg des geringsten Widerstandes geht. Die Dichtheit des Belüftungskastens bedarf allergrößter Aufmerksamkeit und ständiger Kontrolle, denn Belüftungsluft ist teuer.

Mithilfe von Belüftungsanlagen können die Verluste (Bröckel- und Fermentationsverluste) vermindert und die Futterqualitäten erhöht werden.

Heubelüftungen mit Lufterwärmung durch die Dachfläche

Diese Art der Belüftungstechnik wird auch Solartrocknung, Kollektorbelüftung oder Belüftung mit Dachabsaugung genannt. Zur Verbesserung des Wirkungsgrades gewöhnlicher Kaltbelüftungsanlagen wird ein unter der Dachhaut erwärmter Luftpolster abgesaugt und zur Belüftung verwendet. Diese Technik nutzt die Sonnenenergie mit einfachsten Mitteln und kann in geeigneten Lagen mit einem relativ geringen Aufwand den Nutzeffekt der Belüftung enorm steigern. Das Umrüsten bestehender Kaltbelüftungen erfolgt in den meisten Fällen problemlos, weshalb ein gründliches Abchecken der betrieblichen Gegebenheiten auf diese Möglichkeit hin lohnend ist.

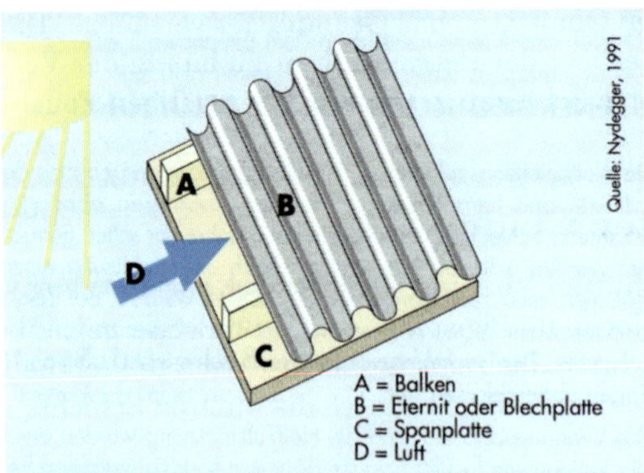

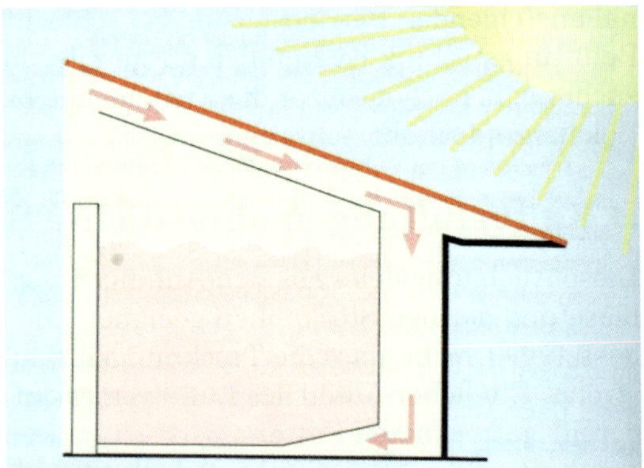

Grafik 53 und 54: ***Aufbau einer Solarbelüftung und Arbeitsprinzip eines Kollektors. Links Kollektor – rechts System einer Heubelüftung*** *(NYDEGGER, 1991)*

Zum Absorbieren der Sonnenenergie sind am besten Dachhäute wie Wellblech, Welleternit, Eternit, Dachziegel u. Ä. geeignet. Die Dachhaut darf allerdings nur auf Latten liegen und nicht auf einer isolierenden Bretterverschalung.

Angestrebt wird eine Lufterwärmung um mindestens 5 °C, wodurch die Trocknungsfähigkeit annähernd verdoppelt wird.

❑ Lufterwärmung durch Wärmetauscher

Für die Energiegewinnung kann zur Erwärmung der Trocknungsluft unter mehreren Quellen gewählt werden.

Die aus Hackschnitzelheizungen oder Biogasanlagen gewonnene Energie lässt sich auch für die Warmheubelüftung nutzen, wenn der Brennkessel und die Belüftung in geringer Entfernung stehen. Für die Lufterwärmung sind ähnlich wie bei der Solartrocknung etwa 5 °C anzustreben, um die Heubelüftung kostenbewusst und ökologisch betreiben zu können.

Kriterien kurz gefasst:
- Von der Witterung unabhängiger Betrieb möglich
- Leitungsverluste sind von der Gebäudeentfernung abhängig
- Höherer Investitionsbedarf als bei Solardächern

❑ Heubelüftung mit einer Luftentfeuchter-Wärmepumpe

Nach ihrem Wirkungsprinzip sind diese Anlagen auch unter dem Begriff „Kondensationsbelüftungen“ bekannt. Sie arbeiten nach dem Prinzip einer Wärmepumpe, bei der ein Kompressor einen Kühlmittelkreislauf aufrechterhält. Mittels Lamellenkühler wird die Ansaugluft bis zum Taupunkt abgekühlt und verliert dabei einen Großteil ihrer Feuchtigkeit in Tröpfchenform (Kondensationsvorgang). Dieses Kondensationswasser wird in einer Rinne gesammelt und abgeleitet. Diese Lamellenkühler entziehen der Luft (> 70 % RLF und bei 20 °C) Wasser. Bei feuchter und sehr warmer Witterung kann sich die Kondensationskapazität deutlich erhöhen.

Die durch diesen Vorgang abgekühlte und bereits trocken gewordene Luft wird nun durch die Lamellen des Kondensators (Nachwärmer des Kältemittelkreislaufes) gesaugt, wobei die aus der Luftentfeuchtung gewonnene Energie durch das Kältemittel zu einer Erwärmung um etwa 2–6 °C genutzt wird.

Eine durch einen Kondensator entfeuchtete Luft kann mehr Feuchtigkeit aus dem Heu entziehen als unbehandelte Luft. Durch die Nacherwärmung im Kondensator erfährt dieser Effekt eine zusätzliche Steigerung (= weitere Senkung der Luftfeuchtigkeit).

Diese Funktionsweise bewirkt auch, dass dem Erntegut (Heu, Getreide, Mais u. a.) größere Mengen an Feuchtigkeit, in kürzerer Zeit und vom Wetter unabhängig, entzogen werden können als bei den übrigen Systemen. Im Gegensatz zu anderen Anlagen findet sowohl am Tag wie auch während der Nachtstunden eine gleichmäßige Trocknung statt. Die Vorteile dieser Belüftung kommen besonders bei regnerischem Wetter, geringer Sonneneinstrahlung, feuchter Luft sowie an Nebeltagen zum Tragen. Hier ist die Überlegenheit der Kondensationsbelüftung am größten, da trotzdem trocknungsfähige Luft erzeugt wird. Damit kann auch die Lüfterleistung vergleichsweise niedrig gehalten werden, da die fortwährende Trocknung mit einer gleichzeitigen Erhöhung des Luftwiderstandes das Heu am Zusammensacken hindert.

Die Verwendung entfeuchteter Luft zur Trocknung von Welkheu mit einem Gehalt von 40–50 % H_2O erlaubt die Ernte von „Ein-Tag-Heu“. Bereits 24–28 Stunden nach dem Mähen und dem Einsatz eines Aufbereiters kann die Belüftung mit diesem extrem feuchten Erntegut beschickt werden. Unter peinlich genauer Befolgung aller Belüftungsregeln lässt sich bestes Qualitätsheu – „Energieheu“ – erzeugen. Werden aber Beschickungsfehler begangen, so wirken sich diese durch die hohe Erntefeuchte besonders gravierend aus. Überlastungen durch zu hohe tägliche Erntemengen sind auch durch die aufwendigste Technik nicht zu bewältigen.

❑ Rundballen – Heubelüftung

Die Rundballen-Heuernte liegt aus arbeitstechnischen Gründen im Trend der Zeit. Die Nachteile dieser Werbungsart versucht man durch Belüftung in den Griff zu bekommen. Gepresstes Heu liegt jedoch im Grenzbereich der Luftdurchlässigkeit und stellt daher höchste Anforderungen an Erntetechnik und Belüftungsanlage. Gebräuchlich sind Anlagen mit Luftverteilerkanälen und aufgesetzten Metallringen, welche der Luftverteilung im Ballen dienen. Zur Verbesserung der Trocknungsleistung werden verstärkt Luftentfeuchter-Wärmepumpen und auch Warmluft von Wärmetauschern eingesetzt.

Futter und Presse

Gräserreiches und strukturiertes Futter gewährt durch die geringere Dichtlagerung eine günstigere Luftführung als jüngeres, zartes und kleereiches Futter, wenn der Pressdruck nicht zu hoch eingestellt war. Pressen mit konstanter Kammer verdichten den Kern des Ballens weniger stark. Diese Heuballen eignen sich daher eher für Ballenbelüftungen als jene von Bandpressen. Als günstiger Druck hat sich der Bereich von 40–50 bar herausgestellt, wobei je nach Futterart zu variieren ist. Ältere und schon beinahe trockene Partien mit einem Gehalt von etwa 80 % TM gewähren bei 50 bar Arbeitsdruck eine ausreichende Luftführung, während bei einem geringen Trocknungsgrad mit diesem Druck keine gleichmäßige Luftverteilung im Ballen mehr zu erreichen ist. Vor zu geringem Vorwelkgrad und zu hohem Arbeitsdruck sei gewarnt, da zumindest einzelne Ballen auch bei doppelter Belüftungszeit nicht fertig zu trocknen sind. Gefährdet sind besonders etwa 20 cm der äußeren Schichte in der oberen Ballenhälfte.

Wird das Futter während der Pressung von etwa 7–10 Messern geschnitten, begünstigt dies die Wasserabgabe bei einer Erhöhung des Ballengewichtes. Über 10 Messer einzusetzen ist weniger ratsam, da durch die fehlende Verflechtung der Halme und Stängel die Ballen beim Manipulieren leicht brechen.

Bei der Rundballentrocknung fallen pro Ballen rund 40–60 l Wasser an.

Vorwelkgrad

Bei über 35 % Wassergehalt stoßen wir auch mit 40 bar Pressdruck an die Grenzen des Machbaren und je Ballen sind etwa 60 l Wasser zu verdunsten. Im Bereich von etwa 30 % Feuchtigkeit kann der Pressdruck bei gut strukturiertem Futter leicht erhöht werden, doch liegt der Idealbereich für 50 bar erst bei einem Feuchtigkeitsgehalt des Futters von 25 % und darunter.

Ernte- und Belüftungstechnik

Nur möglichst gleichmäßig durchgetrocknetes Futter sichert eine gute Luftverteilung im Ballen. Während des Erntevorganges zeigen Pressen mit höherem Bedienungskomfort die Druckverhältnisse im Ballen und damit den günstigsten Aufnahmebereich an – eine wichtige Hilfe für optimale Belüftungsergebnisse. Der druckstabile Lüfter muss je Ballen und Stunde ca. 1.500 m³ Luft fördern.

Es ist zu empfehlen, die Heustöcke und Heuballen auf Temperatur und Restfeuchte zu kontrollieren.

2. SILAGE- UND GÄRHEUBEREITUNG

Die Silage- und Gärheuzubereitung verursacht in der Regel geringere Kosten und Nährstoffverluste als die Trockenfutterbereitung. Außerdem ist die Abhängigkeit vom Wetter geringer und die arbeitstechnische Schlagkraft (auch über den Maschinenring) größer als bei der Heubereitung. Aus diesen Gründen und angesichts der Erfahrung, dass Silage und Gärheu in der Fütterung gut einsetzbar sind, nimmt die Konservierung über die Ansäuerung eine wichtige Rolle in der Vorratshaltung über die vegetationslose Zeit ein.

Die Landwirte haben in den letzten Jahren sehr viel Wissen und Erfahrungen beim Silieren dazugewonnen.

Voraussetzungen für das Gelingen von Silage und Gärheu:
- Zeitgerechte Ernte (Ähren-/Rispenschieben)
- Angepasster Anwelkgrad
- Saubere Futtergewinnung (trockene Mahd, Mähtiefe 5–7 cm)
- Kurze Häcksellänge (wegen Restluft)
- Beste Verteilung im Silo (Luftsäcke)
- Optimale Verdichtung
- Totaler Luftabschluss (Planen, Folien etc.)
- Der pH-Wert sollte in den ersten 2–5 Tagen rasch abgesenkt und dann stabil gehalten werden.
- Buttersäure- und Essigsäurebakterien sind durch saubere Ernte und luftfreie Lagerung großteils zu vermeiden.
- Die gewünschte Milchsäuregärung muss optimale Bedingungen vorfinden:
  - Zuckerkonzentration im Futter heben (zeitgerechte Mahd, hoher Blattanteil, Anwelken etc.)
  - Kurze Häcksellänge, beste Verdichtung und garantierter Luftabschluss
- Salze, Säuren sowie Bakterienpräparate (Impfung des Siliergutes) als Zusätze können die Konservierung verbessern.

Österreichweite Beobachtungen und Erhebungen zeigen, dass es nicht nur „Silagemeister“ gibt, sondern auch viele Betriebe, bei denen noch erhebliche Mängel in der Silage- bzw. Gärheuproduktion auftreten. Die nachfolgende Gegenüberstellung von Schwachstellen in der Silierkette vom Feld bis zur Fütterung mit den Lösungsansätzen sollte von jedem Landwirt als Checkliste verwendet werden, um seine angewandte Routine zu überprüfen und wenn notwendig zu verbessern.

Besondere Schwachstellen in der Praxis	Lösungsansatz – Silierregeln beachten!
• Entartete Pflanzenbestände mit großen „erdigen" Lücken in der Grasnarbe • Mahd von feuchten Beständen (Haftwasser durch Regen oder Tau) • Tiefer Schnitt und tiefe Geräteeinstellungen (Gefahr der Futterverschmutzung) • Zu später Nutzungstermin (erst zur Blüte der Leitgräser) • Spät genutztes und grobes Futter, zu starke Anwelkung • Zu geringe Zerkleinerung bei grobem und stark angewelktem Futter • Hohe Schlagkraft am Feld stimmt nicht mit der Schlagkraft im Silo überein, ungenügende Verteilung und Verdichtung • Zu späte Folienabdeckung, erst am nächsten Tag nach der Einbringung • Falsche Produktwahl, zu geringe Mengen, ungenügende Dosierung und Verteilung von Silierzusätzen • Zu große Anschnittfläche bei zu geringem Vortrieb und Verbrauch an Silage bzw. Gärheu	• Grünlandverbesserung mittels Über- oder Nachsaat – harmonischer Pflanzenbestand mit einer dichten Grasnarbe als Basis für bestes Grundfutter • Nur abgetrocknetes Futter mähen • Nur sauberes Futter ernten, Mindestschnitthöhe 5–7 cm, Mäh- und Werbegeräte richtig einstellen • Zum richtigen Zeitpunkt mähen, insbesondere beim ersten Aufwuchs (Ähren- und Rispenschieben) • Ersten Aufwuchs bei Grassilage zwischen 30 und 35 % TM, die Folgeaufwüchse gleichmäßig auf 30–40 % TM anwelken, das Gärheu weist Anwelkgrade von 50–75 % TM auf • Je gröber und trockener das Futter, desto mehr zerkleinern (bis zu 2 cm Häcksellänge günstig) • Anlieferungsmenge zeitlich besser auf die Siloarbeit abstimmen (Walzfahrzeug) • Kurze Feldliegezeiten anstreben, aber nicht um jeden Preis innerhalb eines Tages silieren • Sorgfältige, rasche Walzarbeit und Abdeckung • Wenn Silierzusätze verwendet werden, dann richtig und sachgerecht einsetzen • Wöchentlicher Vorschub im Fahrsilo von 70 cm (Winter) und 140 cm (Sommer), im Hochsilo täglich 10–20 cm

2.1 Gärverlauf

Die pflanzliche Zusammensetzung der Futterpartien, die Inhaltsstoffe des Futters sowie speziell das Verhältnis Zucker : Rohprotein sind entscheidend für den Verlauf der Gärung. Nicht nur für den energetischen Futterwert, sondern auch für die pH-Wert-Absenkung sind die Verhältnisse (Verluste durch Veratmung, Bröckelverluste etc.) am Feld von Bedeutung.

Kommen die Futterpartien in den Silo bzw. in den Siloballen, so veratmen die Pflanzen den noch vorhandenen Restsauerstoff und sterben dann ab. Danach tritt der zuckerhaltige Zellsaft aus und dient den Bakterien als Futter. Die Milchsäurebakterien, die im Frischfutter zahlenmäßig höchstens 1–2 % der Gesamtkeimzahl betragen, können sich unter Luftabschluss und bei 20 °C rasch vermehren und so die Gärung bestimmen. Unter hervorragender Ausnützung der vorhandenen Energie produzieren sie Milchsäure. Diese ist für die pH-Wert-Absenkung auf 4,0–5,5 verantwortlich.

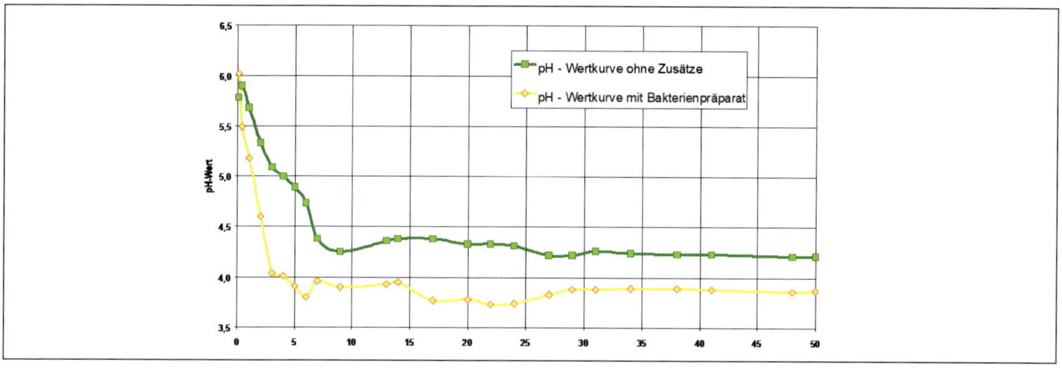

Grafik 55: ***Zeitliche pH-Wert-Absenkung bei Grassilage mit und ohne Bakterienpräparate*** *(BUCHGRABER, RESCH 1992)*

Zucker in den Pflanzen	Milchsäurebakterien ⟶ (anaerob)	Milchsäure + CO_2	Ansäuerung ⟶	pH-Wert sinkt

Bis eine Silage bzw. ein Gärheu stabil ist und geöffnet werden kann, dauert es 3–6 Wochen (je nach Futterart). Wird ein Silo bzw. Ballen zu früh geöffnet, so besteht die Gefahr des „Umkippens", d. h., die gebildete Milchsäure kann von den Gärschädlingen (Hefe- und Schimmelpilzen) abgebaut und dadurch der pH-Wert auf über 6,0 angehoben werden. Bei der Ballensilage spielt dieser Vorgang bei rascher Verfütterung keine allzu große Rolle.

Achtung bei Hoch- und Tiefsilo!
Die Erstickungsgefahr durch hohe Konzentrationen an Kohlendioxid (CO_2), insbesondere in den Hoch- und Tiefsilos, stellt eine große Bedrohung menschlichen und tierischen Lebens dar. CO_2 fällt bei Haupt- und Nachgärung als Nebenprodukt der Gärung an. Das CO_2-Gas kann durch unsere Sinnesorgane nicht wahrgenommen werden (unsichtbar, geruchlos). Es ist schwerer als Luft. Die tödliche CO_2-Konzentration von über 10 % ist bereits wenige Stunden nach der Befüllung erreicht. Bei Nitrosegasen besteht erst einige Tage nach dem Befüllen die größte Gefahr. Daher immer Vorsicht bei der Nachsilierung!

Die **Lebensansprüche der am Gärverlauf beteiligten Mikroorganismen** werden von drei wesentlichen **Kriterien** bestimmt:
- Sauerstoffbedarf
- Säureverträglichkeit, kritischer pH-Wert
- Temperaturanspruch

Der Betriebsleiter kann die gärbiologischen Abläufe über die pflanzenbaulichen, organisatorischen und technischen Maßnahmen mitbestimmen, indem er dafür sorgt, dass **genügend Pflanzenzucker verfügbar** ist. Es muss die Luft im Siliergut bestens ausgepresst (gewalzt) und ein sicherer Luftabschluss erreicht werden. So wird rasch und nachhaltig über die Milchsäuregärung genügend Säure gebildet. Die erforderliche sauerstofffreie Atmosphäre (anaerob) ist das wesentliche Kriterium bei der Silierung.

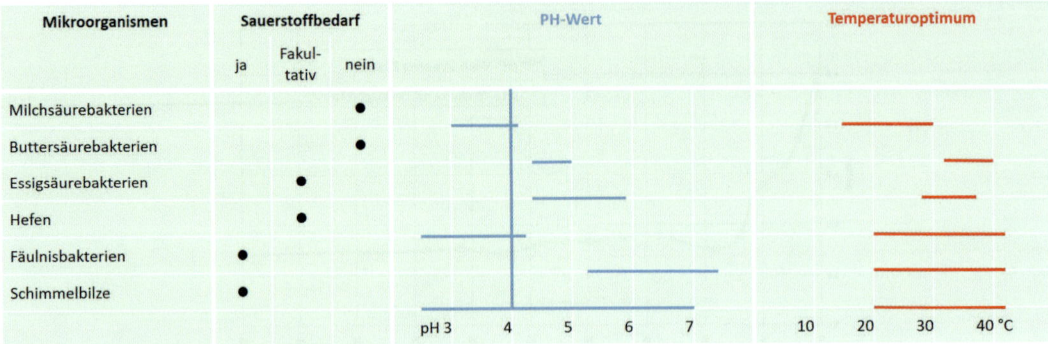

Grafik 56: ***Lebensansprüche der Mikroorganismen*** *(vereinfacht) nach THÖNI (1988)*

❑ Milchsäuregärung

Die Milchsäurebakterien sollen die Gärung im Futterstock tragen sowie rasch und nachhaltig die konservierende Milchsäure bilden. Ein **Milchsäure/Essigsäure-Verhältnis von 4–5 : 1** zeigt die erwünschte Milchsäuregärung an.

Der pH-Wert sinkt infolge der Milchsäuregärung (je nach Anwelkgrad) bis zu einem bestimmten Wert ab. Dabei werden mit Ausnahme der Hefen alle anderen Mikroorganismen ausgeschaltet, zuletzt sogar die Milchsäurebakterien selbst. Langkettige Kohlenhydrate wie Zellulose oder Stärke sowie Proteine und Vitamine werden von den Milchsäurebakterien nicht abgebaut.

Aus diesen und weiteren Gründen ist die Milchsäuregärung erwünscht. Milchsäure ist ein hochwertiger Nährstoff für die Tiere; sie verhindert als Konservierungsmittel die Proteinzersetzung. Bei der Umwandlung von Zucker zu Milchsäure geht nur sehr wenig Energie verloren (nur 3 %). In der alternativen Grünlandnutzung kann diese Milchsäure abgepresst werden und als Rohstoff vielfältige Verwendung (Reinigungsmittel, Konservierungsstoffe für Lebensmittel etc.) finden.

Traunsteinsilo sind in den größeren Betrieben Standard für eine rasche und saubere Ernte.

Wenn während der Lagerung im Futterstock der Säuregrad nicht aufrecht gehalten werden kann, kippt die Silage um. Durch schleichenden Lufteintritt (Loch in der Folie, undichter Silobehälter etc.) bzw. Kohlendioxid-Verlust sowie durch den Abbau der Milchsäure steigt der pH-Wert wieder an, und bakterieller wie auch pilzlicher Verderb setzen ein.

2.2 Fehlgärungen

Als Gegenspieler und Nahrungskonkurrenten zu den Milchsäurebakterien können folgende Gärschädlinge auftreten:

- Buttersäurebildner (Clostridien)
- Essigsäurebildner (Enterobakterien und Colibakterien)
- Fäulnisbakterien und Proteinzersetzer
- Schimmel- und Hefepilze

❑ Buttersäuregärung

Die Buttersäurebakterien (Clostridien) sind überall im Boden verbreitet und gelangen durch erdige Verschmutzung in den Futterstock. Die sehr vielseitigen Buttersäurebakterien, die gleich wie die Milchsäurebakterien anaerob sind, können Folgendes bewirken:

Bildung von Buttersäure aus Pflanzenzucker bzw. aus Milchsäure, wobei ein Energieverlust bis zu 20 % auftritt.

Abbau von Protein und Entstehung von Aminen sowie Ammonium als nicht erwünschte Endprodukte.

Die Lagerung von Ballensilage auf festem Untergrund soll auch sicherheitstechnisch, insbesondere wenn spielende Kinder am Hof sind, geklärt sein.

Buttersäure wie auch Ammoniak und Amine beeinträchtigen den Geruch und bei hoher Konzentration auch den Geschmack der Silagen wesentlich.

Die Clostridien sind strikt sauerstofffeindlich und bevorzugen feuchtes Material (Nass bzw. Feuchtsilagen) sowie höhere Temperaturen von 30–35 °C. Sie sind säureverträglich, aber nur bis zu so genannten kritischen pH-Werten:

- Nass- und Feuchtsilagen bis höchstens pH 4,2
- Anwelksilagen und Gärheu bis höchstens pH 4,5

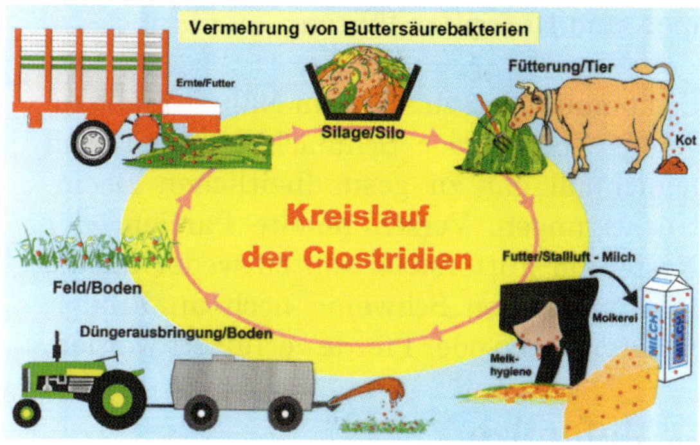

Grafik 57: ***Kreislauf der Clostridien vom Boden bis ins Nahrungsmittel***

Bei Anwelksilagen und Gärheu verhindert mit zunehmendem Trockenmassegehalt der osmotische Druck eine Buttersäuregärung.

Die Clostridien sind auch die Verursacher von Spätblähungen im Hart- und Schnittkäse und waren ursprünglich der Grund für das „Silageverbot" bei der Milchlieferung in Hartkäsereigebieten.

Mit einer sauberen Melkhygiene können Clostridien von den Zitzen und dem Euter entfernt werden, damit sie nicht in der Rohmilch landen, wo sie extreme Probleme in der Milchverarbeitung, insbesondere in der Hartkäseproduktion, bereiten.

❑ Essigsäurebildung

In der Anfangsphase des Gärverlaufes treten Enterobakterien und verstärkt auch Colibakterien auf. Sie produzieren neben Essigsäure und Ethanol auch CO_2. Dabei werden viel Wärme und Energie frei. Zusammen mit der Restatmung der im Futterstock absterbenden Pflanzen sind die **Essigsäurebakterien** deshalb neben den **Hefepilzen** für die **Erwärmung** verantwortlich. Für Milchsäurebakterien ist dieser Temperaturbereich (> 30 °C) ungünstig, für Gärschädlinge geradezu ideal. Die Essigsäure sticht bei der Bewertung scharf in die Nase. Verschiedene Milchsäurebakterienstämme produzieren neben Milchsäure auch etwas Essigsäure.

Eine leichte Essigsäure (< 3,0 %) stört die Futteraufnahme nicht und wirkt in der Konservierung stabilisierend. Die Essigsäurebakterien sind fakultativ, d. h., sie können mit oder ohne Luft leben (siehe Grafik 56)

❑ Fäulnisbakterien und Proteinzersetzer

Die Fäulnisbakterien gehören zu den luftliebenden (aeroben) Mikroorganismen und kommen im Grünfutter in großer Zahl vor. Bei Luftabschluss und Säurebildung werden sie rasch und vollständig ausgeschaltet. Die Proteinzersetzer können das Eiweiß bis zu Ammoniak abbauen, was wiederum den pH-Wert ansteigen lässt. Nass- und Feuchtsilagen sowie Futterpartien mit hohem Proteingehalt (z. B. Kleegräser) sind hierbei stark gefährdet.

❑ Schimmelbildung

Die Schimmelpilze wachsen bei Luftzutritt oder ausreichender Restluft im Futterstock. Eine unzureichende Verdichtung bei älterem und grobstängeligem Futter sowie bei hohen Anwelkgraden, insbesondere bei Gärheu, kann zu einer raschen Zunahme der **Schimmel**- und **Hefepilze** führen.

Schimmel- und Hefepilze brauchen Sauerstoff. Schon der kleinste Zutritt von Luft oder auch ein zu hoher Restluftanteil im Silostock fördern diese Gärschädlinge.

Es kommt dabei zu starkem Nährstoffabbau, einem Verlust der Schmackhaftigkeit und manchmal gar zu gesundheitlichen Beeinträchtigungen. Verschimmelte Partien oder Nester im Futterstock sollten weder an die empfindlicheren Schweine noch an Rinder, Schafe, Ziegen oder Pferde verfüttert werden.

❑ Hefepilze

Hefen in der Silage und im Gärheu sind für den Vorgang der Nacherwärmung, fälschlich Nachgärung genannt, verantwortlich. Die Hefen sind aerob und hoch säuretolerant. Sie beteiligen sich anfänglich an der Alkoholgärung, wobei die entstehenden Geschmacksstoffe durchaus positiv zu werten sind. Kommt es durch eine zu langsame Kohlensäurebildung oder einen schleichenden Luftzutritt im Futterstock nicht zur Ausschaltung der Hefen, so können diese sich stark vermehren. Die Stabilität solcher Silagen ist nach der Öffnung und bei der Entnahme extrem gefährdet.

Der Restzucker und die Milchsäure werden bei vollem Luftzutritt durch explosionsartige Vermehrung der Hefen verbraucht. Dadurch wird eine kräftige **Nacherwärmung** ausgelöst. Da gleichzeitig auch der pH-Wert ansteigt, entstehen plötzlich günstige Bedingungen für alle möglichen Mikroorganismen, was Fehlgärungen zur Folge haben kann. Nährstoffreiche und gut vergorene Silagen (Silomais, CCM und Körnersilagen) sind davon insbesondere bei zu geringen täglichen Entnahmemengen betroffen. Propionsäure kann als Hilfsmittel gegen das Risiko der Nacherwärmung auf der Anschnitt- und Oberfläche eingesetzt werden.

Die Milchsäuregärung im Futterstock liefert uns Milchsäure als hochwertiges Konservierungsmittel. Alle Fehlgärungen verbrauchen Zucker, Milchsäure etc. und sind sowohl im Silo oder im Ballen sowie in der Fütterung unerwünscht.

Tabelle 40: **Auswirkungen der Mikroorganismen in den Silagen**

Milchsäurebakterien*	→ Milchsäurebildung, z. T. auch Essigsäure	→ angenehmer Geruch	**Gewünschte Werte je g Futter** Grassilage: > 100.000–1 Mio.	
			Werte in den Silagen und im Gärheu	
			tolerierbar	**ungünstig**
Essigsäurebildner	→ Essigsäurebildung, z. T. auch Alkohol	→ stechender, saurer Geruch	unter 3,0 % in der TM	über 4,5 % in der TM
Buttersäurebakterien = Clostridien*	→ Buttersäurebildung, z. T. auch Proteinabbau zu Ammoniak	→ unangenehmer, stinkender Geruch	unter 0,3 % in der TM < 10.000	über 1,2 % in der TM > 10.000
			je g Futter	
Proteinzersetzer und Fäulnisbakterien	→ Proteinabbau zu Ammoniak und Amide	→ stechender, reizender Geruch, Fäkalgeruch	Anteil Ammoniak zu Gesamtstickstoff	
			unter 10 %	über 15 %
Schimmelpilze*	→ Schimmelbildung	→ muffig, derber Geruch	< 10.000	> 10.000
			je g Futter	
Hefepilze*	→ Alkoholgärung Nacherwärmung	→ alkoholischer Geruch	< 100.000	> 100.000
			je g Futter	

* Werte laut Dr. Adler, AGES

2.3 Silierregeln und Siliertechnik

❑ Rechtzeitiger und richtiger Erntezeitpunkt

Die Schönwetterperioden während der Erntezeit sind meist kurz. Deswegen müssen vor dem richtigen Erntezeitpunkt bzw. vor dem Erreichen des richtigen Entwicklungsstadiums auf dem Feld und beim Silo alle Vorkehrungen getroffen werden, die für die Ernte eine schlagkräftige und sorgfältige Arbeit zulassen (PÖLLINGER et al., 2000).

Vorbereitungen

- Silo sorgfältig reinigen und falls notwendig Schutzanstrich erneuern
- Ablauf und Auffanggrube für Sickersäfte kontrollieren
- Geräte zur Mahd, Werbung und Ernte einsatzbereit halten
- Silobeschickungsgeräte vorbereiten
- Bei Ballensilagen alle organisatorischen Vorkehrungen treffen
- Falls nötig, Silierzusätze besorgen

Befinden sich **rund 50 % der Leitgräser** (Knaulgras oder Goldhafer) **am Beginn des Ähren- bzw. Rispenschiebens**, so kann mit **guten Silage- und Gärheuqualitäten** gerechnet werden. Der Gerüstsubstanzanteil und die Zellwandbestandteile liegen in diesem Vegetationsstadium bei rund 45–51 % (siehe Grafik 28), das Futter kann dabei noch bestens verdichtet werden und besitzt auch ausreichend Zucker für die Milchsäurevergärung. Alle übrigen Inhaltsstoffe, Mengen- und Spurenelemente sowie Vitamine liegen in der Regel bei diesem Nutzungszeitpunkt in hohem Maße vor.

Eine frühzeitige Mahd im Vegetationsstadium „Ende Schossen" bringt zwar noch bessere Qualitäten, doch der ökonomische Ertrag ist nicht immer gegeben. In weiterer Folge gehen bei der Vielschnittstrategie (mehr als vier Schnitte pro Vegetationsperiode) die Pflanzenbestände ein.
Eine spätere Mahd im Vegetationsstadium „Blüte" liefert keine Qualitätssilage, da sowohl der Gehalt an Inhaltsstoffen als auch die Gärqualität stark abfallen. Bei später Mahd und hohem Anwelkungsgrad (Gärheu größer 60 % TM) ist mit einer Verschimmelung zu rechnen.

Rechtzeitig beim Ähren- und Rispenschieben ernten bringt gute Voraussetzungen für beste Gärqualität und erfolgreiche Fütterung.

❑ Sauberes Futter ernten

Ein Hauptproblem in der Praxis ist oft eine starke erdige Verschmutzung des Futters. Sauber geerntetes Futter weist einen Rohaschegehalt von generell unter 10 % bzw. 100 g/kg TM auf (vergleiche Grafik 32, Kapitel B). In der Praxis findet man aber nicht selten Werte bis zu 15 % und mehr. In diesen durch Erd- und Mistbeimengungen verursachten Verschmutzungen befindet sich eine große Anzahl von Gärschädlingen, die von der Vergärung (z. B. Buttersäure) bis hin zur Fütterung und Milchqualität (z. B. Clostridien) große Probleme bereiten.

Der Feldhäcksler bereitet das Futter optimal auf. Das vom Feldhäcksler aufbereitete Futter lässt sich gut verdichten und weist auch eine raschere und bessere Vergärung auf. Diese Technik ist allerdings nicht überall einsetzbar.

Daher:

- Dichte Grasnarben mit einem hohen Untergrasanteil anstreben und Lücken rasch nachsäen.
- Mähgeräte richtig auf eine Schnitthöhe von 5–7 cm einstellen (kein Rasierschnitt, besonders wichtig bei Feldfutter).
- Werbegeräte (Kreisel, Schwader und Pickup) auf der Grasnarbe „tanzen" und nicht kratzen lassen.
- Abgetrocknetes Futter mähen (erst am Vormittag oder am Nachmittag mähen) – speziell bei „verwühlten" Wiesen.
- Rechtzeitig mit der Mausbekämpfung beginnen (z. B. Sitzstangen für Greifvögel aufstellen, mechanische Fallen legen).
- Nicht zu früh im Frühjahr abschleppen, nicht im Ergrünen, sondern beim Bestocken.
- Auf erdigen Grasnarben bevorzugt Finger- oder Doppelmessermähwerke einsetzen.
- Erdiges, verschmutztes Futter stärker anwelken, nicht zu feucht silieren.
- Vorplatz beim Fahrsilo befestigen, ansonsten Erde im Profil.
- Gleichmäßige Ausbringung und Verteilung der Wirtschaftsdünger; Gülle mit Wasser verdünnen und Miste im Frühjahr anreiben.

Sauberes Futter vergärt besser und führt bei rechtzeitiger Ernte durch bessere Qualität auch zu höchsten Futteraufnahmen.

❑ Richtiger Trockenmassegehalt (Anwelkgrad)

Durch die Verdunstung des in der Pflanze gebundenen Wassers erhöht sich die Zuckerkonzentration im Zellsaft. Die Vergärung läuft rascher (innerhalb von 5 Tagen) und intensiver ab. Anwelksilagen weisen einen besseren Futterwert auf, werden in größeren Mengen gefressen und erbringen auch bei frühzeitiger Nutzung eine günstigere Strukturwirksamkeit in der Fütterung. Anwelksilagen bereiten keine Probleme durch Gärsaftverluste, die bei Anwelkgraden unter 28 % TM auftreten.

Tabelle 41: **Bedeutung des Anwelkgrades für die Vergärung**

Nass- bis leichte Anwelksilage	Anwelksilage	Gärheu
< 28 % TM	30–35 (40) % TM	> 40 (50–80) % TM
Große Sickersaft-Verluste und Gefahr der Buttersäuregärung	Optimalbereich	Hefe- und Schimmelpilze Nacherwärmung

Ein starkes Anwelken (über 50 %) führt zu Gärheu. Hier braucht es eine perfekte Verdichtung. Bei Anwelkgrade von > 70 % sollte das Pressen von Ballen in die Nachtstunden verlegt werden, da das halbtrockene Futter mit Tau versetzt wird und sich besser pressen lässt.
Der Anwelkverlauf hängt natürlich sehr stark von der Witterung (Temperatur, Luftfeuchtigkeit, Wind etc.) und auch von der zu trocknenden Futtermenge ab. Durch den Einsatz von Mähaufbereitern kann dieser Abtrocknungsprozess beschleunigt werden.

Mit der Wringmethode kann bei einiger Übung der Trockenmassegehalt rasch ermittelt werden. Hier stellen gerade Landwirte ihr Können unter Beweis.

Tabelle 42: **Praktisches Erkennen des Anwelkgrades beim Futter**

Praktische Überprüfung des Anwelkgrades vor Silierbeginn	
20–28 % TM Nass- bzw. leichte Anwelksilage	Hier tritt bei kräftigem Händedruck Pflanzensaft aus; aus dem Futter tropft Wasser, die Hände sind stark befeuchtet. Der Futterknäuel bleibt nach dem Auspressen geschlossen.
28–40 % TM Normale Anwelksilage	Die Hände werden nur bei stärkstem Pressen und kräftigem Winden feucht – gegen 40 % TM tritt bei Auswinden kein Pflanzensaft mehr aus. Die Blätter sind welk und hell, die Stängel noch grün. Der gepresste Futterknäuel geht wieder leicht auf. Die Hände fühlen sich so an, als ob sie „schwitzen“ würden.
40–50 % TM Starke Anwelksilage	Trotz starken Auspressens und Windens bleiben die Hände nahezu trocken – es tritt kein Pflanzensaft mehr aus. Blätter sind noch elastisch, Stängel und Halme sind welk und sehr zäh – Futter lässt sich schwer mit der Gabel stechen.
Über 50 % TM Gärheu	Zarte Blätter fast trocken, Stängel nur mehr innen feucht. Das Futter beginnt leicht zu rascheln und hellt auf. Die ersten Blätter beginnen zu bröckeln.

❑ Optimale Zerkleinerung, Verteilung und Verdichtung

Eine Zerkleinerung, insbesondere von stark angewelktem und/oder etwas zu spät gemähtem bzw. grobem Futter, bringt den großen Vorteil, dass eine Verdichtung leichter erfolgen kann und ein rascher Gärverlauf möglich ist.

Der mit einer Zerkleinerung verbundene Zellaufschluss erleichtert die Milchsäuregärung und beschleunigt die Säurebildung.

Die bessere Zerkleinerung wirkt Erwärmungen (= Nährstoffverluste durch Pflanzenatmung) und den gefürchteten Fehlgärungen entgegen. Die Strukturwirksamkeit ist bei Silagen mit einer Anwelkung von mehr als 30 % TM selbst bis zu einer Futterlänge von nur 1–2 cm noch gegeben.

Damit im Silostock überall eine luftfreie (anaerobe) Atmosphäre entstehen kann, muss das Futter auch gut verteilt eingebracht werden. Bei der Kranbefüllung treten fallweise Luftsäcke auf. Oftmals ist eine ergänzende Handverteilung notwendig. Das Futter sollte sich beim Befüllen nicht allzu stark entmischen und eine Kegelbildung an der Wand sollte verhindert werden. Das Stampfen oder Treten an den Silowänden (Hochsilo) bzw. das Befahren mit Walzgeräten bis zur (schrägen) Silowand (Traunsteinsilo) trägt sehr viel zum Siliererfolg bei.

Eine bestimmte Schwadgröße, die richtige Fahrgeschwindigkeit und der optimal eingestellte Druck der Presse sollten bei der Produktion von Rundballen beachtet werden.

Man beachte beim Verdichten:

- Nur bei guter Verdichtung wird die Luft ausreichend und nachhaltig aus dem Futterstock verdrängt. Dadurch ist sichergestellt, dass
- die Atmung des Futters rasch zu Ende geht und damit verbundene Nährstoffverluste vermindert sowie
- umgehend optimale Bedingungen für die Entwicklung der erwünschten Milchsäurebakterien im Futterstock geschaffen werden.

Die Luft muss raus!

Besonders bei der Fahrsilobeschickung ist darauf zu achten, dass dem Walztraktor genügend Zeit zur ordentlichen Verdichtung bleibt. Das gilt speziell für arrondierte Betriebe und bei Ladewagen mit hoher Anlieferleistung.

Tabelle 43: **Ernteverfahren, Anlieferleistung und Walzgewicht (PÖLLINGER et al., 2003)**

Ernteverfahren*	Anlieferleistung in ha/h	Walzgewicht in t
30 m³ Kurzschnittladewagen	1,5	4,2
45 m³ Kurzschnittladewagen	2,5	7,0
60 m³ Kurzschnittladewagen	4,0	11,2
Feldhäcksler	6,0	16,0

*(2.800 kg TM/1. Schnitt, arrondierte Hoflage)

❑ Befüllzeiten

Die ratenweise Silobefüllung fördert die Gärschädlinge, weshalb nach Möglichkeit in einem Zug befüllt werden sollte. Dabei geht es aber nicht um Arbeitsproduktivität, sondern ausschließlich um die Gärfutterqualität (Tempo im Dienste der Qualität). In den Fahrsilo sollten pro Tag mindestens 50 cm gewalztes Siliergut eingebracht werden. Der Silo sollte über Nacht abgedeckt werden (Hochsilos am nächsten Tag vor Arbeitsbeginn wegen der Gase gründlich lüften). Siliergut sollte nicht länger (z. B. über Nacht) auf dem Wagen liegen gelassen werden, da es sonst zu Erwärmung à Zuckerverlusten à Fehlgärungen à Qualitätsverlusten kommt. Rundballen sind am besten sofort, längstens aber nach 3–4 Stunden nach dem Pressen zu wickeln und nach Möglichkeit stehend am Hof (auf der Stirnseite) zu lagern.

❑ Abdecken

Der Sauerstoffentzug stellt eine wichtige Maßnahme zur Steuerung der Gärvorgänge im Silo sowie im Siloballen dar. Praktisch hält man die Luft vom Siliergut fern, indem man den gesamten Futterstock gut verdichtet und die oberste Futterschicht luftdicht abdeckt. Die Abdeckung erfolgt mit einer UV-beständigen Plastikfolie und einem Schutzvlies oder -gitter. Bei der Ballensilage sind beim ersten Aufwuchs sowie bei Futter aus Ackerfutterschlägen, insbesondere bei Luzerne, sechsfache und bei Folgeaufwüchsen vierfache Stretchfolienlagen zum völligen Luftabschluss notwendig.

Die Arbeit am Silo ist die wichtigste. Gut verteilen, verdichten und luftdicht abschließen sind Grundvoraussetzungen für die rasche Gärung im Futterstock.

Es darf keine Luft hinein!

❑ Auf ordnungsgemäße und ausreichende Entnahme achten

Bis zur Öffnung des Silos ist eine **Gärdauer** von mindestens **3 Wochen** abzuwarten und beim Einsatz nitrithaltiger Siliermittel muss eine Wartezeit von **4 Wochen** eingehalten werden. Rundballen, die innerhalb von 3 Tagen verfüttert werden, können bereits **10 Tage** nach der Silierung geöffnet werden.

Beim Fahrsilo sind im Winter mindestens 70 cm Vorschub pro Woche (im Sommer das Doppelte) über die gesamte Anschnittfläche notwendig.
Im Hochsilo sind 10–20 cm Entnahmetiefe pro Tag die untere Grenze. Es ist darauf zu achten, dass der im Silo verbleibende Futterstock nicht aufgelockert wird (Achtung bei Kranentnahme).

Werden diese Vorgaben nicht eingehalten, ist mit Nacherwärmung und Futterverpilzung zu rechnen. Bei Siloneubauten muss daher die Anschnittfläche der Behälter unbedingt auf den silageverzehrenden Viehbestand abgestimmt werden. Dies trifft vor allem auf Sommersilage zu.

❑ Zusammenfassung der Silierregeln

1. Beim Silieren ist auf Sorgfalt in der Vorbereitung und eine entsprechende Sauberkeit in der Arbeitsweise zu achten. Eine zeitliche Abstimmung zwischen den Arbeitsgängen ist notwendig.
2. In den teuren Siloraum bzw. die Siloballen gehört nur energiereiches, hochwertiges und sauberes Futter. Kein verregnetes Heu mangels Schönwetter silieren!
3. Die Luft muss rasch und vollständig aus dem Futter verdrängt werden, daher kurz häckseln, zügig einfüllen, optimal verteilen, gut verdichten und luftdicht abdecken.

2.4 Ganzjahressilage

Acker-Grünland-Betriebe, aber auch reine Grünlandbetriebe mit Milchwirtschaft, insbesondere mit Hochleistungstieren, haben in den letzten Jahren auf den ganzjährigen Silageeinsatz umgestellt. Durch die oft extreme Streulage der Futterflächen scheidet eine Beweidung aus. Die oft hohen Niederschläge in den Weidegebieten führen zu Trittschäden und zu ungleichem Futterangebot, welche mit der Silagebereitung verhindert werden können.

Die Silagen für die Fütterung in der Vegetationszeit können im Hoch-, Tief- oder Fahrsilo sowie auf der Siloplatte hergestellt und entnommen werden. Die Ballensilage bietet sich besonders für die rechtzeitige Nutzung auch von kleineren Feldstücken sowie für die Verfütterung in kleineren Herden an.

Durch die hohen Temperaturen im Sommer werden an die Stabilität der geöffneten Silage höchste Anforderungen gestellt. Ausreichende Futterentnahme notwendig!

Vorrangig müssen **Maßnahmen** gesetzt werden, **die einer Erwärmung und einem Verderb des Futters entgegenwirken**:

- Schlagkraft
- Geringster Verschmutzungsgrad
- Einwandfreies Futter
- Schmälere, dafür längere Fahrsilos/ Siloplatten
- Ausgereifte Silier- und Entnahmetechnik
- Größerer Vortrieb bei der Entnahme
- Einsatz von Propionsäure beim Anschnitt und auf der Futteroberfläche sowie an den Rändern

Dies alles zählt zu den wichtigsten Kriterien, die von Silierprofis eingehalten werden.

Die Ganzjahressilage ist dem Silierprofi vorbehalten. Nacherwärmungen in der warmen Jahreszeit und bei zu geringem Vortrieb können zum Problem werden.

Die Ganzjahressilage stellt die höchsten Anforderungen an die Fachkenntnisse des Betriebsführers, da sich Fehler im Konservierungsbereich besonders krass auswirken.

Sommersilage: Mit Siloballen kein Problem – im Fahrsilo oder auf der Siloplatte „die Königsdisziplin"!

2.5 Silierzusätze

Der Landwirt muss dafür sorgen, dass die Silierregeln 100%ig eingehalten werden und der arbeitstechnische Ablauf zeitlich abgestimmt ist. Liegt ein sauberes, feines, gut gehäckseltes und gut angewelktes Futter vor, so ist bei den üblichen Gras-Leguminosen-Kräuter-Mischbeständen kein Silierzusatz notwendig.

Treten allerdings durch schlechtere und unerwartete Witterung oder im Pflanzenbestand Probleme auf, oder besteht der Wunsch nach zusätzlichen Nährstoffen selbst im Futter, so können zur Optimierung der Milchsäuregärung bzw. zur rascheren pH-Wert-Senkung Silierzusätze in optimaler Dosierung und Verteilung verabreicht werden. Flächengrößere Betriebe können eher auf die mit bester technischer Ausstattung für den Einsatz von Silierzusätzen gerüsteten Maschinenringe zugreifen. Bergbetriebe mit ihren kleinen Strukturen verfügen diesbezüglich über geringere Rationalisierungsmöglichkeiten.

Schlampige Arbeit und schlechtes Futter können durch einen Silierzusatz niemals wettgemacht werden.

In Tabelle 44 wird erläutert, zu welchen Futterpartien welche Silierzusätze anwendbar sind. Die Marktübersicht über die Silierhilfsmittel kann unter RESCH (2017) sowie https://gruenland-viehwirtschaft.at gewonnen werden. Die Liste und die Vielfalt der spezifischen Mittel ist groß. Bevor man einen Einsatz von Silierzusätzen in Erwägung zieht, sollte man das aktuelle Angebot studieren.

ACHTUNG! Ausreichende Mengen und vor allem eine genaue Verteilung mittels Dosiereinrichtungen sind entscheidend für eine wunschgemäße Wirkung der Silierzusätze. Der Zusatz kann nur dort wirken, wo er hingebracht wird. In der Praxis mangelt es an optimalen Verteileinrichtungen!

Ohne exakte Dosierung und Verteilung können Silierzusätze ihre Wirkung nicht entfalten.

Tabelle 44: **Anwendungsbereiche für Silierzusätze** (Stand 2017)

Risikosilagen	**1. Situation:** Leguminosenreicher Futterbestand, insbesondere Klee oder Kleegrasmischung bzw. Luzerne oder eiweißreiche, junge Futterpartien, sauber geerntet, **ausreichend angewelkt**. **Geeignete Silierzusätze:** Zusätze auf Basis von Zucker (z. B. Melasse, Rübenschnitzel etc.)
	2. Situation: Futter nicht bzw. schwach angewelkt (z. B. unsichere Wetterlage) **Geeignete Produktpalette:** Zusätze auf der Basis von Säuren und Salzen
	3. Situation: Spät gemähtes Futter (in der Blüte der Leitgräser), **grobes und teilweise verschmutztes Futter**; bereits zu Nacherwärmung neigende Silagen; auch bei Sommersilagefütterung **Geeignete Produktpalette:** Zusätze auf Basis von Säuren und Salzen sowie Kombinationsprodukte
Verbesserung des Futterwertes	**4. Situation:** Bestes, **leicht silierfähiges Futter**, rechtzeitig gemäht, gut angewelkt (30–40 % TM) und sauber geerntet sowie gut verdichtet und abgedeckt = d. h. optimale Silierbedingungen **Geeignete Produktpalette:** Hier sind Bakterienprodukte mit unterschiedlichen Stämmen in Abstimmung mit dem Siliergut einsetzbar.

2.6 Siloformen

Der Einsatz der einzelnen Siloformen hat in den letzten Jahrzehnten eine starke Veränderung erfahren. Waren es in den 50er bis 70er Jahren die Hoch- und Tiefsilos, so wurden in den 80er Jahren die Fahrsilos forciert und in den 90er Jahren kam die Ballensilage stark auf.

❑ Hochsilo und Tiefsilo

Für kleinere Betriebe, insbesondere in Berglagen, wo nur ein geringes Platzangebot vorhanden und die Schlagkraft über den Maschinenring nur schwer zu verbessern ist, stellt der Hochsilo auch heute noch eine brauchbare Bauart dar. Mittlere und größere Betriebe sollten den Hochsilo langfristig durch andere Verfahren ersetzen, da die Errichtung von Hochsilos teuer, die Mechanisierung und Handarbeit aufwendig und die Maschinenringtauglichkeit unbefriedigend ist. Der „moderne" Tiefsilo hat unter bestimmten Situationen in Kombination mit Krananlagen an Bedeutung gewonnen.

❑ Flachsilo und Traunsteinsilo

Die ältere Generation der Flach- bzw. Fahrsilos war gekennzeichnet durch eine massive Bauweise, eine geringe Breite und relativ hohe Seitenwände, die vielfach keine Neigung nach außen aufwiesen. Fahrsilos jüngeren Datums weisen bereits schräge, nach außen geneigte Seitenwände und eine Durchfahrmöglichkeit auf.

Der Traunsteinsilo ist jene Spezialform, die am häufigsten errichtet wird. Die Landwirte schaffen damit unter Einbringung von Eigenleistung gemeinsam mit den Maschinenringen kostengünstigen Siloraum, der den Anforderungen der modernen Befüllungs- und Entnahmetechnik voll gerecht wird.

❑ Siloplatte

Die Vorarlberger Siloplatte ist vom Kostenaufwand wohl die billigste Silobauweise. Sie besitzt keine Seitenwände, wohl aber eine ordnungsgemäße Sickersaftentsorgung über die betonierte Bodenplatte. Der Einsatz, insbesondere bei Sommersilagefütterung, hat sich sowohl bei kleinen als auch bei großen Betrieben bewährt. Die Siloplatte verlangt bestes Management und höchste Sorgfalt. Sie bleibt den Spezialisten unter den Landwirten vorbehalten.

❑ Ballensilage

In den letzten Jahren hat die Produktion von Ballensilage in Österreich kräftig zugenommen. Mit Pressen und Wickelgeräten wird Rundballensilage hergestellt, die gerade für Neben und Zuerwerbsbetriebe, aber auch für größere Betriebe ein flexibles Verfahren darstellt. 1988 wurden in Österreich 77 Ballen, im Jahr 2002 rund 3,5 Mio. Silorundballen und 2017 rund 4 Mio. Ballen meist überbetrieblich hergestellt. Die produzierten Futterqualitäten in den Rundballen sind durchschnittlich gut, jedoch im Allgemeinen nicht besser als von guten Fahr- oder Hochsilos.

Seit dem Jahr 1988 hat sich die Ballensilage in Österreich etabliert. Die Bauern kennzeichnen ihre Ballen nach Herkunft und Qualität.

Jedes Silierverfahren ist so gut, wie es bedient wird. Bei Einhaltung der gärbiologischen Vorgaben kann jedes Verfahren Spitzenqualitäten liefern, es sollte dem Betrieb und dem Tierbesatz angepasst sein.

Pressen von Grassilagen und Gärheu
Es werden viele Pressgerätetypen angeboten. Grundsätzlich ist zwischen Pressen mit variablem Durchmesser (Bandpressen) und solchen mit konstantem Durchmesser (Walzen oder Kammerpressen) zu unterscheiden. Die Pressen mit variablem Durchmesser pressen von innen nach außen mit konstantem Druck und die Variabilität der Ballengröße kann von 0,8–1,8 m^3 Volumen gut gesteuert werden. In der Praxis sind Rundballen mit 1,3–1,5 m^3 Volumen üblich. Für einen exakten Pressvorgang sind eine optimale Einstellung der Pressdichte, eine angepasste Fahrgeschwindigkeit und ein exakt gelegter Schwad von größter Wichtigkeit. Unter Einhaltung dieser Forderungen sind beide Presssysteme in der Lage, gute Arbeit zu leisten. Systeme mit Schneideinrichtung können bei etwas überständigem Futter eher noch für einen ausreichenden Pressdruck sorgen.

Je nach Anwelkgrad und Ballengröße sind in etwa 200 kg TM/Ballen Futter enthalten, die Ballen wiegen dabei 500–800 kg.

Wickelmaschinen und Folie
Mit der Verwendung der Stretchfolie und den verschiedenen Wickeltechniken vom Halb- bis zum Vollautomaten gelingt es binnen kürzester Zeit, die Ballen luftdicht zu verschließen. Dabei sollte die **Anzahl der Umhüllungen** bei **mindestens vier**, **beim ersten Aufwuchs** bei **sechs Lagen** liegen. Pro Ballen werden rund 0,7–1,0 kg Folie benötigt, die es zu recyclen gilt. Der Trend geht nach RESCH (2018) bei der modernen Folienproduktion in Richtung Mehrschichtigkeit (mindestens drei Lagen) mit hochwertigen Komponenten, welche in der Reiß- und Durchstoßfestigkeit sowie UV-Stabilität sich verbessert zeigen. Mehrschichtige OB-Folien mit Barriereschichten aus Polyamid oder Ethylen-Vinylalkohol-Copolymer führten zu einer Verbesserung der aeroben Stabilität der Silagen und des Gärheus.

Die **Lagerung** der gekennzeichneten Rundballen sollte **stirnseitig** und ordnungsgemäß auf einem **sauberen, befestigten Lagerplatz am Hof** erfolgen. Beschädigte Folien sollten rasch mit Klebebändern repariert werden. Eine Herkunfts- und Qualitätsbeschreibung in Form eines Kürzels am Ballen erleichtert den Futterzugriff.

K BEWERTUNGEN, EINSCHÄTZUNGEN UND MASSNAHMEN

1. BODENANSPRACHE UND BODENBEPROBUNG MIT BEWERTUNG

1.1 Einfache Bodenansprache für Praktiker

Die Qualität des Grünlandbodens kann im Gelände mit einfachen Hilfsmitteln beurteilt und bewertet werden. Hierbei muss allerdings das Klima (Niederschlag und Temperatur) mitberücksichtigt werden. Die wichtigsten Beurteilungs- und Bewertungskriterien nach BOHNER.

Über ein Bodenprofil lassen sich die einzelnen Horizonte gut ansprechen.

Bodengründigkeit
Tiefgründige Böden sind mehr als 70 cm mächtig. Seichtgründige Böden erreichen eine Mächtigkeit bis zu 30 cm. Seichtgründige Böden können weniger Wasser und Nährstoffe speichern als tiefgründige Böden.

Horizontgrenzen
Allmählich übergehende Horizontgrenzen sind ein Hinweis für eine hohe biologische Aktivität im Dauergrünlandboden. Der oberste Horizont wird mit A bezeichnet, erkennbar an der Humusfarbe. B ist der Übergangshorizont und C der Horizont mit dem Ausgangsgestein für die Bodenbildung.

Humusgehalt und Humusmenge
Je dunkler und mächtiger die oberste Bodenschicht ist, desto höher sind Humusgehalt und Humusmenge im Grünlandboden.

Bodenfarbe
Günstig ist eine gleichmäßig braune Farbe im Boden unterhalb der humusreichen obersten Bodenschicht. Ungünstig ist eine gleichmäßig graue Farbe, insbesondere in kühlen, niederschlagreichen Gebieten oder in Muldenlage, denn sie zeigt eine starke Vernässung im Boden an. Rostflecken sind ein Hinweis für einen deutlichen Einfluss von Grund-, Stau-, Hang- oder Überflutungswasser im Boden. Grund-, Stau- oder Hangwasser erhöhen in warmen, niederschlagarmen Gebieten oft die Qualität des Grünlandbodens. In kühlen, niederschlagreichen Gebieten wirken sie eher qualitätsverschlechternd.

Bodenart
In warmen, niederschlagarmen Gebieten ist ein tonreicher Boden und in kühlen, niederschlagreichen Gebieten ein sandiger Boden günstig.

Struktur im Oberboden
Eine krümelige Struktur im Oberboden zeigt einen lockeren Boden an, während eine plattige Struktur typisch für verdichtete Grünlandböden ist.

Durchwurzelung
Günstig ist eine gleichmäßige, intensive und tiefreichende Durchwurzelung des Bodens. Ungünstig ist eine ungleichmäßige Durchwurzelung oder eine starke Konzentration der Wurzelmasse auf die oberste Bodenschicht. Die Wasser- und Nährstoffvorräte im Boden werden dadurch schlecht ausgenützt.

Kalkgehalt
Der Kalkgehalt im Boden kann mittels 10%iger Salzsäure festgestellt werden. Kalkhaltige Böden brausen nach Anträufeln mit verdünnter Salzsäure stark auf, der pH-Wert liegt dann oberhalb von 6,2 (BOHNER et al., 2002).

1.2 Bodenprobenahme und Bodenuntersuchung

Eine Standortbewertung mit einer Bodenuntersuchung liefert für den Praktiker wichtige Informationen über den aktuellen Nährstoffzustand und bestimmte Bodeneigenschaften wie etwa den pH-Wert. Die Probenziehung auf dem Grünland soll im Frühjahr bei abgetrockneten Böden und vor der Frühjahrsdüngung erfolgen. Es sollte die vorangegangene Düngung (Wirtschaftsdünger oder Mineraldünger) keinen unmittelbaren Einfluss auf das Untersuchungsergebnis haben. Bei der Auswahl der Bodenprobenziehung steht die Homogenität (Einheitlichkeit) der zu beprobenden Fläche im Vordergrund.
Rund **25–30 Einstiche** sollten beim Grünland auf dem ausgewählten „homogenen" Flächen von 0–10 cm und bei Ackerflächen von 0–20 cm stattfinden. **Schüsselbohrer** haben sich dafür im Grünland bestens bewährt. Die Einzeleinstiche werden in einem sauberen Plastikkübel gesammelt und zuletzt gut zu einer „Mischprobe" gemischt. Aus dieser Mischprobe (ohne Steine, Pflanzenreste, Mistreste) nimmt man rund 1 kg und gibt sie in ein beschichtetes Papiersäckchen. Wichtig ist dann eine genaue Beschriftung des Säckchens mit Name, Feldname und Probennummer.

Wichtig ist, dass man sich selbst ein Probenverzeichnis mit Schlagname und Probennummer anlegt. Die einzelnen Labors zur Untersuchung der Bodenproben stellen Prüfungsauftragsformulare zur Verfügung. Die Landwirtschaftskammern und die Maschinenringe bieten hier „Bodenaktionen" im Herbst oder Frühjahr an.

Untersuchungsparameter: pH-Wert, pflanzenverfügbarer Anteil an Kalium und Phosphor, Humusgehalt

Zusätzlich können auch das verfügbare Magnesium, der nachlieferbare Stickstoff, der Carbongehalt und der Tongehalt sowie Spurenelemente im Boden untersucht werden.

❑ Einstufung der Analysenergebnisse

Wichtig ist, nicht nur eine Bodenuntersuchung machen zu lassen, sondern diese auch zu verstehen und sie bestmöglich in der Düngepraxis umzusetzen. Die Richtlinie für die sachgerechte Düngung (BMLFUW, 2017b) gibt hier Werte für die richtige Einstufung der Untersuchungsergebnisse vor.

Mit einem Schüsselbohrer lassen sich Probeneinstiche von 0–10 cm schnell machen.

pH-Wert im Grünland

pH-Wert ($CaCl_2$)	Bodenreaktion	GRÜNLAND Anzustrebender pH-Wert Bodenschwere			ACKERLAND Anzustrebender pH-Wert Bodenschwere		
		Leicht	Mittel	Schwer	Leicht	mittel	Schwer
Unter 5,0	Sauer bis stark sauer						
5,1–6,5	Schwach sauer	Grünlandflächen			Hafer, Roggen, Kartoffeln, alle übrigen Kulturen		
6,6–7,2	Neutral						
Über 7,2	Alkalisch bis stark alkalisch						

Die pH-Werte sollten beim Grünland nicht unter 5,0 abfallen. Ideal wären pH-Werte im Grünland von 5,5–6,5. Feldfutterbau mit Luzerne sollte pH-Werte von 6,5–7,0 aufweisen.

Geht der pH-Wert unter 5,0, sollte gekalkt werden, alle 2–3 Jahre 1.000–1.500 kg/ha kohlensaurer Kalk (BOHNER et al., 2002).

Humusgehalt

Als Humus wird die abgestorbene Masse in und auf dem Boden bezeichnet. Ausgangsstoffe für die Bildung von Humus sind anfallende Pflanzenteile (Ernterückstände, Zwischenfruchtbau), Wirtschaftsdünger sowie Pflanzenwurzeln und Bodentiere.

Einstufung des Humusgehaltes im Acker- und Grünland für Mineralböden

	Niedrig	Mittel	Hoch
Grünland	< 4,5 %	4,6–9 %	> 9 %
Ackerland	< 2,0 %	2,1–4,5 %	> 4,6 %

Im Grünlandboden sollten je nach Schwere des Bodens über 5 % Humus angestrebt werden.

Einstufung Phosphorgehalte im Boden

Gehaltsklasse	Nährstoffversorgung	Ackerland	Grünland
		mg P/1000g	
A	Sehr niedrig	Unter 26	Unter 26
B	Niedrig	26–46	26–46
C	Ausreichend	47–111	47–68
D	Hoch	112–174	69–174
E	Sehr hoch	Über 174	Über 174

Die Phosphorgehalte im Grünland sollten bei 47–68 mg P/1.000 g Feinboden liegen, an wasserlöslichem Phosphor sollten 4,4–8,7 mg P/1.000 g Feinboden im Grünland vorliegen.

Einstufung der Kaliumgehalte in den Böden nach Bodenschwere

Gehaltsklasse	Nährstoff-versorgung	Ackerland mg K/1000g FB			Grünland mg K/1000g FB
		Bodenschwere/Tongehalt (%)			
		Leicht < 15	Mittel 15–25	Schwer > 25	
A	Sehr niedrig	Unter 50	Unter 66	Unter 83	Unter 50
B	Niedrig	50–87	66–112	83–137	50–87
C	Ausreichend	88–178	113–212	138–245	88–170
D	Hoch	179–291	213–332	246–374	171–332
E	Sehr hoch	Über 291	Über 332	Über 374	Über 332

Auf tonreichen (schweren) Böden kann es zur Festlegung von Kalium kommen, dann sollte eine Ausgleichsdüngung dazu erfolgen.

Alle speziellen Hinweise zu den Nährstoffen (Magnesium, Spurenelemente) sowie zur Stickstofffreisetzung im Boden werden eingehend in den Richtlinien für die sachgerechte Düngung (BMLFUW, 2017b) genauestens erläutert (siehe www.bmnt.gv.at).

Die Bodenwerte aus der Bodenuntersuchung sollten von allen Feldschlägen in eine Düngeplanung mit den jeweiligen Ansprüchen der Kulturen einfließen. Das Management mit den anfallenden Dünge- und Nährstoffmengen auf den Kulturen, auf den Flächen in viehhaltenden Betrieben ist wirklich spannend.

Eine gute Düngeplanung und eine laufende Beobachtung der Kulturen im Wachstum, in der Vitalität und im Blattgrün machen gute Pflanzenbauer oder Grünländer aus. Ein gezielter und effizienter Einsatz der Nährstoffe hat höchste ökologische und ökonomische Priorität.

2. AUFNAHME UND BEWERTUNG VON PFLANZENBESTÄNDEN

Der Grünlandbauer sollte die wichtigsten Pflanzenarten ansprechen (also erkennen) können und bei Feldbegehungen die Bestände laufend beobachten und beurteilen. In einem Pflanzenbestand einer Wiese oder Weide steckt eine permanente Dynamik und Entwicklung. Der Grünlandbauer sollte mit seinem Wissen und seinen Erfahrungen mehrmals in der Vegetationszeit über alle Wiesen und Weiden gehen und sich Notizen über die Lückigkeit der Grasnarbe, über die Artengruppenzusammensetzung sowie über wenig geschätzte Arten machen. Daraus kann er frühzeitig Fehlentwicklungen erkennen und Maßnahmen setzen. Er sollte sich folgende Fragen stellen, diese beantworten und danach entsprechend handeln:

- Ist der Bestand ausgeglichen, ist er harmonisch aufgebaut?
- Welche Arten herrschen vor und wie sind die drei Hauptartengruppen verteilt?
- Welchen Anteil haben Gräser, Kleearten und Kräuter im Bestand?
- Ist die Grasnarbe dicht, sind ausreichend Untergräser und Weißklee vorhanden?

- Ist das Grasgerüst insgesamt zu schwach und sind Verbesserungen durch Nach-/Übersaat notwendig?
- Sind gewisse Unkräuter, Platzräuber oder minderwertige Kräuter im Kommen?
- Muss bekämpft, die Bewirtschaftung verändert oder der gesamte Pflanzenbestand erneuert werden?

Am Fuße des Grimmings an der HBLFA Raumberg-Gumpenstein haben schon viele die Bewertung der Pflanzenbestände erlernt.

Jede Wiese, Weide und jedes Feldfutter trägt abhängig von Standort und Saatgutmischung einen eigenen Pflanzenbestand, der sich im Laufe der Vegetationsperiode und über die Jahre durch Wetterbedingungen und Bewirtschaftung (Pflege, Nachsaat, Düngung, Nutzungsform) verändert. Um diese Veränderungen wahrzunehmen, braucht es eine wiederkehrende Aufnahme der Pflanzenbestände, insbesondere der Grasnarben.

2.1 Feststellung der Grasnarbendichte

Wer die Gräser, Kleearten und Kräuter kennt, kann eine Bestandesbeurteilung durchführen. Dadurch können die Leistungsfähigkeit und die Qualität der Wiesen und Weiden eingeschätzt werden. Veränderungen im Pflanzenbestand können frühzeitig erkannt werden. Oberstes Ziel ist es, langfristig die Wiesen und Weiden zu erhalten und gutes Grundfutter zu produzieren.

Besonders im Frühjahr in den Vegetationsstadien „Spitzen" und „Bestocken" sollte die Grasnarbe von allen Wiesen und Weiden beobachtet und bewertet werden. Sind handtellergroße Lücken in der Grasnarbe auf über 10 Fl.-% angestiegen, so sollte eine Nachsaat überlegt werden. Diese Bewertung der Grasnarbe kann nach jeder Ernte wiederholt werden.

Methodische Vorgangsweise
Man nimmt fünf homogene Teilstücke von 2 x 5 m (ca. 10 m^2) auf einer Wiese oder Weide und bewertet die Lückigkeit.

Lückig ist die Grasnarbe dort, wo man bis zum Bodengrund handtellergroße, unbewachsene Flächen sieht. Die Moose zählen nicht zum gewollten Bewuchs und werden auch als Lücke bewertet.

In der Bewertung der Lücken in % schiebt man die gesamten Lückenflächen der Beobachtungsfläche auf diesen ca. 10 m^2 zusammen. Ist dabei 1 m^2 lückig, so sind 10 Fl.-% Lückigkeit hier vorhanden. Sind 2,5 m^2 in der Grasnarbe offen, so liegt hier eine Lückigkeit von 25 Fl.-% vor.

Bewertungstabelle Lückigkeit im Grünland		**Betrieb: ....**				
		Bewertung der Lückigkeit in %				
Flächenname	**Fläche in ha**	**Frühjahr 2019**	**Nach dem 1. Schnitt**	**Herbst 2019**		
Hauswiese						
Leit'n I						
Leit'n II						
Bachwiese						

Mit dieser genauen Beobachtung und Bewertung der Lückigkeit in der Grasnarbe kann die dynamische Entwicklung als Kriterium für eine Nachsaat/Übersaat herangezogen werden.

2.2 Aufnahme der Pflanzenbestände

Beim Ähren-/Rispenschieben oder in der Blüte, sofern die Mahd so spät erfolgt, sollten die Pflanzenbestände beim ersten Aufwuchs aufgenommen werden – dies wäre der beste Zeitpunkt. Geübte Pflanzenkundler und Grünländer können auch beim vegetativen Stadium (Schossen) oder bei den Folgeaufwüchsen gut aufnehmen.

❑ Bestandesaufnahme für die Bewirtschaftung

Auf mehreren homogenen Stellen auf der Wiese und Weide soll die Aufnahme auf 50–100 m² erfolgen. Diese aufzunehmende „Parzelle" wird im Pflanzenbestand ausgetreten – es entsteht rund um diese Fläche im Pflanzenbestand ein 30 cm breiter Weg im Bestand, so grenzt sich dann der übrige Bestand vom zu bewertenden Bestand ab. Das „Auge" und das „Gehirn" können sich nun auf diese Flächen in der Wiese oder Weide vollkommen konzentrieren. Eine Aufnahme (Bonitur) ist eine mentale Herausforderung und verlangt Ruhe, Konzentration und Wissen. In einer Skizze sollte die Aufnahmefläche vermerkt sein, damit in nachfolgenden Bewertungen auch darauf Bezug genommen werden kann.

Vorgangsweise
a) Projektive Deckung
Man schaut die Parzelle in der Vogelperspektive von oben, durch den Pflanzenbestand, auf den Untergrund (Boden) an. Alle Lücken, auch kleinere und jene, die mit Moosen bewachsen sind, werden summiert und von der Gesamtfläche abgezogen.

Projektive Deckung = Gesamtfläche – Lücken im Pflanzenbestand bis zum Boden

Diese projektive Deckung ist auch bei der Ertragsschätzung erforderlich.

b) Artengruppenverhältnis „Gräser/Kräuter/Leguminosen"
Die Fläche wird mehrmals umrundet, genau von oben betrachtet und der Pflanzenbestand mit den Händen an mehreren Stellen geteilt, um auch bis auf die untersten Pflanzenschichten zu blicken. Man beginnt mit jener Artengruppe, die am leichtesten zu bewerten ist, meist sind dies die Leguminosen. Bei den nächsten Umrundungen konzentriert man sich ausschließlich auf die Leguminosen Rotklee, Weißklee, Hornklee, Wicken, Blatterbsen etc. Diese Artengruppe wird in der Summe aller Leguminosenarten in Gewichtsprozent bewertet. Man schätzt den Flächenanteil dieser Leguminosenarten und bedenkt, ob das Flächenausmaß aufgrund der Wuchshöhe, Vitalität etc. auch dem Gewichtsausmaß entspricht. Man schiebt hier auch alle Leguminosenarten auf die „reine Leguminosenfläche" auf der Parzelle zusammen und korrigiert die Fl.-% auf Gew.-%. Dies wird auch mit den Kräutern so durchgeführt, wobei hier auch bedacht wird, ob niedrige, mittelhohe oder hohe Kräuter vorhanden sind. Es braucht auch hier bei den Kräutern den totalen Fokus auf diese Arten

Trennung der drei Artengruppen in Fraktionen im Jahr 1977 (BUCHGRABER, 1983).

(Kuhblume, Gänseblümchen, Ehrenpreis, Spitzwegerich, Hahnenfuß, Geißfuß, Wiesenkerbel, Ampfer etc.). Hat man die Gewichtsprozente der Kräuter und Leguminosen auch in ihrer Relation zueinander abgestimmt, so werden die Kräuter und Leguminosen addiert.

Artengruppenverhältnis
Gewichtsprozente = Leguminosen + Kräuter + Gräser
z. B. 100 = 20 + 20 + 60

Die Gew.-% an Gräsern werden aus der Differenz zu 100 % errechnet und auch am Pflanzenbestand in der Schätzung nochmals verglichen. Die Abschätzung des Artengruppenverhältnisses ist wichtig zur Beurteilung der groben Zusammensetzung der Pflanzenarten und gibt auch Hinweise für die Fütterung.

Anteil Ober- und Untergräser: Bei den Gräsern sollte noch die Unterscheidung zwischen Ober- und Untergräsern erfolgen. Die Untergräser (z. B. Wiesenrispe, Rotschwingel, Straußgras und Engl. Raygras) sind gerade für die kompakte Grasnarbe wichtig. Es sollte eingeschätzt werden, ob im Unterbau des Pflanzenbestandes ausreichend Gräser für eine strapazierfähige Grasnarbe vorhanden sind. Die Obergräser (Knaulgras, Wiesenschwingel, Wiesenfuchsschwanz, Glatthafer, Goldhafer etc.) sind neben einer gewissen Narbenbildung hauptsächlich für den Futterertrag zuständig.

Der Untergrasanteil sollte bei 20–30 % und der Obergrasanteil bei 30–40 % liegen, wobei je nach Sorte, Reife und Wuchshöhe die Mittelgräser zu diesen Kategorien zählen.

c) Auffällige Arten

Hier sollten besonders jene Arten beobachtet und bewertet werden, die im Pflanzenbestand (Stumpfblättriger Ampfer, Wiesenkerbel, Geißfuß, Gemeine Rispe, Rasenschmiele etc.) störend oder im Futter (Herbstzeitlose, Kreuzkrautarten, Weißer Germer, Klappertopf, Scharfer Hahnenfuß etc.) nicht gewollt sind.

Diese störenden oder nicht gewollten Arten sollten bei der Bewertung der Fläche unbedingt auch im Flächenausmaß in Fl.-% eingeschätzt werden. Wie viele Fl.-% nimmt nun der Stumpfblättrige Ampfer auf der Wiese schon ein? Bei dieser Einzelpflanzenbewertung schiebt man diese einzelne Art wieder flächenmäßig zusammen und schätzt daraus den Flächenanteil an der Gesamtfläche oder man zählt pro 100 m^2 die Anzahl der Einzelpflanzen dieser Art, sofern zählbar.

Ganz wichtig ist hier auch die Bewertung der Gemeinen Rispe. Diesem feinen, filzigen, hellgrünen Untergras sollte besonderes Augenmerk geschenkt werden. Sind mehr als 10 Fl.-% davon vorhanden, dann sollte eine Sanierung angedacht werden. Hier ist es auch besonders wichtig, immer wieder in den „Untergrund" des Pflanzenbestandes zu schauen. Am besten kann das Anwachsen der Gemeinen Rispe beim ersten Begrünen beobachtet werden. Alle anderen Gräser sind noch „braun", während die Gemeine Rispe schon zart hellgrün durchtreibt. Sie wurzelt so seicht, dass die ersten Sonnenstrahlen im Frühjahr dafür schon reichen.

❑ Wissenschaftliche Pflanzenbestandesaufnahme

Hier wird neben dem Artengruppenverhältnis auch eine detaillierte Pflanzenaufnahme nach SCHECHTNER (1958) durchgeführt. Dabei werden alle Pflanzenarten erfasst und nach Fl.-% angegeben, meist wird zum deutschen Namen auch der lateinische Name hinzugestellt.

Rechnet man alle Pflanzenarten in den Fl.-% zusammen, so erhält man die **Gesamtdeckung** in Fl.-%. Diese kann je nach Pflanzenzusammensetzung zwischen 100 und 160 Fl.-% liegen, ist abhängig von der Vielfalt, den Pflanzenschichten (Überlappung) und dem Blattanteil. In Gutachten, fachlichen Stellungnahmen, vorwissenschaftlichen Arbeiten (Matura) und Forschungsarbeiten sollten die Pflanzenbestände tiefgehend bewertet werden.

3. ERTRAGSSCHÄTZUNG IM GRÜNLAND

Es gibt mehrere Möglichkeiten, um den Ertrag zu schätzen oder zu messen. Bei Schadensfällen, bei der Einstufung der Ertragslage, aber auch bei der Einschätzung der Futterernte braucht es eine Ertragsangabe.

❑ Vorgangsweise „Ertragsschätzung über Wuchshöhe"

In der Wiese oder Weide werden die Pflanzenbestände auf ihre **durchschnittlich dichte Wuchshöhe in cm** gemessen. In jedem Pflanzenbestand gibt es eine Wuchshöhe, wo man beim Durchschauen erkennt, dass bis zu einem bestimmten Punkt ein dichter Wuchs vorherrscht und ab dort nur mehr ein lockerer Bestand und mehr Übersteher (Halme, Stängel, Einzelpflanzen etc.) vorliegen. Diese durchschnittliche Wuchshöhe wird vom Boden aus in cm gemessen. Davon werden die Lücken (aus der projektiven Deckung) und die unterdurchschnittlichen Wuchshöhen, die in Fl.-% vorliegen, abgezogen. Ebenso wird die Schnitthöhe oder Weidehöhe in cm von der durchschnittlichen Wuchshöhe abgezogen.

Untersuchungen haben gezeigt, dass 1 cm durchschnittliche dichte Wuchshöhe ca. 100 kg TM/ha Ertrag ergibt.

Beispiel für die Ermittlung des Ernteertrages

Wiese im ersten Aufwuchs beim Ähren-/Rispenschieben		
Durchschnittliche Wuchshöhe		33 cm
Projektive Deckung 95 % (Lücken 5 %)	5 % von 33 cm	– 2 cm
Unterdurchschnittliche Wuchshöhe auf 10 % der Fläche (Magerstellen, nur Weißkleebewuchs etc.)	10 % von 33 cm	– 3 cm
Schnitthöhe in cm		– 6 cm
Ernteertrag in cm		**22 cm**

Diese Fläche hätte zum Zeitpunkt der Ernte einen Futterertrag von 2.200 kg TM/ha (22 cm x 100 kg TM/ha). Davon müssten noch die Feldverluste (Atmungs- und Bröckelverluste), die Lagerungs- und Krippenverluste abgezogen werden, um zum Nettoertrag für die Umsetzung beim Tier zu gelangen.

❑ Vorgangsweise „Ertragseinschätzung über Futteraufnahme"

Auf Hutweiden und Almweiden, wo die Wuchsbedingungen meist extrem heterogen sind, wird eine Ertragsermittlung über die Futteraufnahme der Tiere realistischere Daten liefern als über die Wuchshöhe.
Entscheidend sind hier der Tierbesatz in GVE (500 kg Lebendgewicht), die Weidetage und möglicherweise die Zufütterung.

100 kg Lebendgewicht (LG) der raufutterverzehrenden Tiere nehmen pro Weidetag als Vollweide (ohne Zufütterung) 2 kg TM auf, d. h., 1 GVE (500 kg LG) nimmt pro Tag 10 kg TM auf.

Vorgangsweise

Man schätzt die weidenden Tiere im Gewicht und führt ein Weidebuch, wo jeden Tag die Koppel, das Weidegebiet, der Almabschnitt etc. festgehalten werden. Hier können bei genauer Beobachtung auch Weidebereiche (Polygone) im Ertrag bewertet werden oder es kann die Ertragsleistung der Alm über den Almsommer in Gegenwert von Heu ermittelt werden.

Beispiel:

GVE-Feststellung 10 Kühe à 680 kg	6.800 kg
17 Kalbinnen à 350 kg	5.950 kg
3 Pferde à 500 kg	1.500 kg
10 Schafe à 50 kg	500 kg
Σ Tiergewicht	14.750 kg

GVE (14.750 : 500) = 29

Weidetage laut Weidetagebuch
95 Almtage ohne Zufütterung vom Heimbetrieb

Fresskäfig zur Ermittlung des Ertrages bei Weidehaltung

Ertragsermittlung über die Futteraufnahme

29 GVE x 95 Weidetage x 10 kg TM/Tag = 27.550 kg TM

In diesem Beispiel wurden von den 27 Rindern, 3 Pferden und 10 Schafen über den Almsommer 27.550 kg TM, rund 30.000 kg Heu aufgenommen. Würde man das dadurch ersparte Futter (Heu) im Heimbetrieb mit 20 Cent/kg Heu bewerten, so war der monetäre Heuertrag auf der Alm rund € 6.000,– wert.

Ähnlich können auch Futterverluste auf Wiesen und Weiden bewertet werden, wo Wildtiere über das Lebendgewicht (pro GVE/10 kg TM/Tag) Futter aufnehmen. In dieser Einschätzung, was hier das Schalenwild wohl aufgenommen hat, wäre es noch hilfreich, wenn „Weidekörbe“ den tatsächlichen Aufwuchs vor Äsung schützen würden. Dann kann man beide Ermittlungsverfahren vergleichen.

❑ Einschätzung des Rohprotein- und Energieertrages

Aus der ÖAG-Futterwerttabelle (RESCH et al., 2017) können die Gehalte an Rohprotein und MJ NEL/kg TM bei den einzelnen Vegetationsstadien abgelesen werden. Zudem liefert die Bestandesbewertung Hinweise auf den Blattanteil (moderne Sorten), auf den Leguminosenanteil (10 Fl.-% Leguminosen liefern 5 g Rohprotein/kg TM zusätzlich) und auf die Stickstoffversorgung (Blattgrün).

Beispiel

Wiese im ersten Aufwuchs beim Ähren-/Rispenschieben mit 20 Gew.-% Kleeanteil und standortangepasster Nährstoffversorgung mit 15 m³ Rindergülle/ha

Inhaltsstoffe	Gehalt in g bzw. MJ NEL/kg TM	TM-Ertrag/ha	kg bzw. MJ NEL/ha
Rohprotein	150 + 10 (160)	2.200	352
MJ NEL	6,1	2.200	13.420

Beim Ähren-/Rispenschieben liegen bei angepasster Düngung und „normalem“ Wiesenbestand 150 g Rohprotein/kg TM inkl. 10 g Rohprotein/kg TM aus den 20 Gew.-% Leguminosen vor. Somit erreichen wir hier bei diesem Aufwuchs einen Rohprotein-Ernteertrag von 352 kg/ha (160 g/kg TM x 2.200 kg TM/ha). Der Energieernteertrag liegt hier bei 13.420 MJ NEL/ha (6,1 MJ NEL/kg TM x 2.200 kg TM/ha). Diese Daten aus dem Grundfutter bieten eine gute Schnittstelle hin zur Fütterung.

Aus dem Rohproteinertrag kann auch der N-Entzug (Boden-Düngung-Legu-N) mit 56 kg/ha errechnet werden. Der N-Anteil am Rohprotein liegt konstant bei 16 %, d. h. 352 kg Rohprotein/ha x 0,16 = 56 kg N/ha. Damit können auch ökologische Parameter gleich mitdiskutiert werden. Hier stimmt der N-Entzug mit der N-Zufuhr (15 m^3 Gülle à 3,5 kg N/m^3 = 52,5 kg N/ha aus WD) überein. Die N-Bilanz auf dieser Parzelle und bei diesem Aufwuchs ist ausgeglichen und für das Grundwasser unbedenklich.

4. BEWERTUNG DER FUTTERQUALITÄTEN

❑ Futterprobenziehung

Futterprobenzeichnung mit Stechzylinder quer durch den Futterstock oder in den Ballen

Wenn eine Futteranalyse eine genaue Auskunft über die Inhaltsstoffe, Mineral- und Spurenelemente, den Verschmutzungsgrad oder den mikrobiellen hygienischen Zustand über eine Futterpartie geben soll, dann braucht es zuerst eine exakte Futterbeprobung. Am Fahrsilo oder bei den Siloballen wie auch im Heustock kann mittels eines Futterprobenbohrers aus mehreren Bohrkernen eine durchschnittliche Probe gezogen werden. Die Futterstichproben werden in einem Plastikeimer gesammelt, durchgemischt und rund 1 kg Futterprobe eingesackt. Trockenfutter möglichst ohne zusätzliche Bröckelverluste in Papiersäckchen geben und verschließen. Silagen oder Gärheu in Plastiksäckchen, wenn geht vakuumverpackt oder mit Auspressen der Luft aus den Säckchen, luftdicht verschließen und bei gekühlten Bedingungen rasch zur Laborstelle bringen. Die Landwirtschaftskammer macht hier mit der HBLFA Raumberg-Gumpenstein und dem Futtermittellabor Rosenau immer wieder „Futteraktionen“.

❑ Bewertung und Einstufung von Analysenwerten

Aus den repräsentativen Futterproben werden im Futterlabor Rosenau die Grundfutterpartien auf bestimmte Inhaltsstoffe, Mengen- und Spurenelemente untersucht. Sie bekommen dann für diese Futterpartie Analysedaten, die in die Rationsberechnungen einfließen (vergleiche Tabelle 45).

Tabelle 45: **Richtwerte für Silagewerte zur Einschätzung der Untersuchungsproben und der Einlagerungswerte**

Qualitätsparameter	Toleranzbereich bei Grassilage
Trockenmassegehalt in %	30–40
Trockenmassegewicht in kg/m^3	über 180
Zellwandbestandteil und Gerüstsubstanzgehalte, % i. d. TM	45–50
Rohasche, % i. d. TM	unter 10
Energiegehalt in MJ NEL je kg TM	über 5,5
Verdaulichkeit in VQ (OS) %	über 68
pH-Wert	3,5–5,5
Milchsäuregehalt, % i. d. TM	2–6
Essigsäuregehalt, % i. d. TM	bis 3
Buttersäuregehalt, % i. d. TM	bis 0,3
NH_4-N zu Gesamt-N in %	unter 10
Milchsäurebakterien pro g Futter	über 1.000.000
Schimmelpilze pro g Futter	unter 10.000
Hefepilze pro g Futter	unter 100.000
Clostridien pro g Futter	unter 10.000

Tabelle 46: **Richtwerte bei Heu und Grummet nach dem Untersuchungsergebnis**

Vegetationsstadium	Verdaulichkeit der org. Masse in %	Energiewert MJ NEL je kg TM	RP (Rohprotein) Gramm je kg TM
Schossen, Ä/R[1)]	über 70	6,2–6,6	über 160
Ähren-/Rispenschieben	65–70	5,7–6,1	125–155
Blüte	60–65	5,0–5,6	100–125
Überständig	unter 60	unter 4,9	unter 100

[1)] Ä/R=Ähren-/Rispenschieben

❑ Futterbewertung „Energie und Hygiene“

Die Futtergrundlage für Wiederkäuer und Pferde stammt in Österreich von den rund 1,92 Mio. ha Grünland- und Feldfutterflächen. Im Laufe des Jahres werden 6,5 Mio. t Trockenmasse (netto) auf den Grünlandbetrieben produziert, wobei diese aufgrund der Kleinstrukturiertheit der Flächen von rund 1 Mio. Futterpartien stammen. Auf den Betrieben lagert eine enorme Vielfalt an Futterpartien in konservierter Form, die es vor dem Einsatz in der Futterration zu bewerten gilt.

Heu und Grummet in unterschiedlicher Qualität

Eine gesamtheitliche Futterbewertung enthält neben den Futtergehaltswerten auch eine Feststellung der Futterqualität (vergleiche Grafik 58). Eine exakte **Futtermittelanalyse** wäre grundsätzlich die beste Information, jedoch wird es speziell bei kleinen Futterpartien nicht rentabel sein, hier eine Analyse durchzuführen. Wird keine Analyse bei der jeweiligen Futterpartie durchgeführt, so kann der Futtergehaltswert über eine **Futterwerttabelle** (RESCH et al., 2017) abgelesen werden.

Für den richtigen Einsatz der einzelnen Grundfutterpartien sollten die **Gehaltswerte**, die

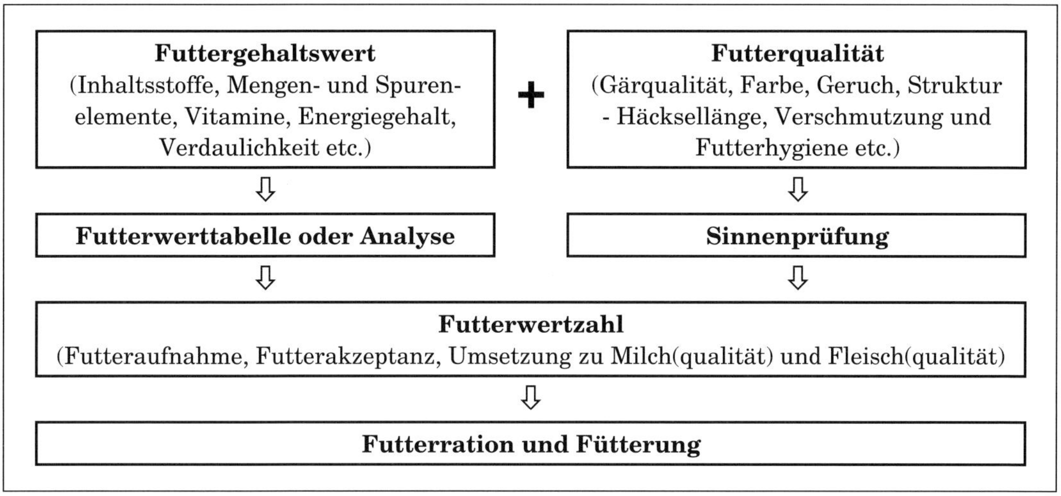

Grafik 58: ***Grundfutterbewertung bei Heu, Grummet, Silagen und Gärheu***

von Analysen oder der Futterwerttabelle stammen, zum Tragen kommen. Diese Werte (Inhaltsstoffe, Mengen- und Spurenelemente, Vitamine etc.) sind relevant für die Gestaltung der Futterration im Hinblick auf den Erhaltungs- und Leistungsbedarf der Tiere. Oder man bedient sich den Futterrationsprogrammen der Landwirtschaftskammern und errechnet daraus die Grundfutternährstoffe – diese beruhen auch auf den ÖAG-Futterwerttabellen.

Die Tiere nehmen das Futter aber nicht nur wegen der Inhaltsstoffe und der Verdaulichkeit auf. Der Geschmack, der Geruch, die Struktur, das Gefüge, die Farbe und etwaige Verschmutzungen beeinflussen neben den Gehaltswerten im Futter seine Akzeptanz und damit die quantitative Futteraufnahme.
Über die **sensorische Prüfung** können gerade diese Parameter im Futter einigermaßen nachempfunden und bewertet werden.
Beide Bewertungen, zum einen nach den **Futtergehaltswerten** und zum anderen nach der **Futterqualität,** ergeben die **Futterwertzahl** des jeweiligen Grundfutters. Mit dieser Futterwertzahl können der Landwirt, der Berater und der Tierarzt selbst eine rasche und billige Einstufung der Futterpartien durchführen (BUCHGRABER, 1998).
Mit dieser Futterwertzahl kann man selbst in seinem Betrieb oder mit seinen Kollegen das Grundfutter vergleichen. Erst dadurch entstehen ein Bewusstsein und ein Fortschritt in der Grundfutterproduktion.

Aus der Futterwerttabelle für den Alpenraum (RESCH et al., 2017) können von einer jeweiligen Futterpartie Werte für Inhaltsstoffe, Energie etc. entnommen werden. Die Gehaltswerte sind in ihrem absoluten Wert entscheidend für den Einsatz in der Rationsberechnung. Die Qualitätspunkte sind ebenso in der Futterwerttabelle ablesbar.
Als Basis für die Punktebewertung der Futtergehaltswerte wird einerseits das Grünfutter aus einem Mischbestand im Vegetationsstadium „Ähren-/Rispenschieben“ vom ersten Aufwuchs herangezogen. Dieses Futter erhält 100 Qualitätspunkte. Andererseits wird ein Grünfutter

aus einer Extensivwiese im Vegetationsstadium „überständig“ im ersten Aufwuchs für die Bewertung herangezogen. Dieses Futter bekommt 1 Qualitätspunkt (vergleiche Grafik 59).

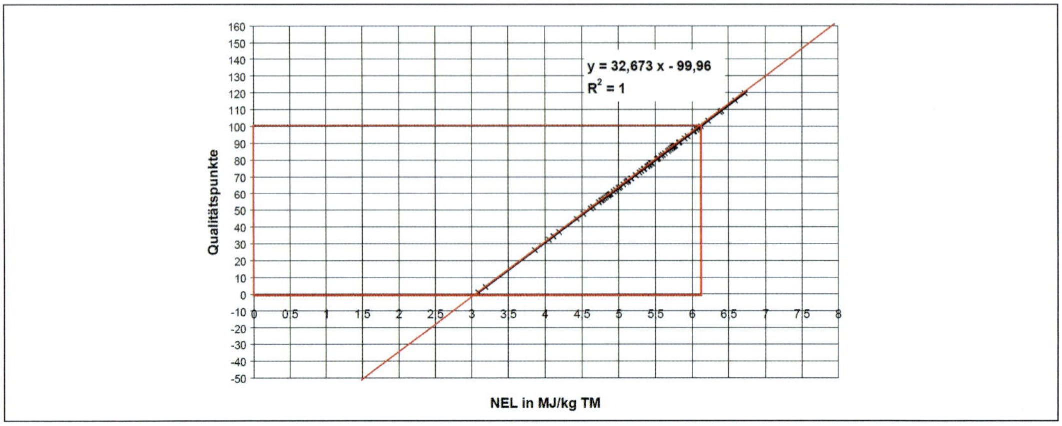

Grafik 59: ***Grundfutterbewertung mit einer Punktezuordnung (Faktoren für die Berechnung der Punkte aus einer Regressionsgleichung) auf Basis Nettoenergie-Laktation (NEL)***

Der **Energiegehalt** des Futters ist die Grundlage für die Einstufung in diesem Punktesystem. Bestes Grundfutter im Ähren- und Rispenschieben enthält oft mehr als 6,12 MJ NEL/kg TM – diese Futterpartien bekommen nach den Futtergehaltswerten mehr als 100 Punkte. Das Grünfutter des ersten Aufwuchses im Vegetationsstadium „Schossen“ einer Vier- bis Sechsschnittfläche zeigt laut Futterwerttabelle 6,59 MJ NEL/kg TM und bekommt daher 116 Punkte. Heu aus der Bodentrocknung „Mitte Blüte“ mit einem Energiegehalt von 5,12 MJ NEL/kg TM erhält hingegen nur mehr 67 Punkte aus den Futtergehaltswerten.

Der Schnittzeitpunkt und das Vegetationsstadium des Pflanzenbestandes können an den Leitgräsern Knaulgras oder Goldhafer in der Futterpartie abgelesen werden. An den Ähren, Rispen oder Pollenbeuteln können die Stadien Ähren-/Rispenschieben bzw. Blüte erkannt werden. Das Vegetationsstadium und das Stängel/Blattverhältnis geben Auskunft über den Gerüstsubstanzgehalt des Futtermittels.

Nach vielen eigenen Beurteilungen von Silagen- und Trockenfutterpartien gemeinsam mit Fachkollegen in der ÖAG wurde der ursprüngliche DLG-Schlüssel aus dem Jahr 1973 auf die Verhältnisse für die Grundfutterkonserven in Österreich umgearbeitet.
Mit den eigenen Sinnen (Nase, Augen und Hände) kann eine repräsentativ ausgewählte Futterprobe (1–3 kg), eine gewisse Routine vorausgesetzt, schon sehr genau beurteilt werden.

Mit der fachkundigen Sinnenprüfung kann das Grundfutter auf einfache Weise in Qualitätsklassen eingeteilt werden.

Eine **Probe zur Grundfutterbewertung** sollte sich aus **mehreren Stichproben** zusammensetzen, d. h., man darf nicht nur eine Stichprobe entnehmen, sondern es sollen 5–10 kleine Stichproben gezogen werden, die dann die eigentliche Probe ergeben. Bei der Entnahme der Stichproben ist Vorsicht geboten. Werden Stichproben zu ruckartig entnommen, so verliert die ganze Probe möglicherweise an Aussagekraft, weil ein Teil der Blätter verloren geht.

❑ Vorgangsweise bei der Bewertung von Futterproben

Ein Pflanzenbestand besteht aus den Artengruppen Gräser, Kräuter und Leguminosen. Diese Artengruppen kann man auch in der Futterprobe noch nachvollziehen, die Anteilsermittlung erreicht man durch Schätzung der Gewichtsprozente aller drei Komponenten. Zuerst schätzt man dabei die Artengruppe mit den höchsten Anteilen (zumeist Gräser) und dann jene mit den geringsten Anteilen (zumeist Kleearten). Die Differenz zu 100 ergibt dann den fehlenden Anteil (zumeist Kräuter).

Mit dieser Aufschlüsselung steigen wir in die Probe ein und bekommen die wichtige Information über die grobe Pflanzenzusammensetzung. Dabei fallen auch einzelne Pflanzenarten auf, die ebenfalls vermerkt werden sollen.
Als nächster Schritt wird das Stängel-/Blattverhältnis angesprochen. Dieses Verhältnis ist abhängig vom Artengruppenverhältnis, vom Aufwuchs, vom Schnittzeitpunkt und vom Konservierungsverfahren. Hohe Anteile an Kräutern und Kleearten steigern den Blattanteil. Der erste Aufwuchs ist noch mehr von samentragenden Obergräsern (Stängel) dominiert, was auch die Gerüstsubstanzen erhöht, während die Folgeaufwüchse eindeutig höhere Blattanteile aufweisen. Wird bei diesen Aufwüchsen, insbesondere beim ersten Aufwuchs, das Vegetationsstadium Ähren-/Rispenschieben an der Probe festgestellt, so sind mehr Blattanteile zu erwarten als bei einem späteren Schnitt zur Blüte, wo sich die Stängel noch mehr ausgewachsen haben (zunehmende „Verholzung“).

Tabelle 47: **Durchschnittliche Stängel-/Blattanteile in den einzelnen Aufwüchsen sowie bei unterschiedlichen Schnittterminen und Konservierungsverfahren**

Konservierungsverfahren und Vegetationsstadium	Stängel-/Blattanteile (%) Heu (1. Aufwuchs)	Stängel-/Blattanteile (%) Grummet (Folgeaufwüchse)
Silagen und Gärheu		
Ähren-/Rispenschieben	50 : 50	25 : 75
Blüte	(60 : 40)*	30 : 70
Trockenfutter Bodentrocknung		
Ähren-/Rispenschieben	65 : 35	40 : 60
Blüte	70 : 30	45 : 55
Überständig	80 : 20	60 : 40
Trockenfutter Belüftung		
Ähren-/Rispenschieben	55 : 45	30 : 70
Blüte	65 : 35	35 : 65

* Für eine Konservierung als Silage oder Gärheu kritisch zu bewerten.

❑ Sensorische Bewertung der Futterqualität

Besonders die Wiederkäuer haben aufgrund ihrer feinen Sinne ein großes Bedürfnis, nur qualitativ bestes Futter aufzunehmen. Der Geruch, das Gefüge, die Struktur, die Farbe und

auch etwaige Verschmutzungen des Futters bestimmen im Wesentlichen, ob das vorgelegte Futter von den Tieren angenommen wird oder nicht.
Mit dem ÖAG-Bewertungsschlüssel für Silage und Heu (vergleiche Tabellen 48 und 49) kann eine gute Einstufung der Futterpartien erfolgen.

❑ Sensorische Bewertung von Heu und Grummet

Man nimmt die Heuprobe in die Hand und drückt sie zusammen. Trockenfutter hat einen Trockenmassegehalt von mehr als 86 %. Fühlt sich Heu bzw. Grummet leicht feucht an, wird dadurch die Lagerfähigkeit stark beeinträchtigt. Bei feucht eingelagertem Trockenfutter kommt es zu einer intensiven Fermentation (Erwärmung) und in der Folge zu einer Durchsetzung mit Schimmelpilzen. **Gut getrocknetes Heu** weist einen **TM-Gehalt von 88 %** oder **12 % Feuchtigkeit** auf. Greift sich das Heu feucht an, so sollte dies mit z. B. 15 % Feuchtigkeit vermerkt werden.

Geruch

Die Heuprobe wird dann zur Nase geführt und man riecht intensiv an der Heuprobe. Heu und Grummet von hoher hygienischer Qualität und einer breiten Pflanzenzusammensetzung zeigen aufgrund ihres Kräuteranteils einen **aromatischen Geruch**. Heupartien aus reinen Gräserbeständen zeigen einen eher faden Geruch. Bereits geringe Anteile an Schimmelsporen können, auch wenn der Schimmelbefall für uns noch nicht sichtbar ist, bei der Nasenprobe durch leichtes Kitzeln in der Nase bemerkt werden. Steigt der Gehalt an Schimmelsporen an (500.000–1.000.000/g Futter), so beginnt das Futter bereits zu stauben und das Riechen an der Probe führt zu einem stechenden Gefühl in der Nase bis zu den Stirnhöhlen. Nimmt der Schimmelgehalt noch stärker zu, so sind plattenartige Schimmelnester erkennbar und das Futter hat einen sehr unangenehmen, muffigen Geruch. Derartiges Futter sollte Tieren nicht angeboten werden.

Mit den Sinnen kann man relativ rasch feststellen, ob das Futter gut oder schlecht ist.

Im Rahmen der Geruchsbewertung können 5 Punkte für bestes Trockenfutter vergeben werden, extreme Heupartien mit muffigem oder fauligem Geruch erhalten sogar 3 Punkte Abzug (– 3).

Farbe

Bei gleichmäßiger guter Belichtung soll die Farbe der Heupartie bewertet werden. Eine **grünliche Farbe** von Trockenfutter sagt aus, dass das Futter bei gutem Wetter bzw. unter Belüftung nach spätestens 2–3 Tagen in das Lager gebracht wurde. Gerüstgetrocknetes Heu bzw. Grummet hat in den inneren Lagen ebenfalls eine schöne grüne Färbung, wenn es auch äußerlich verwittert und bräunlich verfärbt ist. Ein ausgeblichenes Heu weist auf zu lange Feldzeiten (vom Mähen bis zur Einbringung) hin. Bräunlich oder schwärzlich verfärbtes Futter zeigt an, dass eine starke Verpilzung an den Stängeln und Blättern oder eine heiße Fermentation stattgefunden hat.
Für die Farbe können 0–5 Punkte vergeben werden. Grünlich gefärbtes Heu bzw. Grummet mit einem entsprechenden Blattanteil ist von guter Qualität und damit ein Hinweis auf einen Rohproteingehalt von über 13 %. Es zeigt dann auch gute Gehaltswerte an Mengen- und Spurenelementen sowie Vitaminen, insbesondere an β-Carotin, an.

Gefüge

Durch den Griff mit den Händen, am Stängel-/Blatt-Verhältnis sowie am Vorhandensein von zarten Blättern und Blütenständen können das Gefüge und die Struktur einer Heuprobe abgelesen werden. Ein gröberes Gefüge bzw. eine harte Struktur sind im Griff sperrig und auf der Handfläche spießig hart. Derartiges Futter hat einen hohen Gerüstsubstanzgehalt und wird eher nur von Pferden und Mutterkühen angenommen. Ein **weiches, blattreiches** und **mit nur wenigen harten Stängeln durchsetztes Grummet** bzw. auch **früh geworbenes Heu** stellt das ideale Trockenfutter für das Milchvieh dar. Je sorgfältiger bei der Werbung von Heu bzw. Grummet vorgegangen wird, umso besser wird das Gefüge des Futters mit hohen Blattanteilen sein.

Für das Gefüge können 0–7 Punkte vergeben werden (ÖAG-Bewertungstabelle).

Tabelle 48: **Heubewertung nach Sinnenprüfung, ÖAG-Schlüssel, 2001**

1. GERUCH	**Punkte**
☐ Außerordentlich guter, aromatischer Heugeruch	**5**
☐ Guter, aromatischer Heugeruch	**3**
☐ Fad bis geruchlos	**1**
☐ Schwach muffig, brandig	**0**
☐ Stark muffig (schimmelig) oder faulig	**– 3**

2. FARBE	**Punkte**
☐ Einwandfrei, wenig verfärbt, grünlich	**5**
☐ Verfärbt, ausgeblichen	**3**
☐ Stark ausgeblichen, strohig	**1**
☐ Gebräunt bis schwärzlich oder schwach schimmelig	**0**

3. GEFÜGE	**Punkte**
☐ Blattreich (Klee-, Kräuter- und Grasblätter erhalten, ebenso Knospen u. Blütenstände), weich und zart im Griff	**7**
☐ Blattärmer, wenig harte Stängel, etwas hart im Griff	**5**
☐ Sehr blattarm, viele harte Stängel, rau und steif im Griff	**2**
☐ Fast blattlos, viele verholzte Stängel, grob und überständig	**0**

4. VERUNREINIGUNG	**Punkte**
☐ Keine (die Tischplatte bleibt weiß)	**3**
☐ Mittlere (ein leichter erdiger Schleier überzieht die Tischplatte)	**1**
☐ Starke Erde- bzw. Mistreste (starke erdige Anteile im Futter und Sand/Erde auf der Tischplatte)	**0**

Verunreinigungen

Ideal für die Prüfung der erdigen Verschmutzung wäre ein Tisch mit weißer Tischplatte. Das Heu wird öfter leicht oberhalb der Tischplatte geschüttelt. Nimmt man dann das Heu weg, dann liegen Blattanteile und vor allem feine Bodenteile am Tisch. Gibt man die Bröckelblattmasse leicht weg, dann bleiben die Erdanteile übrig. Kehrt man diese Erdmengen zusammen, dann kann das Ausmaß eingeschätzt werden.

Wiederkäuer und Pferde sind äußerst empfindlich gegenüber Futtermitteln, welche mit Staub, Pilzsporen und erdigen Beimengungen belastet sind. Bei der Betrachtung einer Futter-

partie sollte unbedingt auf Verschmutzung mit Erde, auf erdigen Feinstaub, auf Mistreste sowie auf Sporenstaub geachtet werden. Zu tief gemähte und bearbeitete Futterpartien (unter 5 cm) sowie zu feucht eingebrachtes Trockenfutter weisen diese Verunreinigungen auf.
Die Bewertung der erdigen Verunreinigung sieht 0–3 Punkte vor.

❑ Sensorische Bewertung von Silagen

Während Wiesenfutter durch Trocknung (Wassergehalt unter 14 %) zu Heu bzw. Grummet konserviert wird, so kann es mit einer gewissen Anwelkung und einem nachfolgenden, natürlichen und anaeroben Vergärungsprozess über die Ansäuerung mit Milchsäure als Silage und Gärheu konserviert werden. Bei der Herstellung von Silage und Gärheu muss auf einen rechtzeitigen Schnittzeitpunkt (Ähren-/Rispenschieben), eine trockene und saubere Ernte und beste Konservierung geachtet werden.

Man nimmt eine Silage- bzw. Gärheuprobe in die Hand und presst sie wie einen Schneeball zusammen. Blieb das Futter zu nass (unter 30 % TM), so tropft der Gärsaft beim Zusammendrücken des Futters aus der Hand. Hier ist die Gefahr einer unerwünschten Buttersäuregärung groß. Eine gute Anwelkung und ein luftfreier Zustand (anaerob) lassen eine gute Milchsäuregärung erwarten.
Wird das Futter noch stärker angewelkt (über 50 % TM), so entsteht ein Gärheu. Gärheu hat nur geringe Säureanteile und ist dem Trockenfutter ähnlicher als Silage. Die Trockenmasse kann über die Wringmethode (siehe Kapitel I) festgestellt werden. Liegt das Gärheu bei rund 50 % TM, wird die Silagebewertungstabelle herangezogen. Geht der TM-Gehalt gegen 70 % und darüber, so wird die Heubewertungstabelle für die Einstufung in der Sinnenprüfung verwendet.

Geruch
Es wird die Gärfutterprobe fest gepresst und dann am Handrücken intensiv gerieben, Die Erwärmung führt dazu, dass die flüchtigen Fettsäuren (Milch-, Essig- und Buttersäuren) geruchsintensiver wahrgenommen werden.
Der Beurteilung des Geruches von Silagen wird eine besondere Bedeutung zugemessen. Der Geruch von Silagen/Gärheu wird von der Vergärung (Gärsäuren und Abbauprodukte) und vom Pflanzenbestand geprägt. Fehlgerüche können durch Buttersäure (ungut stinkender Silagegeruch), durch Essigsäure (stechender Essiggeruch) und durch einen Geruch nach Ammoniak hervorgerufen werden. Fehlgerüche zeigen eine Fehlgärung der Silage an. Eine **optimale Silage** zeigt aufgrund der angenehmen Milchsäure einen **aromatischen und brotartigen Geruch**. Diese natürlich entstandene Milchsäure ist übrigens auch ein seit langem bekanntes und vielfach verwendetes Konservierungsmittel unserer Lebensmittel.

Die flüchtigen Fettsäuren zeigen sich aufgrund der höheren Temperaturen deutlich, so dass selbst Spuren geruchsmäßig erfasst werden können. Bei einwandfreien Silagen können über die Geruchsbonitur bis zu 14 Punkte vergeben werden. Die Verschmutzungsbewertung steht in der Geruchsbewertung, da die Clostridien aus der erdigen Verschmutzung stammen und für die Buttersäurebildung verantwortlich sind. Je intensiver der Buttersäuregeruch, desto größer die erdige Verschmutzung.
Bei Fehlgärungen gibt es Abzüge, und es sind auch Zwischenpunkte möglich (siehe Silagebewertung ÖAG-Schlüssel Tabelle 49). Mäßige und verdorbene Silagen sollten nicht vorgelegt werden.

Gefüge
Bei der Silage, aber auch beim Gärheu sind das Gefüge und auch die Struktur zumeist blattreicher und weicher. Sind die Blätter durch die Vergärung angegriffen oder ist die Struktur

schmierig-schleimig, so sind von maximal 4 zu vergebenden Punkten entsprechende Abzüge zu machen. Der Blattanteil beim Gärfutter ist deutlich höher als bei Bodenheu und kann gleich mit bestem Belüftungsheu liegen.

Farbe
Sowohl bei Silagen als auch beim Gärheu ist eine olivgrüne Farbe als optimal anzusehen. Bei Nasssilagen wird die Farbe eher dunkelgrün bis schwärzlich, beim Gärheu finden sich eher Verfärbungen wie bei Trockenfutter. Verschimmeltes Gärfutter, wo dies bereits deutlich zu sehen ist, wird in der Farbe des Futters berücksichtigt.
Es können von 0–2 Punkte vergeben werden.

Tabelle 49: **Silagebewertung nach Sinnenprüfung, ÖAG-Schlüssel, 2001**

1. GERUCH	**Punkte**
☐ Frei von Buttersäuregeruch, angenehm säuerlich, aromatisch, fruchtartig, auch deutlich brotartig	**14**
☐ Schwacher oder nur in Spuren vorhandener Buttersäuregeruch (Fingerprobe) oder stark sauer, stechend, wenig aromatisch	**10**
☐ Mäßiger Buttersäuregeruch oder deutlicher, häufig stechender Röstgeruch oder muffig	**4**
☐ Starker Buttersäuregeruch oder Ammoniakgeruch oder fader, nur sehr schwacher Säuregeruch	**1**
☐ Fäkalgeruch, faulig oder starker Schimmelgeruch, Rottegeruch, kompostähnlich	**– 3**

2. GEFÜGE	**Punkte**
☐ Gefüge der Blätter und Stängel erhalten	**4**
☐ Gefüge der Blätter angegriffen	**2**
☐ Gefüge der Blätter und Stängel stark angegriffen, schmierig, schleimig oder leichte Schimmelbildung oder leichte Verschmutzung	**1**
☐ Blätter und Stängel verrottet oder starke Verschmutzung	**0**

3. FARBE	**Punkte**
☐ Dem Ausgangsmaterial entsprechende olivgrüne Gärfutterfarbe, bei Gärfutter aus angewelktem Gras, Kleegras, usw. auch leichte Bräunung möglich	**2**
☐ Farbe wenig verändert, leicht gelb bis bräunlich	**1**
☐ Farbe stark verändert, schwärzlich, giftig grün oder hellgelb entfärbt oder starke Schimmelbildung	**0**

Punktebewertung für die Futterqualität
Die Einstufung der Futterqualität nach der sensorischen Bewertung erfolgt mit Tabelle 50. Die Summe an Punkten aus der sensorischen Bewertung wird für die Vergabe des Qualitätsfaktors herangezogen. Beste Futterqualitäten erhalten den Faktor 1,0 und jene, die Qualitäten im verdorbenen Bereich haben, erzielen einen Qualitätsfaktor von 0.

Tabelle 50: **Punkte für die Futterqualität nach der sensorischen Bewertung (Sinnenprüfung)**

Sensorische Bewertung (ÖAG-Schlüssel) und Qualitätsfaktor		
Güteklasse	**Punkte**	**Qualitätsfaktor**
Sehr gut bis	20 bis 18	1,0
Gut	17 bis 16	0,9
Befriedigend	15 bis 13	0,8
	12 bis 10	0,7
Mäßig	9 bis 8	0,6
	7 bis 5	0,4
Verdorben	4 bis –3	0,0

❑ Einstufung des Futterwertes mit der Futterwertzahl

Die Futterwertzahl setzt sich aus den Ergebnissen der Bewertungen der Futtergehaltswerte (Qualitätspunkte) und der Futterqualität (Qualitätsfaktor) zusammen. Mit dieser Futterwertzahl kann der Anwender des Futtermittels eine rasche und genaue Einstufung seiner Futterpartien auch für eine Kaufentscheidung vornehmen.

Erstellung der Futterwertzahl
Die Punkte aus der Energiebewertung (Qualitätspunkte) multipliziert mit dem Qualitätsfaktor aus der Futterqualität ergeben die umfassende Futterwertzahl (BUCHGRABER, 1998). Erst die Gesamtpunkte im Futterwert geben umfassend Auskunft über die tatsächliche Qualität eines Grundfutters. Sowohl die Gehaltswerte wie auch die sensorische Futterqualität (Geruch, Farbe, Struktur, Verschmutzung, Futterhygiene) sind in dieser Futterwertzahl bewertet. Mit den Gesamtpunkten des Futterwertes können verschiedene Futterpartien innerhalb eines Jahres und über mehrere Jahre hinweg einigermaßen verlässlich verglichen werden.

Die Punkte aus der Energiebewertung multipliziert mit dem Qualitätsfaktor aus der Futterqualität ergeben die umfassende Futterwertzahl.

Beispiel:

Qualitätspunkte aus der ÖAG-Futterwerttabelle nach Einschätzung des Vegetationsstadiums bei der Ernte	x	**Qualitätsfaktor** nach der Sinnenprüfung (16 Gesamtpunkte)	=	Futterwertzahl
80 Punkte	x	0,9	=	72 Punkte

Erst die Gesamtpunkte im Futterwert geben umfassend Auskunft über den tatsächlichen Wert dieses Grundfutters; sowohl die Gehaltswerte als auch die Futterqualität (Geruch, Farbe, Struktur, Verschmutzung, Futterhygiene etc.) sind in diese Futterwertzahl eingeflossen. Bisher wurden in einer getrennten Bewertung die Futterpartien dargestellt, ohne einen „griffigen“ Futterwert zu erhalten.

Wer ein guter Futterkonservierer und Fütterer werden möchte, muss auch das Futter richtig bewerten können.

Nach diesem Bewertungssystem können auch Kategorien für die Anwendung des Grundfutters getroffen werden. Spitzenqualitäten weisen eine Gesamtpunkteanzahl von über 95 Punkten auf und eignen sich für hochlaktierende Kühe, Schafe, Ziegen, Stuten etc. Futterqualitäten von 70–95 Punkten eignen sich für laktierende Tiere, solche zwischen 50 und 70 Punkten für trockenstehende Tiere und Mutterkühe sowie Warmblutpferde, während Futterqualitäten unter 50 Punkten für das überjährige Jungvieh, begnügsame Pferderassen, Schafe und Ziegen geeignet sind. Ernteprodukte unter 20 Punkten werden besser als Einstreu verwendet. Auf diese Futterwertzahlen könnte auch eine Bezahlungsvereinbarung bei Zukauffutter aufgebaut werden.

LITERATUR

AIGNER, S., G. EGGER, G. GINDL und K. BUCHGRABER (2003): Almen bewirtschaften. Pflege und Management von Almweiden. Leopold Stocker Verlag, Graz.

BMLFUW (2016): Sonderrichtlinie des Bundesministers für Land- und Forstwirtschaft, Umwelt und Wasserwirtschaft für das Österreichische Programm zur Förderung einer umweltgerechten, extensiven und den natürlichen Lebensraum schützenden Landwirtschaft (ÖPUL 2015), Wien.

BOHNER, A. und M. SOBOTIK (2001): Vegetationstypen, Böden und Ertragspotential des Wirtschaftsgrünlandes im Mittleren Steirischen Ennstal und Steirischen Salzkammergut und Konsequenzen für die Bewirtschaftung. Bericht 45. Jahrestagung der AG Grünland und Futterbau in der Gesellschaft für Pflanzenbauwissenschaften. Gumpenstein, 23.–25.08.2001, 9–21.

BOHNER, A., K. BUCHGRABER, J. FROSCHAUER, J. GALLER, H. HOLZNER, J. HUMER, A. PÖLLINGER und E. M. PÖTSCH (2002): Kalk – Wichtig für Acker und Grünland. Der fortschrittliche Landwirt (16), Sonderbeilage, 25–32.

BOHNER, A., C. WEIßENSTEINER und J. K. FRIEDEL (2014): Phosphor-Speicherkapazität und Phosphor-Sättigungsgrad in österreichischen Böden des Dauergrünlandes. 4. Umweltökologische Symposium, 49–60.

BRAACH, J. (2012): Spezielle Milchinhaltsstoffe bei unterschiedlichen Futterrationen im Vergleich zu graslandbasierter Milch, Masterarbeit im Bereich Nutztierwissenschaften der Universität für Bodenkultur, Wien.

BUCHGRABER, K. (1981): Grundlagen zur Wirtschaftsdüngerlösungskultur. Ein Experimentalverfahren zur Feststellung von Nährstoff- und Schadstoffwirkung im Wirtschaftsdünger. Diplomarbeit, Universität für Bodenkultur, Wien.

BUCHGRABER, K. (1983): Vergleich der Wirksamkeit konventioneller und alternativer Düngungssysteme auf dem Grünland hinsichtlich Ertrag, Futterqualität und Güte des Pflanzenbestandes. Dissertation, Universität für Bodenkultur, Wien.

BUCHGRABER, K. und R. RESCH (1992): Siliermittelprüfung bei Grünlandfutter. Neues aus den Bundesanstalten. Förderungsdienst 40 (3), 89.

BUCHGRABER, K. (1998): Habilitationsschrift zum Fach Grünlandwirtschaft. Ausgewählte Publikationen. Universität für Bodenkultur, Wien.

BUCHGRABER, K. (2001): Konsumenten tragen auch Verantwortung für die Kulturlandschaft. Der fortschrittliche Landwirt (14), 39.

BUCHGRABER, K., G. EDER UND O. TOMANOVA (2003): So stabil sind unsere Böden. Der fortschrittliche Landwirt (13), 46–47.

BUCHGRABER, K. (2005): Die Ökologisierung der Landwirtschaft als Voraussetzung für einen intakten, ländlichen Raum. In: Kurzfassungen der Vorträge zur Wintertagung 2005 für Grünland- und Viehwirtschaft. Aigen/Ennstal, 17.–18.02.2005, 8–10.

BUCHGRABER, K. und F. BUCHGRABER (2013): Erlebnis Bauernhof – mit Freude und Neugier Natur und Landwirtschaft begegnen. Landwirt Agrarmedien GmbH, Stocker Verlag, Graz.

BUCHGRABER, K. und T. WISTHALER (2014): Braucht das Grünland Schwefel. Der Fortschrittliche Landwirt (12), 20–21.

BUCHGRABER, K. (2016, 2017): Dialog Landwirtschaft & Konsumentenschaft. Tagungsbände von Tagungen in St. Wolfgang am See 2016 und 2017.

BUNDESGESETZBLATT FÜR DIE REPUBLIK ÖSTERREICH (2017): 385. Verordnung: Änderung der Verordnung über das Aktionsprogramm 2012 zum Schutz der Gewässer vor Verunreinigung durch Nitrat aus landwirtschaftlichen Quellen. BGBl. II Nr. 385/2017.

Bundesministerium für Land- und Forstwirtschaft, Umwelt und Wasserwirtschaft (2017a): Bericht über die Lage der österreichischen Landwirtschaft 2016 (57. Grüner Bericht), Wien.

Bundesministerium für Land- und Forstwirtschaft (2017b): Richtlinien für die sachgerechte Düngung, 7. Auflage, Wien.

BURI, S. und P. THOMET (1996): Kurzrasenweide: Ergebnisse von 1995. Die Grüne (1), 20–22.

CALAME, F., J. TROXLER und B. JEANGROS (1992): Bestimmung der Wassermenge für eine optimale Beregnung von Naturwiesen im Goms (Oberwallis). Landwirtschaft Schweiz 5 (4), 181–187.

COLLOMB, M., U. BÜTIKOFER, R. SIEBER, B. JEANGROS und J.-O. BOSSET (2002): Correlation between fatty acids in cows' milk fat produced in the Lowlands, Mountains and Highlands of Switzerland and botanical composition of fodder. ELSEVIER, International Dairy Journal (12), 661–666.

DACCORD, R. et al. (2001): Nährwert von Wiesenpflanzen: Gehalt an Zellwandbestandteilen. Agrarforschung Schweiz 8 (4) 180–185.

DEUTSCH, A. (1997): Bestimmungsschlüssel für Grünlandpflanzen während der ganzen Vegetationszeit. 10. überarb. Auflage, Österr. Agrarverlag, Klosterneuburg.

FRITZ, Ch. (2018): Ansatz zu einem ganzheitlichen Vergleich der Kosten und Erlöse von Bodenheu, Belüf-

tungsheu und Grassilage. 45. Viehwirtschaftliche Fachtagung März 2018, Bericht der HBLFA Raumberg-Gumpenstein, Irdning-Donnersbachtal. 75–90.
FURRER, O. J. und W. STAUFFER (1984): Einfluss von Bodennutzung und Düngung auf die Nitratauswaschung im Schweizerischen Mittelland. Landw. Forschung, Kongressband 1984, 398–409.
FÜRST, A. (1999): Zusammenhänge von Wald-Weide-Wildwirtschaft und Tourismus. Alm- und Bergbauer (5–6).
GASTECKER, R. und A. STEINWIDDER (2018): Moderne Weidezauntechnik für Rinder. ÖAG-Info 3/2018. Österreichische Arbeitsgemeinschaft für Grünland und Viehwirtschaft (ÖAG), Irdning.
GfE (GESELLSCHAFT FÜR ERNÄHRUNGSPHYSIOLOGIE – Ausschuss für Bedarfsnormen) (2001): Energie- und Nährstoffbedarf landwirtschaftlicher Nutztiere, Nr. 8: Empfehlungen zur Energie- und Nährstoffversorgung der Milchkühe und Aufzuchtrinder. DLG-Verlag, Frankfurt am Main.
GEOLOGISCHE BUNDESANSTALT (1999): Geologische Übersichtskarte Österreich, Wien.
GRUBER, L., G. WIEDNER und K. BUCHGRABER (1995): Mineralstoffe aus dem Grundfutter für das Rind. Der fortschrittliche Landwirt 73 (3), Sonderbeilage SB1–SB8.
GRUBER, L., F.-J. SCHWARZ, D. ERDIN, B. FISCHER, H. SPIEKERS, H. STEINGASS, U. MEYER, A. CHASSOT, T. TILG, A. OBERMAIER und T. GUGGENBERGER (2004): Vorhersage der Futteraufnahme von Milchkühen – Datenbasis: von 10 Forschungs- und Universitätsinstituten Deutschlands, Österreichs und der Schweiz. 116. VDLUFA-Kongress, Rostock, 13.–17. September 2004, Kongressband 2004, 484–504.
GRUBER, L. und M. LEDINEK (2017): Effizienz der Milcherzeugung in Abhängigkeit von Genotyp und Lebendmasse. 44. Viehwirtschaftliche Fachtagung, 05.–06. April 2017, Bericht HBLFA Raumberg-Gumpenstein, Irdning-Donnersbachtal, 23–39.
GRUBER, L. (2018): Zusammensetzung und Analyse pflanzlicher Gerüstsubstanzen. ÖAG-Info 1/2018. Österreichische Arbeitsgemeinschaft für Grünland und Viehwirtschaft (ÖAG) Irdning-Donnersbachtal, 2–7.
HENNEBERG, W. und F. STOHMANN (1864). Begründung einer rationellen Fütterung der Wiederkäuer. Braunschweig, Schwetske und Sohn.
HERNDL, M., D. U. BAUMGARTNER, T. GUGGENBERGER, M. BYSTRICKY, G. GAILLARD, J. LANSCHE, C. FASCHING, A. STEINWIDDER, T. NEMECEK (2016): Einzelbetriebliche Ökobilanzierung landwirtschaftlicher Betriebe in Österreich. Abschlussbericht, BMLFUW.
HÖHN, E. (1989): Verluste bei der Raufutterernte. FAT-Bericht 1989.
JAKOB, E., R. AMREIN, A. MÜNGER, H. WINKLER und U. WYSS (2007): Fütterung der Kuh – Einfluss auf die Milchqualität, Diskussionsgruppe. Forschungsanstalt Agroscope Liebefeld-Posieux ALP, 3003 Bern. Nr. 43d.
KRAUTZER, B. (2001): Saatgutqualität als Grundlage für ampferfreie Nach- und Neuansaaten im Grünland. Bericht 7. Alpenländisches Expertenforum „Bestandesführung und Unkrautregulierung im Grünland – Schwerpunkt Ampfer“. Gumpenstein, 22.–23.03.2001, 45–50.
MEISTER, E. und J. LEHMANN (1988): Nähr- und Mineralstoffgehalt von Wiesenkräutern aus verschiedenen Höhenlagen in Abhängigkeit vom Nutzungszeitpunkt. Schweiz. Landw. Forschung 26 (2), 127–137.
NYDEGGER, F. (1991): Sonnenkollektoren für die Heubelüftung – Planen und Realisieren. FAT Bericht 407. Eidgenössische Forschungsanstalt für Agrarwirtschaft und Landtechnik, Tänikon.
ÖAG-FACHGRUPPE SAATGUTPRODUKTION UND ZÜCHTUNG VON FUTTERPFLANZEN (2017): Handbuch für ÖAG-Qualitätssaatgutmischungen für Dauergrünland und Feldfutterbau für die Mischungssaisonen 2017/18/19. Eigenverlag ÖAG, c/o HBLFA Raumberg-Gumpenstein, Irdning-Donnersbachtal.
PÖLLINGER, A. (2000): Zit. in: BUCHGRABER, K., E. M. PÖTSCH, R. RESCH und A. PÖLLINGER (2003): Erfolgreich silieren – Spitzenqualitäten bei Grassilagen! Der fortschrittliche Landwirt (9), Sonderbeilage, 3.
PÖLLINGER, A. (2003): Zit. in: BUCHGRABER, K., E. M. PÖTSCH, R. RESCH und A. PÖLLINGER (2003): Erfolgreich silieren – Spitzenqualitäten bei Grassilagen! Der fortschrittliche Landwirt (9), Sonderbeilage, 5.
PÖTSCH, E. M., K. BUCHGRABER, A. BOHNER, M. GREIMEL und M. SOBOTNIK (2000): Utilisation and Cultivation of Grassland in the Upper Enns Valley. EUROMAB-Symbosium in the Austrian Academy of Sciences Vienna-Gumpenstein, 15.–19. September 1999, 11–14.
PÖTSCH, E. M. und R. RESCH (2002): Einfluss von Futteraufbereitung und Erntetechnik auf den Gärverlauf und die Silagequalität von Grünlandfutter. Bericht 8. Alpenländisches Expertenforum „Zeitgemäße Futterkonservierung“. Gumpenstein, 09.–10.04.2002, 11–15.
PÖTSCH, E. M. (2017): Einfluss zukünftiger Klimabedingungen auf die Produktivität und Biogeochemie des Ökosystems Grünland. Zwischenbericht ClimGrassEco der HBLFA Raumberg-Gumpenstein, Irdning-Donnersbachtal.
RESCH, R., T. GUGGENBERGER, L. GRUBER, F. RINGDORFER, K. BUCHGRABER, G. WIEDNER, A. KASAL und K. WURM (2017): Futterwerttabellen für das Grundfutter im Alpenraum. Überarbeitete Neuauflage. Der Landwirt, Sonderbeilage 1–20.
RESCH, R. (2018): Entwicklung bei Silofolien und Schutz vor Folienbeschädigung zur Verbesserung der Versiegelungsgüte von Fahrsilos und Rundballen. 45. Viehwirtschaftliche Fachtagung März 2018, Bericht der HBLFA Raumberg-Gumpenstein, Irdning-Donnersbachtal. 91–105.
RESCH, R. und G. STÖGMÜLLER (2018): Den Wert des Grundfutters an den Gerüstsubstanzen erkennen. ÖAG-Info 1/2018. Österreichische Arbeitsgemeinschaft für Grünland und Viehwirtschaft (ÖAG), Irdning-Donnersbachtal.

SCHAUMBERGER, A. (2018): Schriftliche Mitteilung zur Trockenheitsauswertung für Österreich im Durchschnitt der Jahre 1986 bis 2015.
SCHECHTNER, G. (1958): Grünlandsoziologische Bestandesaufnahme mittels Flächenprozentschätzung. Zeitschrift für Acker- und Pflanzenbau (105), 33–43.
SCHNECKENLEITNER, A. (2017): Rekultivierung von verbuschten & verholzten Almweiden. Am Beistpiel Kerngut mit Steir. Scheckenziegen. Bachelorarbeit, Universität für Bodenkultur, Wien.
STATISTIK AUSTRIA (2017): Agrarstrukturerhebung 1999, Wien.
STEHLE, P. (2007): Ernährungsphysiologischer Wert von Fettsäuren in der Humanernährung. Tagungsband: Der besondere Wert graslandbasierter Milch / Les particularités du lait produit à base d'herbages. Agroscope Liebefeld Posieux, 57–65.
STEINWIDDER, A. und E. M. PÖTSCH (2016): Wanderer und Weidetiere – worauf muss der Landwirt achten? ÖAG-Info 1/2016.
TASSER, E. (2018): Aktuelle Zahlen zur Entwicklung des Alpenraumes. Schriftliche Mitteilung, Universität Innsbruck, EURAC-Bozen.
THOMET, P., H. RÄTZER und B. DURGIAI (2002) : Effizienz als Schlüssel für die wirtschaftliche Milchproduktion. Agrar Forschung.
THÖNI, E. (1988): Futterbau und Futterkonservierung. Lehr- und Fachbuch für Schüler, LMZ Zollikofen, 6. Auflage.
WEIß, D. (2005): Bedeutung der Fettsäurezusammensetzung von Milch und Rindfleisch für die menschliche Ernährung – Einflussmöglichkeiten durch die Fütterung. Freising.
WURM, K. und A. STEINWIDDER (1998): Kalzinose – eine gefürchtete Erkrankung bei Rindern, Schafen und Ziegen. Der fortschrittliche Landwirt (17), Sonderbeilage, 1–7.